第3章　ニュートンの運動の3法則 ―― 44

第4章　耳で聴く音 ―― 66

欄外(らんがい)には、実験で準備するものや、ワンポイントアドバイス、生徒の感想などを収録しています。本文とあわせて活用してください。

⚠注意 マークがある実験は、ケガや事故などが起きる可能性が高いものです。実験をする場合、必ず理科教育の専門家の指導のもと行ってください。

第7章 電界と磁界 124

第8章 エネルギーと人類 142

写真・資料提供・協力・取材（敬称略）

名古屋市立御田中学校、名古屋市立萩山中学校、名古屋市立東港中学校、NASA（p.16 宇宙遊泳をする飛行士）、名古屋市科学館（p.43 浮沈子）、（公財）東山公園協会（※名古屋市東山動植物園内）（p.57 ティーカップ、p.62 コースター）、国際連合総会（p.151、p.153 SDGs：https://www.un.org/sustainabledevelopment ※本書の内容は国連に承認されたものではなく、国連の見解を反映するものではありません）、「子供の科学」編集部、「月刊天文ガイド」編集部

本書関連ウェブサイト

筆者が運営するYouTubeチャンネルとホームページには、本書に関連する動画や資料が掲載されています。ぜひ活用してください！

YouTubeチャンネル
「中学理科のMr.Taka」

物理学リンクページ
HP「中学理科の授業記録」から

第1章 量と単位

第1章は、見過ごしやすい数(かず)、量と単位を見直します。物体を数える方法、大きさを測る方法を確認します。そして、大きさの種類を表すために単位があることを学びます。7つの基本単位からなる世界共通の国際単位系（SI）です。単位を理解できれば物理学を制覇(せいは)した、といえるほど重要です。中学で学ぶ単位は、p.8〜10にまとめてあるので、わからなくなったときは振り返ってください。

1 物体を数えよう

物体を数えるときは、1、2、3……の数だけで十分です。単位はいりません。下の写真は、吹奏楽部にいろいろな木管楽器を並べてもらったものです。楽器がいくつあるか、数えてみましょう。

いろいろな木管楽器　左から、バス・クラリネット、オーボエ、クラリネット、バリトン・サックス（手持ち）、エス・クラリネット、テナー・サックス、クラリネット、アルト・サックス、クラリネット、ソプラノサックス。

答え：木管楽器の数は、10

ポイントは、10という数だけで良いことです。日本では物体の種類によって「個(こ)」「本(ほん)」などをつけますが、海外の多くの言語では単数形と複数形の違いがあるだけです。個や本は、単位ではありません。日本は数字のあとに助数詞(じょすうし)をつける文化をもっているのです。

物体と物質

一定の大きさや質量（重さ）がある物質の集まりを物体といい、中学の物理学でよく使う。その一方、物質はある特性をもつ小さな粒子で、化学でよく使う。いずれも定義が難しいので、中学レベルでは無理に区別しなくてもよい。

物体の大きさ

マクロ (macro)	とても大きいもの
ミクロ (micro)	とても小さいもの

※マクロとミクロの基準はない。

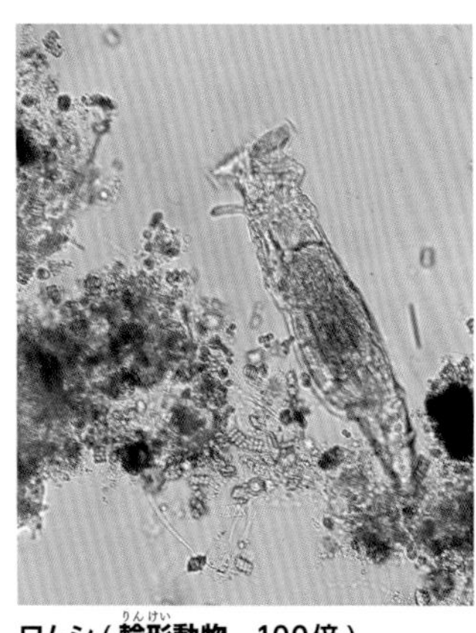

ワムシ（輪形動物(りんけいどうぶつ)、100倍）

水中生活する微生物（ミクロな生物）。捕食される生物からみれば、ワムシもマクロな生物になる。

2 数字、という言葉

p.6の楽器のように、他の物体とはっきり区別できる場合は、単純に数えられます。数字は、自然に順序よく増えていくからです。数字にはいろいろ種類がありますが、この本でよく使う1、2、3……は、インドに起源をもつとされる「アラビア数字」です。これは世界共通の言語ともいえるほど普及（ふきゅう）しています。

日本の1万円紙幣
裏はアラビア数字と英語で「10000 YEN」、表はアラビア数字で「10000」、漢数字と漢字で「壱万円」と表記されている。

いろいろな文房具を数える

もう一度、下の写真で文房具を数えてください。いくつありますか？自然に数えてください。答えは写真の説明文にあります。

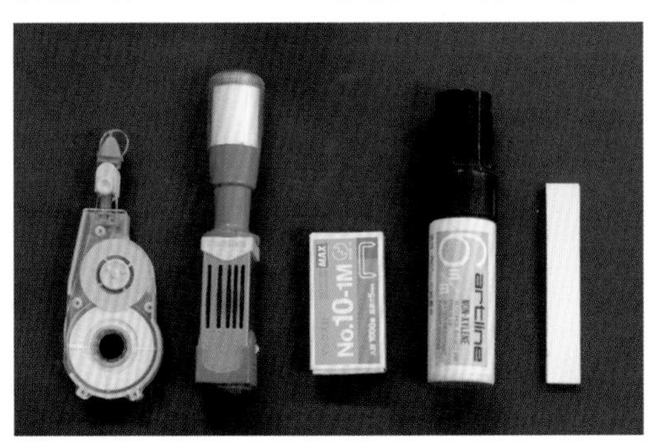

左から、修正テープ、検印（けんいん）スタンプ、ステープラーの針箱、フェルトペン、付（ふ）せん。したがって、この写真にある物体の数は「5」。

桁（けた）を表す接頭語（せっとうご）（SI、p.8）
大きな桁を簡単に表すために、接頭語を使う。接頭語は、3桁増えるごとに、次のように決められている。
1 000 000 000 000（T）テラ
1 000 000 000（G）ギガ
1 000 000（M）メガ
1 000（k）キロ
100（h）ヘクト
10（da）デカ
1　接頭語なし
1/10（d）デシ
1/100（c）センチ
1/1 000（m）ミリ
1/1 000 000（μ）マイクロ
1/1 000 000 000（n）ナノ
1/1 000 000 000 000（p）ピコ
※「0」は、3つ並べるごとに、半角分のスペースを空ける。
※3桁ルール以外でよく使う接頭語は青字にした。

同じ種類のものを数える

しかし、以下の場合は、簡単に数えることはできません。調べる人、調べ方によって数が変わります。何がいくつあるか、考えてみてください。ステープラーの針と、箱と……。

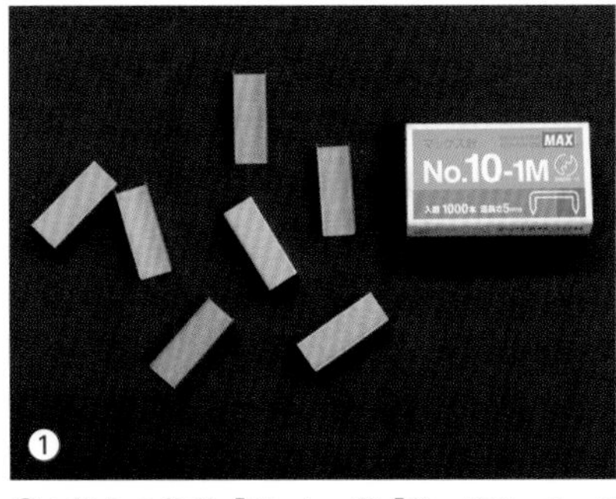

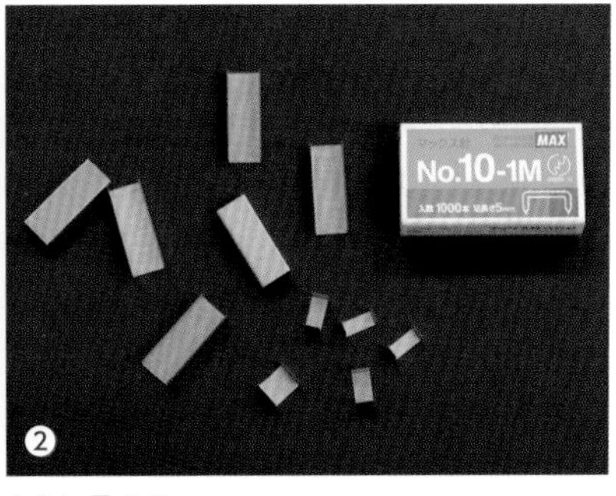

①：銀色の物体「7」と、箱「1」が写っているように見える。
②：大きさが違う銀色の物体「11」と、箱「1」があるように見える。

10進法（しんほう）と2進法と60進法
アラビア数字は10進法であるが、コンピューターは2進法で計算し、時計の秒針は60ごとに桁が繰（く）り上がる60進法。

生徒の感想
- アラビア数字以外にも、ローマ数字（Ⅰ、Ⅱ、Ⅲ、Ⅳ、Ⅴ…）や漢数字などがあるよ！
- 英語の単数形と複数形の重要性がわかった。

銀色の物体がステープラーの針であることを知っている人は、写真①と写真②の針の数は同じ350（ひとかたまりは50）になりますが、知らない人や調べられない人にはわかりません。このように、物体の数は、人の認識力に左右されるのです。

3 単位には意味がある

「私は15だよ」と会話で使う場合は、その場の雰囲気で15の意味がわかります。例えば、「今日で15歳になる」、「小学校１年から15kg増えた」、「鉛筆の長さが15cm」、「時間が15秒だった」などです。

物理学では、15の次にある単位が重要です。歳、kg、cm、秒の単位は、それぞれ意味をもっています。世界中にはたくさんの単位がありますが、それらは数字と同じように時代によって変化してきただけでなく、新しく作られ、人類とともに進歩してきました。

自家用車用の計測器

- 1329rpm（回転数、回転／分）
- 90℃（エンジン水温）
- 14.2V（車両電圧）

4 国際単位系（SI）

単位、および、その基準は、国によって違うと困ります。そこで、1961年頃、世界で統一した単位を作るために人々が集まり、7つの基本単位からなる国際単位系が制定されました。

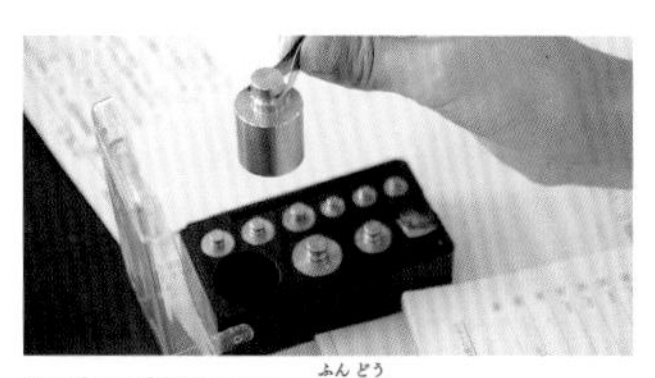

正確な質量をもつ分銅

素手で触ると誤差ができるので、ピンセットで扱う。

7つの基本単位（SI単位）

2019年、国際単位系は「7つの定義定数」から決める方式に変わり、基本単位という考えはなくなりました。詳細には触れませんが、次の7つを覚えておくことは、中学生にとって役立つと思います。

名　称	単　位	ワンポイント
時　間	s（秒）	・日常でよく使われる　1s＝1/60m＝1/3600h ・時間（Time）とその単位の1つである1時間（1h）を区別する
長　さ	m（メートル）	・日常でよく使われる（距離ともいう） ・ある物体の大きさは、縦と横と奥行きの3つで表される
質　量	kg（キログラム）	・物質そのものの量　1kg＝1000g ・重さ（単位：N）との関係は、100g≒1N（p.10）
電　流	A（アンペア）	・1秒間に流れる電子の粒の量（第6章）　1A＝1000mA ・電圧（V、ボルト）は電子の勢い
温　度	K（ケルビン）	・宇宙で最も低い温度（絶対零度）を0Kとする ・中学では℃（セルシウス度、摂氏）を使うことが多い　0K≒－273℃
物質量	mol（モル）	・中学では扱わない。なお、濃度（%）は全体に占める割合（100分率）で、絶対量でも単位でもない
光　度	cd（カンデラ）	・中学では扱わない（光の性質は、第5章で調べる）

補足：7つの定義定数

気になる人のために、7つの定義定数の名前だけを紹介します。(1)セシウムの遷移周波数、(2)光速、(3)プランク定数、(4)電気素量、(5)ボルツマン定数、(6)アボガドロ定数、(7)視感効果度です。

これらは厳密(げんみつ)な定数で、これらから時間や長さを定義します。本書で触れるのは(2)光速だけです（定数 299 792 458m/s）。

ＳＩの素晴らしい特徴は、たった7つの基本単位からできていることです。そして、7つをかけ算、割り算することで（数字を使います）、自然現象を説明するために必要な単位を数多く作り出せることです。小学校の算数では、「長さ」をかけ算することで、「面積」や「体積」を作る学習をしたと思います。

長さを測定する定規

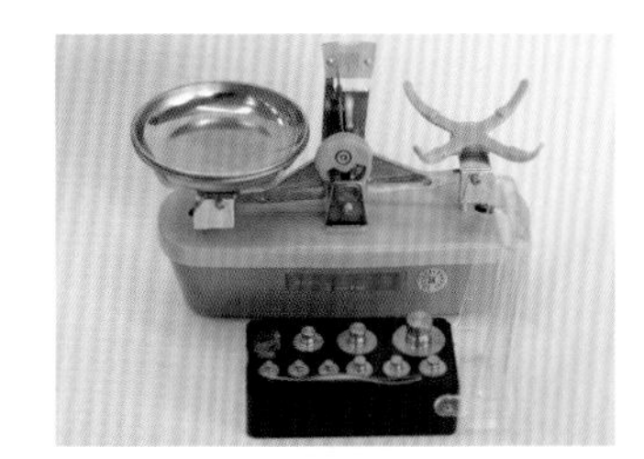
質量を測定する上皿てんびん

長さと面積と体積、そして、密度へ

中学では、長さと質量から「密度」を組み立てます。

密度 = 質量 ÷(割る) 体積 = 質量 ÷ 長さ × 長さ × 長さ （単位：g /(割る) m³）

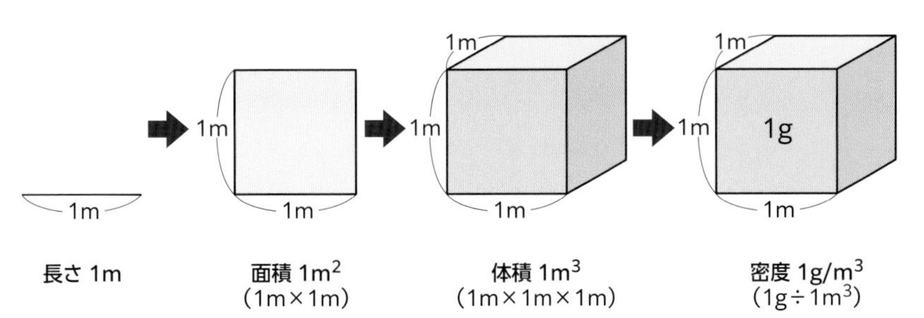

時間を測定するストップウォッチ

天体の動きを、長さと時間の数式にした天才ニュートン

17世紀に活躍したニュートンは、天体の動きを調べ、その美しい動きを説明するために「微分(びぶん)」や「積分(せきぶん)」などの数学を生み出しました。これらは高校で学びますが、「速さの公式」は小学校で学習しました。本書では「加速度の公式」を学びますが、少し予習をしておきましょう。長さと時間の2つを使います。

速　さ = 長さ ÷ 時間	**(m/s)**	
加速度 = 長さ ÷ 時間 ÷ 時間	**(m/s²)**	p.55

※加速度が理解できると、力の本質が理解できる。

光度を測定する照度計(しょうどけい)

この照度計の単位は、lx（ルクス）。

1cd = 1lx × 1m²

「単位の組み立て」を楽しもう！

物理学と数学は親密(しんみつ)で、ほとんどの自然法則は数式で記述できます。アラビア数字、ＳＩ、そして、日本語をあなたのものにして、物理学の世界を楽しみましょう。単位を理解することは、自然を理解することに他なりません。なお、力については感覚的な単位（g重(じゅう)、kg重(じゅう)）も紹介します。

電流を測定する電流計

数学：かけ算と割り算

(1) ×と÷の順序は変えられる
(2) 分数の分母と分子が同じ→1
(3) 単位もかけ算、割り算できる

単位と計算方法

単位は、自然現象や物質を表すために定義されたものです。その意味を理解できれば、それらを理解できたと言えるほど重要です。同じように、＋、－、×、÷ などの計算方法も、自然を理解するために考えられた道具であり、言葉と同じように重要です。

よく使う単位の一覧表

分類	量	単位	説明	ページ
力に関する単位	質　量	kg（キログラム）	• SIの基本単位の1つ	p.16
	力 （重　さ）	N（ニュートン）	• 100gの物体にはたらく地球の重力（≒1N） • ニュートンの運動方程式「F＝ma」（力＝質量×加速度）	p.15 p.55
		kg重	• 100gの物体が地球と引き合う力（＝100g重） • 重力単位系の単位で、いわゆる体重として感覚的にわかる	p.14 p.17
	長　さ	m（メートル）	• SIの基本単位の1つ　（距離）	p.11
	仕　事 （仕事量）	J（ジュール）	• 力×長さ（Nm） ※ 1Nm（仕事）＝1Ws（電力量）＝1J（仕事、熱、エネルギー）	p.25 p.149
	時　間	s（秒）	• SIの基本単位の1つ　※d（日）、h（時）、m（分）	p.44
	仕事率	W（ワット）	• 仕事÷時間＝（Nm/s）　※電力と同じ	p.148
	圧　力	Pa（パスカル）	• 圧力＝力÷面積（長さ^2）＝（N/m^2） ※水圧＝深さ（p.34）　※大気の標準気圧1013hPa	p.33 p.37
電流に関する単位	電　流	A（アンペア）	• SIの基本単位の1つ	p.116
	電　圧	V（ボルト）	• 抵抗×電流、または、電力（仕事率）÷電流	p.111
	電気抵抗	Ω（オーム）	• 電圧÷電流	p.121
	電　力	W（ワット）	• 電圧×電流　　※仕事率と同じ	p.147
	電力量	Ws（ワット秒）	• 電力×時間　（一般ではWh）	p.149
	電気料金	円（え　ん）	• 電力量×（電力会社による単位時間あたりの料金）	p.149
エネルギーに関する単位	熱 （熱　量）	J（ジュール）	• 電力×時間　（Ws） ※ 1Ws（電力量）＝1Nm（仕事）＝1J（熱、エネルギー）	p.147
		cal（カロリー）	• 1cal＝水1g×上昇温度1℃（日常で使う熱量） • 1cal≒4.2J　（0.24cal≒1J）	p.143 p.147
	温　度	K（ケルビン）	• SIの基本単位の1つ　※0K≒－273℃	
	エネルギー （エネルギー量）	J（ジュール）	• 力学的エネルギー（運動エネルギーと位置エネルギー） • 熱、光、化学、電気エネルギーなど全てのエネルギー ※ 1J（エネルギー、熱）＝1Ws（電力量）＝1Nm（仕事）	p.65 p.150 p.149
その他	振動数	Hz（ヘルツ）	• 1÷（1秒当たりの振動の回数） • 音のドレミファソのような高さ（周波数）	p.67 p.69
	角　度	°（度）	• 1°（度）＝60′（分）＝3600″（秒）	
	放射線の力 （放射能）	Bq（ベクレル）	• 1秒間に放出された放射線の数	
		Gy（グレイ）	• 人が体内に吸収した放射線の量	
		Sv（シーベルト）	• 人に与える（有害な）影響力	p.105
	エントロピー	（m^2・kg/s^2/K）	長さ×長さ×質量÷時間÷時間÷温度	p.145

5 長さを指で計測(けいそく)しよう

あなたの指を定規のように使って、いろいろなものの長さを計測しましょう。両腕を広げたり、歩幅を使ったりするのもよいでしょう。測定結果は、アラビア数字と長さを表す単位「m」を使います。

いろいろな長さの単位

1メートル	1m
1インチ	2.54cm
1フィート	30.43cm
1ヤード	91.44cm
1マイル	1.609344km
1寸（すん）	約3.03cm
1尺（しゃく）	約30.3cm
1間（けん）	約1.82m
1里（り）	約3.93km
1海里（かいり）	1.852km
1天文単位	約1.49億km
1光年	約9.46兆km

楽器の長さを測定する方法

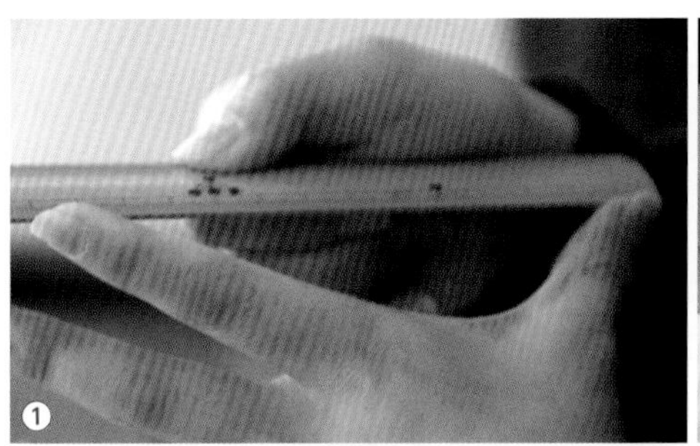
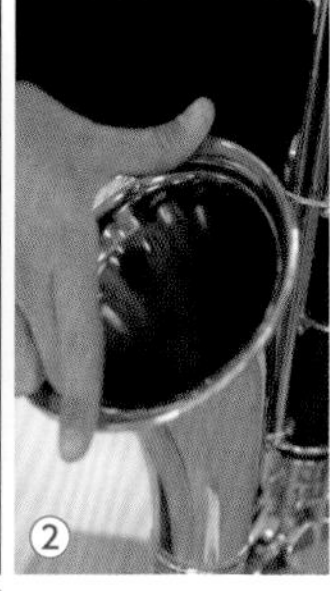

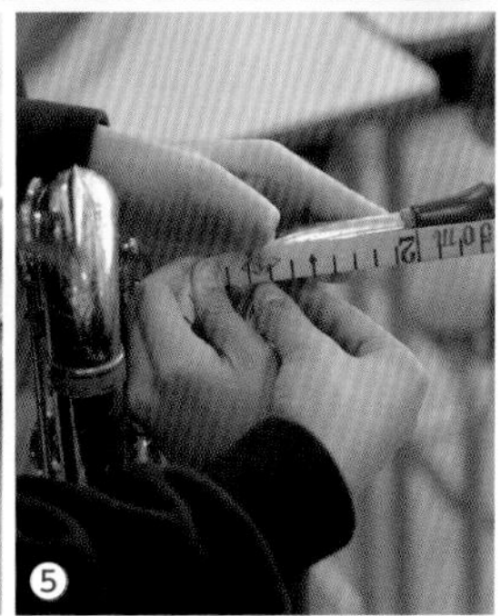

①：親指と人差し指で作る長さを測定する（指の間隔は、人によって違う）。　②：指で、楽器全体やベルの大きさを測る（1cmの単位まで）。測り方にも、いろいろな方法（個人の個性）がある。　③〜⑤：定規を使って計測する。曲がっている楽器は、どこからどこまでを測定するか、初めに決めておくこと。

生徒の感想

- 正確に測れたので、おどろいた。
- 手で測るときはcmまでしか測れないけれど、定規でならmmまで測れる。でも、mmで測ろうとすると、楽器の曲がっている部分をどうするかで、結果が大きく変わってしまう。

指と定規による測定結果の比較

手で測定しても、かなりの精度で求められることがわかります。

測定したもの	手で測る	定規で測る
バスクラリネット	160.4	144cm
エスクラリネット	47cm	49cm
テナーサックス	170cm	166cm
バリトンサックス	272.5cm	268cm
オーボエ（リードつき）	65cm	64.4cm
クラリネット	67cm	66.5cm
クラリネット	70cm	67cm
ベークラリネット	68cm	67cm

測定したもの	手で測る	定規で測る
アルトサックス	126cm	121cm
ソプラノサックス	73cm	71cm

楽器のベル

テナーサックス	17cm	16cm
バリトンサックス	17cm	18cm
バスクラリネット	18cm	12.5cm
オーボエ	2cm	3.8cm

ベル

楽器名	手で測る	定規で測る
アルトサックス	11cm	12cm
ソプラノサックス	9cm	9cm
クラリネット	8cm	8cm
クラリネット	9cm	8cm
エスクラリネット	7cm	7cm

実験：この本の大きさを測定しよう！

この実験と同じように、この本を指で測定してみましょう。友達や家族と一緒にやると、ちょっとしたクイズのようになります。なお、計測する長さは縦と横の2つです。

答：この本の大きさ

縦	約257mm
横	約182mm

6 誤差と目盛りの読み方

同じものを測定しても、測定する道具や人によって測定値が変わります。自然がもつ真の値を求めるとき、必ず誤差が伴うのです。実験では誤差や失敗を恐れることなく、その誤差と原因を科学的に分析する姿勢が大切です。次に、器具の誤差と測定者の誤差を紹介します。

測定器具の誤差
どちらの定規が正確であるかは、簡単に判断できない。温度や湿度によって伸縮したり、曲がったりする。なお、プラスチック製定規の左側のスケールは「インチ」。

2本の定規を並べて見る

日常に見られる定規は、拡大すると、これだけの誤差があります。精密に測定しようとすると、線の太さも考慮しなくてはなりません。

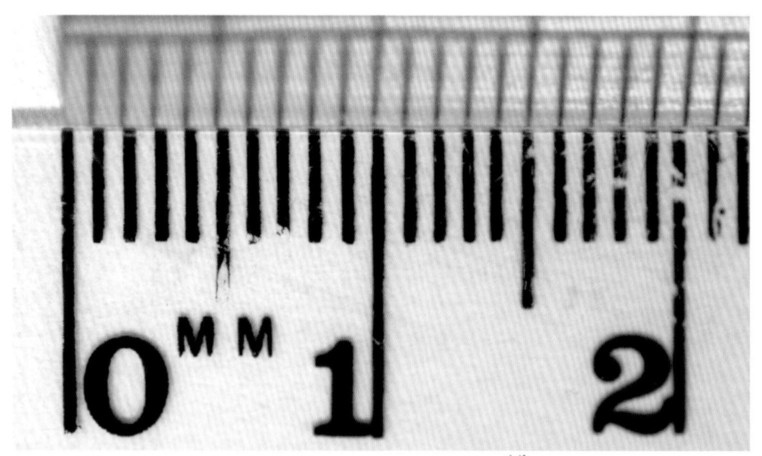

筆者は十分に努力して撮影したが、定規をつくる素材の歪み、カメラのレンズの性能、私個人の癖など、さまざまな原因によって完全なピントを得ていない。

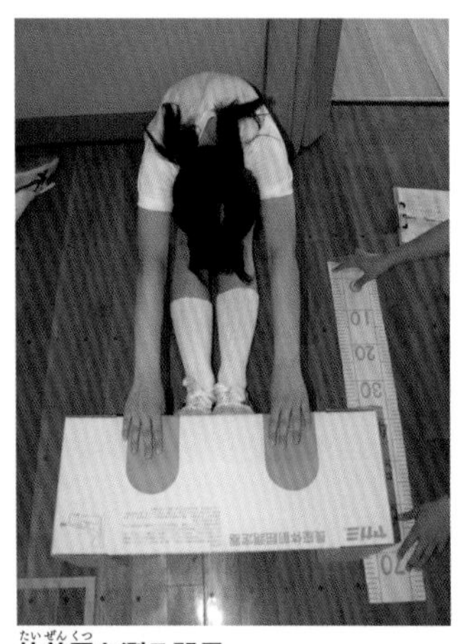
体前屈を測る器具
これは段ボール製で、最小目盛りは1cm。目盛りの1/10(mmの単位)まで測定できる。

個人差による誤差
どんなに正確な器具を使っても、個人によって読む値が変わる。これを個人差という。個人差は、その人の性格によっても左右される。

ステープラーの針1本の幅を求める

ステープラーの針1本の幅を求めるためには、ひとかたまりの幅を測定した方が正確になります。下の写真を見てください。針50本の幅は24mm(2.4cm)であることがわかります。したがって、ステープラーの針1本の幅は、計算により、0.48mmになります。

計算式　$24\text{mm} \div 50 = 0.48\text{mm}$

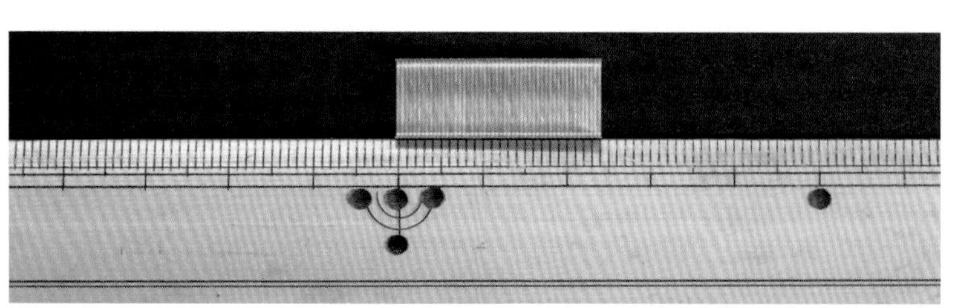
上の計算式にあるものは、数字24と50、数字の桁をあらわす接頭語m(ミリ)、長さの単位m(メートル)、計算記号÷(割る)、の4種類。

たくさんの温度計を並べて見る

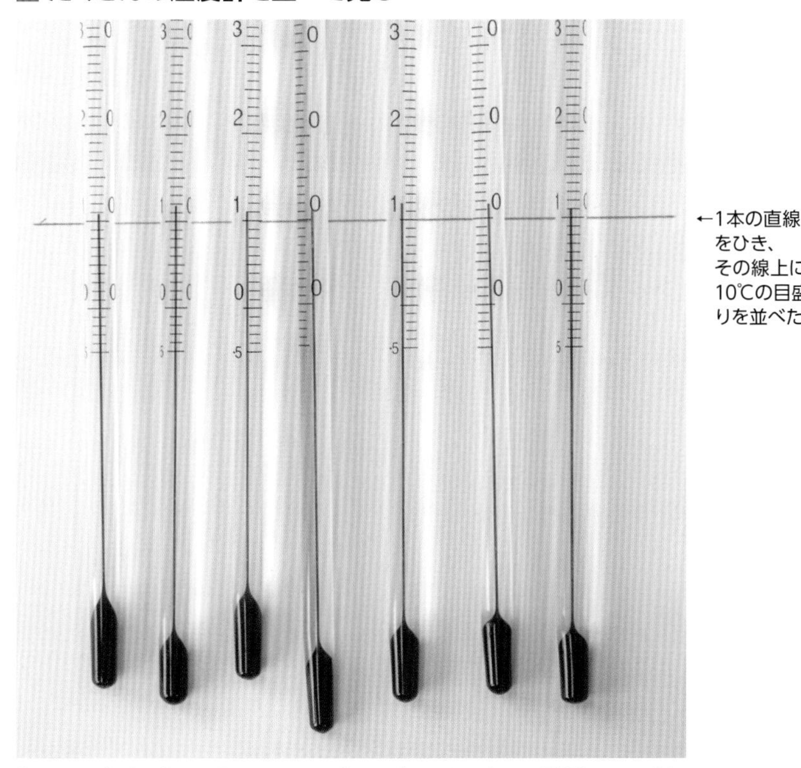

新品の温度計を並べて見ると、これだけのばらつきがある。計測は、目盛りの1/10まで（有効数字）読むことになっている。しかし、この温度計は手作りで、実は、最小目盛りの1目盛り（1℃）が公差（≒誤差）になっている。

目盛りの読み方

目盛りと目の高さを合わせて読む。

- 本体を落としたり、ぶつけたりしますとガラス管の破損また液切れにより温度の値がくるう事があります。

◎**感温液が液体（アルコール、白灯油）**

- 直接手などに触れた時は石鹸等で水洗いをしてください。
- 引火性がありますので火気には充分ご注意ください。
- こぼれた時は乾いた布などで吸い取ってください。

◎**精度**　（1目盛　1℃）
200℃以下 ” ±1℃

温度計の箱にある注意書き

器具は説明書を読んで正しく使う。この温度計の精度は±1℃。

電子てんびんでステープラーの針1本の質量を求める

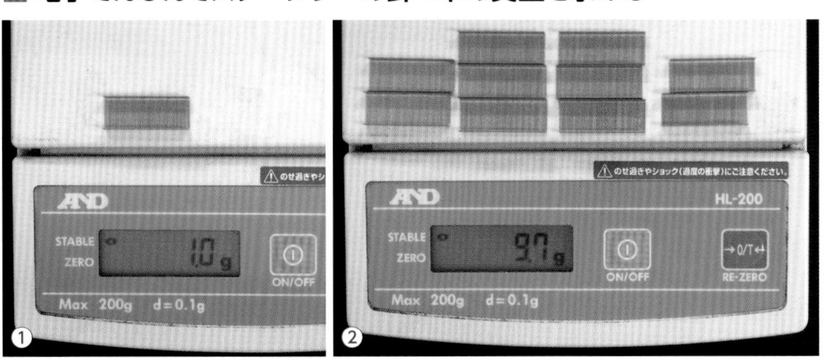

①：ステープラーの針50本を測定すると、1.0gになった。したがって、1本0.02gの計算になる（1g÷50本＝0.02g/本）。　②：500本は9.7gなので、1本0.019gになる。①と②の結果を比較すると、②の方が正確。

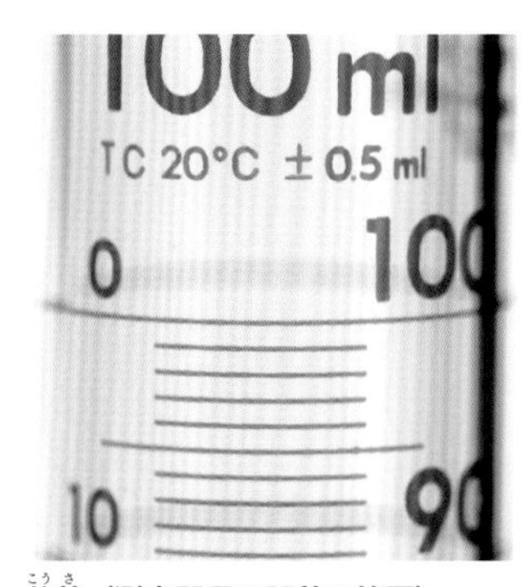

公差（測定器具の誤差の範囲）

上の器具の公差は、20℃のときの±0.5mL。例えば、96.4mLと読めば、真の値は95.9～96.9mLの範囲。公差の小さい器具ほど高額。

電子てんびんのような、デジタル表示の測定器具では疑問を感じることは少ないのですが、自分で目盛りを読む場合は、測定値の読み方に十分な注意が必要です。詳しい数値の読み方は、p.113の電圧計で学習します。

有効数字

目盛りがあれば、その1/10まで読むことができる。これを有効数字という。

7 重さを体重計で測る

準　備

- いろいろな物体
- 体重計

この実験で使う単位

- kg重　　　（力）

※質量45kgの場合、体重は重力単位系で45kg重、国際単位系で450N。

2台の体重計を使って、あなたの体重を測ってみましょう。載り方によって、軽くしたり重くしたりできるのでしょうか。実験しなくても答えはわかると思いますが、もしかしたら……。

体重計2台で重さを測定する方法

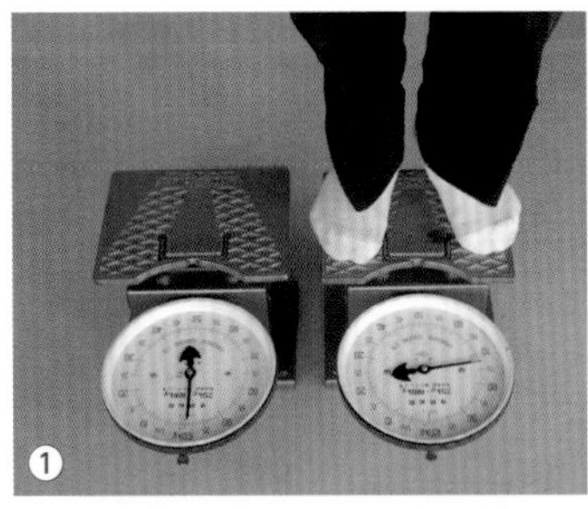

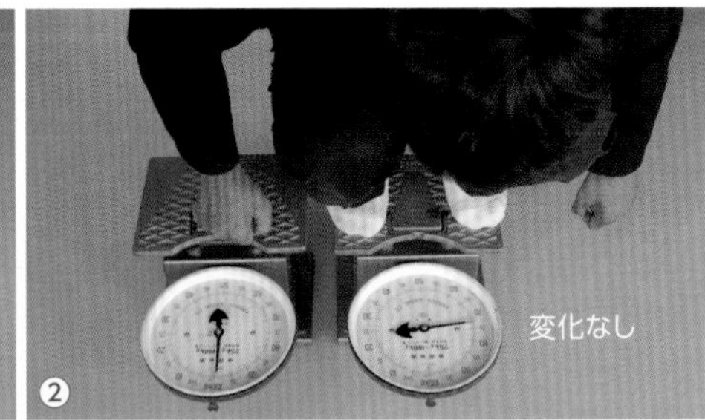

①：体重計に載って、目盛りを読む。　②：力みながら目盛りを読む。

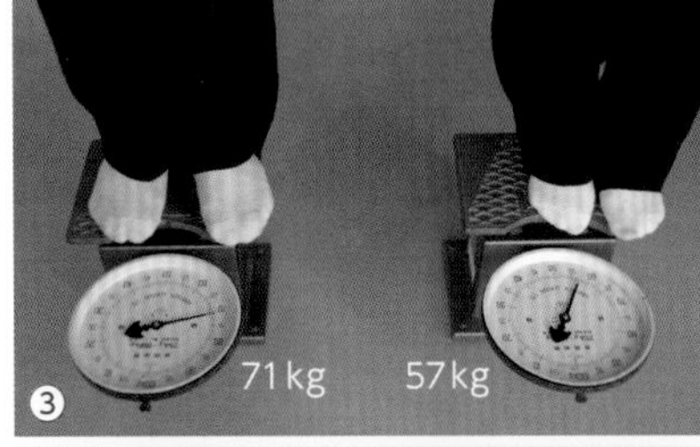

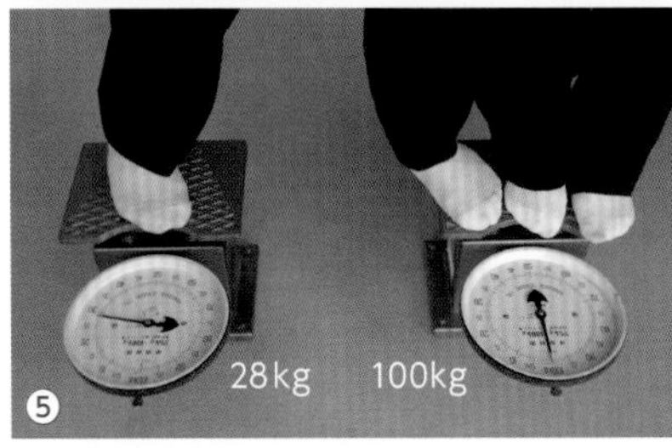

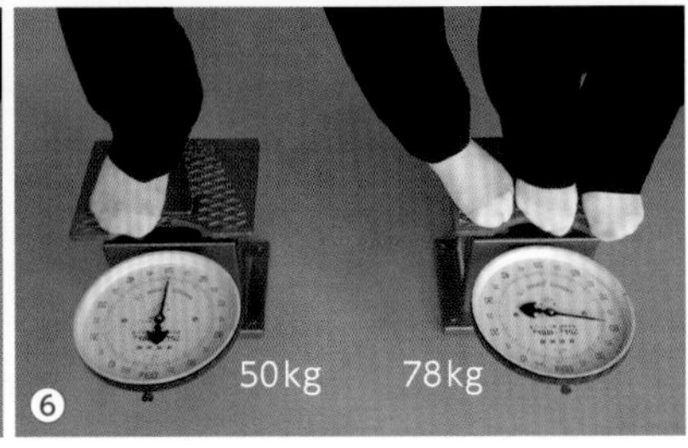

③：体重計２台を並べて置き、友達と並んで体重計に載る。　④～⑥：友達の体重計に片足を載せてみる。加える力を変え、体重計の値がどうなるか調べる。

体重計のアナログの目盛り

目盛りの1/10まで読む。最近はデジタル表示が多いので、このような体重計は貴重だ。

実験結果からわかること

- 片足でも、踏ん張っても、体重は変わらない。
- 2つの体重計を使う場合、値の合計は常に等しい。

測定結果：重さは128kg重

上の実験③～⑥では、どのようにしても合計128kgでした。さて、問題は単位です。正しくは128kg重です。ただし、現在の中学校では、国際単位系で1280 Nとして学びます (p.15)。

測定日	私	Aさん	B　君	（　　　）
年　月　日	kg重	kg重	kg重	kg重
年　月　日	kg重	kg重	kg重	kg重
年　月　日	kg重	kg重	kg重	kg重

生徒の感想

- 最近太ってきたので、ちょっとヤバいかも。君はやせすぎだけど…。
- 体重計の上で動いているときは、測れない。

8 体重と万有引力

p.14の実験のように、体重計で体重が測れるのは何故でしょう。月面や無重力の宇宙ではどうなるでしょう。この問題を解くために、ニュートンが発見した万有引力の法則を紹介します。

思考実験
実験の限界に挑戦(ちょうせん)した結果として、頭（思考）の中で行う実験を思考実験という。現実には不可能な単純、理想化した条件を想定する。

巨大なリンゴを地球に落とす思考実験

ニュートンは、木からリンゴが落ちるようすを見て、地球とリンゴが引き合う「万有引力」を思いついたともいわれています。下図は筆者が考えたリンゴを巨大化させる思考実験です。

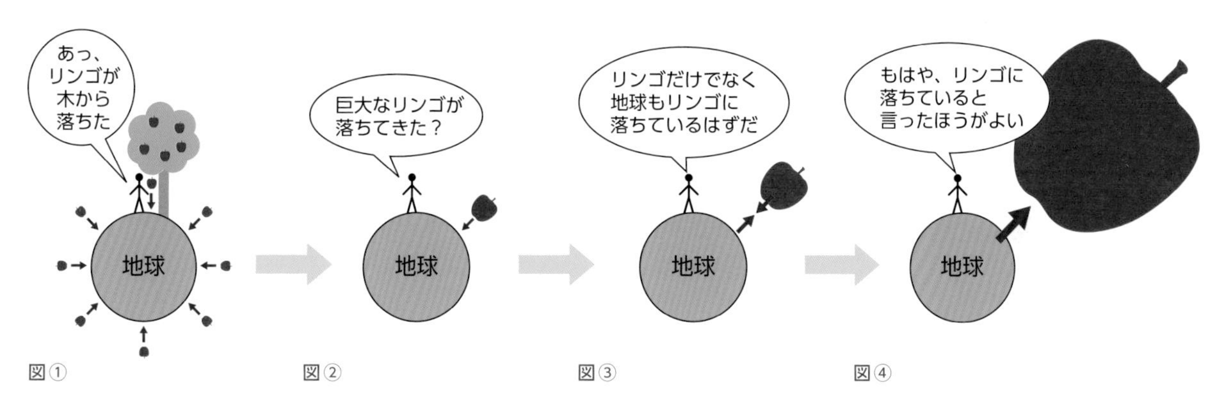

①：宇宙から見ると、リンゴは世界中で落ちている。　②～④：リンゴを大きくしていくと、リンゴが地球に落ちているのか、地球がリンゴに落ちているのかわからなくなる。この問題を解決するためには、「リンゴと地球は引き合っている」と考えればよい。

万有引力の法則（ニュートン）

万(よろず)の物(もの)は互いに引(ひ)き合っている

地球は大きくて意識できませんが、私たちが立っていられるのは、私たちと地球が引き合っているからです。すべての物体どうし、つまり、あなたと私も引き合っています。

万有引力の大きさ
(1) 質量が大きければ大きくなる
（質量に比例する）
(2) 離れると小さくなる
（距離の2乗に反比例する）

1 N(ニュートン) とは（体重は測定場所によって変わる）

体重は、あなたと何かが引き合う力です。月では地球の1/6、無重力空間では0に変わります。そこで、ニュートンは力の大きさ（単位N）を加速度から定義しましたが（p.55)、中学生は次のように考えましょう。

1 N＝100 gの物体が地球と引き合う力

※1 Nは1g、ではないので混乱しやすい。この本は理解を助けるため、力の単位としてg重も使う。その場合、「1g重＝1gの物体が地球と引き合う力」、となる（p.10)。

ユーフラテス川に飛び込む少年
少年と地球は互いに引き合っている。

9 シーソーで質量を量る

このページで使う単位

- N、kg重　(力)
- kg　(質量)
- m　(長さ)

物質は同じでも、重さは何かと引き合う力なので、測定場所によって変わります。それでは困るので、どこでも変わらない「物質そのものの量」質量(単位：g)を調べてみましょう。

シーソー
重力で遊ぶ遊具。質量(kg)を測定することもできる。

シーソーを使った質量の測定方法

質量を測る器具は「上皿てんびん」です。これは公園で見かけるシーソーと同じ、支点から同じ長さの腕をもつ道具です。上皿てんびんの使い方は p.17 にあるので、ここではシーソーで相手の質量を測定する方法を紹介します。あなたを42kgとして考えてみましょう。

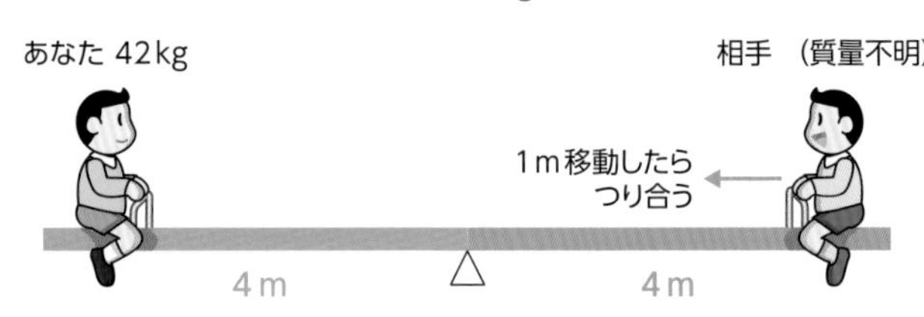

※質量を調べたい人とシーソーに乗る。同じ距離でつり合えば同じ質量(42kg)。つり合わない場合、どちらかが移動し、支点からの距離を測る。相手の質量は、欄外のように計算する(仕事の原理、p.26)。

本文の計算例

支点からあなたが4m、相手が3mでつり合った場合、相手の質量を x kgとすると、

$$42\text{kg} \times 4\text{m} = x\text{kg} \times 3\text{m}$$

となる。これを解くと、

$$x\text{kg} = 42\text{kg} \times 4\text{m} \div 3\text{m} = 56\text{kg}$$

地球と月で、シーソーと体重計を使う

シーソーを使えば、月でも地球でも同じように質量を量れます。月での重力は地球の1/6になりますが、相手も1/6になるからです。質量は月でも地球でも変化しません。ポイントは、つり合わせる、です。それに対して、力の大きさを測る体重計やばねばかりの値は、測定場所によって変わってしまいます。

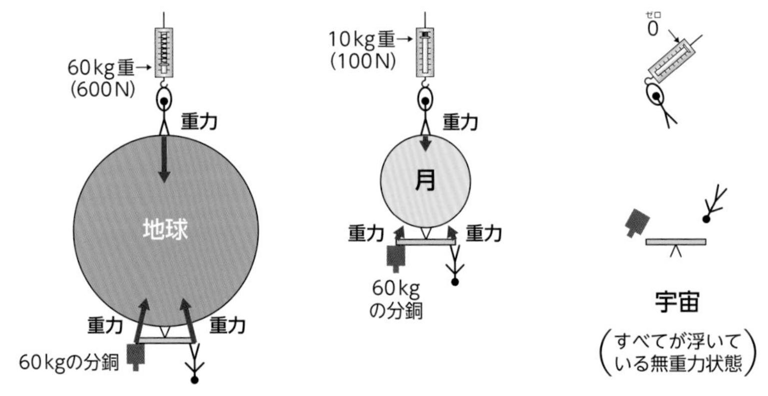

筆者の質量は62kgですが、体重は地球で62kg重(620N)、月で10.3kg重、火星で23kg重、太陽で1700kg重になります。無重力空間では体重0ですが、質量は私を動かすための力から求められます(p.55)。

宇宙遊泳をする飛行士
地球の重力がはたらかない場所では、重さ(体重)は0。しかし、その人のそのものの分量(質量)は変化しない。

生徒の感想

- シーソーで体重がわかってしまう。嫌!
- 水を飲むだけで200g重変わるから、そんなに気にしなくて良い。

上皿てんびんで、一定の質量を量りとる方法

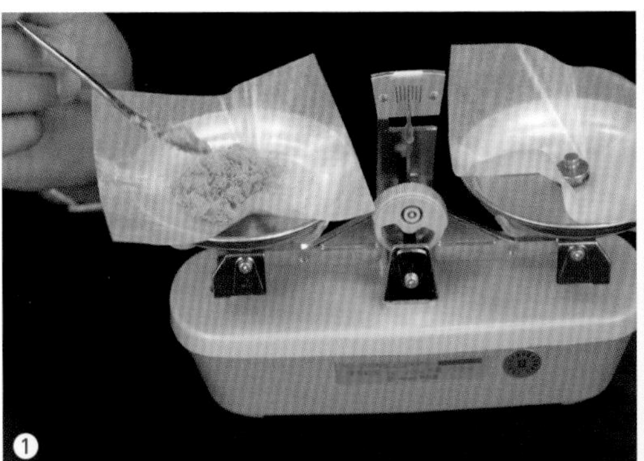

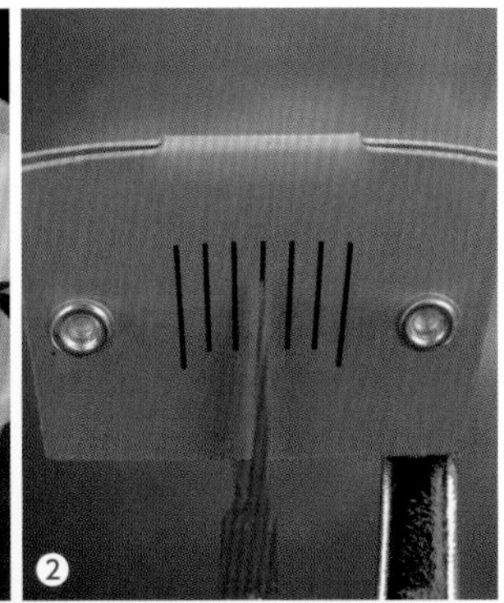

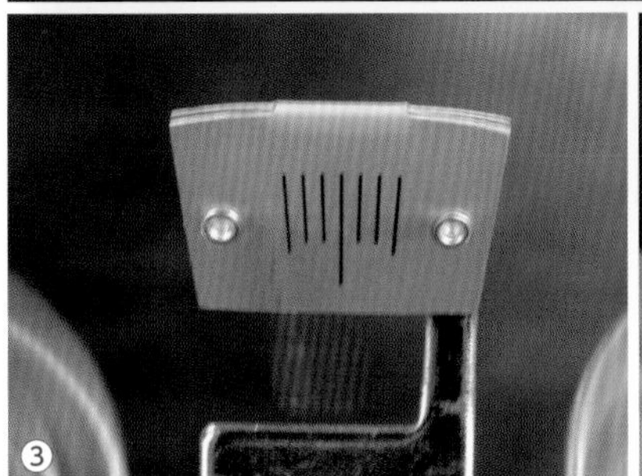

①：目的とする質量の分銅を一方の皿に載せる。もう一方に、利き手を使って物質を載せていく（②のように針を静止させてはいけない）。　③、④：左右の針の振れ幅が同じになるようにする（③はかたよりがありだめで、④の状態ができあがり）。

重力単位系「g重」と国際単位系「N」

重さは、地球や月など測定場所によって変わる。赤道と極地（北極・南極）でも違う。重力単位系の場合、質量（g）と重さの関係は以下のように単純。

100g→100g重

その一方、国際単位系は、地球の標準重力加速度を決める必要がある。その定数は、9.806 65m/s^2。

1kg＝9.806 65N≒10N

（100g＝0.980 665≒1N）

N（ニュートン）と質量、g重（グラムじゅう）と質量の関係

N	質　量	g重
0.1N	10g	10g重
1N	100g	100g重
2N	200g	200g重
3N	300g	300g重
10N ≒9.806 65N	1000g (1kg)	1000g重 (1kg重)
20N	2kg	2kg重
30N	3kg	3kg重
100N	10kg	10kg重
1000N	100kg	100kg重

重さと質量の比較

質量はいつでもどこでも同じ量、重さは場所によって変わる力の大きさです。ただし、中学の実験では区別しなくても大丈夫です。

	重　さ	質　量
定　義	物質にはたらく重力の大きさ （力の大きさの１種）	物質そのものの量
大きさ	・測定する場所によって変わる ※月での重さは地球の 1/6 になる ※火星での重さは地球の 1/4 になる	・どこで測定しても同じ ※無重力空間に浮かんでいる状態でも質量はある ※その大きさは、加速させるための力で測定する
単　位	N（ニュートン）（国際単位系、ＳＩ） kg重（じゅう）（重力単位系）	kg（キログラム）、g
測定器具	ばねばかり、体重計 （電子てんびん）	上皿てんびん、シーソー

※電子てんびんは質量（g）の測定器具であるが、原理的には重さを測定している。

第2章 静止した力のつり合い

静かにつり合っている力
A君は、ばねばかりを2本つなげて左右に引っ張っている。力ははたらいているけれど、動かない。

第2章は、単純で重要な物理法則をたくさん含む静力学を調べます。フックが発見した「フックの法則」、アリストテレスによる「てこの原理（仕事の原理）」、圧力、水圧、浮力に関する「アルキメデスの原理」や「パスカルの原理」です。これらは古典力学といわれるものですが、体を使った実験も多いので楽しく学べるでしょう。また、私たちは地球の重力に支配されて生活していることも体感しましょう。

力の3つのはたらき

（1）物体の形を変える
（2）物体の運動状態を（速さ、向き）変える
（3）物体を支える

1 力を矢印で表す

力（Force）には、「大きさ」「方向」「力が物体に作用する点」の3要素があります。文字で書くとややこしいのですが、矢印ならスッキリ。矢印は、見えない力を表現する画期的な発明の1つです。

矢印で表す力の3要素

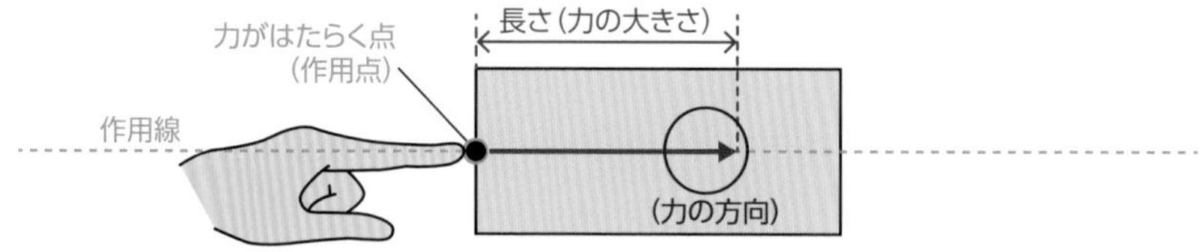

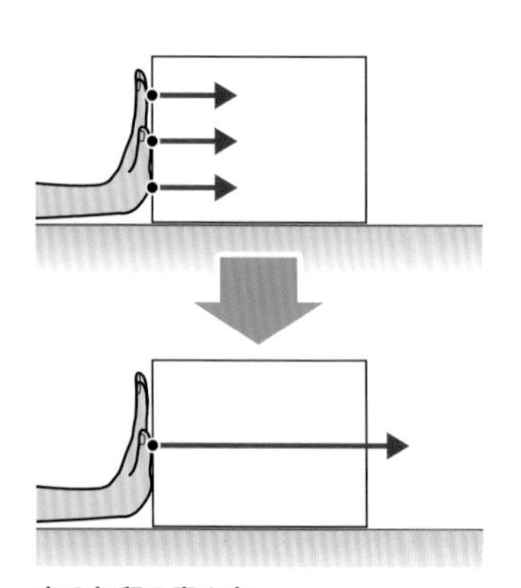

力の矢印の書き方
（1）矢印（力）をまとめて1本にする。
（2）重力も1本で表すが、その作用点は物体の重心に合わせる。

矢印の長さは、基準の取り方によって変わる

力の大きさを「矢印の長さ」で測って求めるときは、大きさと長さの関係（基準）を確認してください。例えば、下図の赤い矢印3本は、すべて質量26kgの人にはたらく重力を表しています。

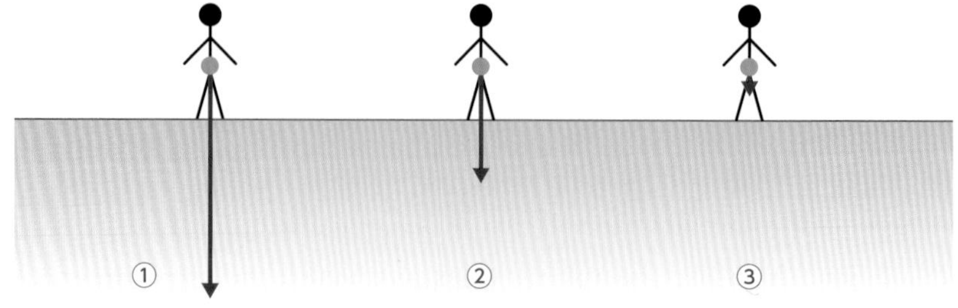

①：1kg重の大きさを1mmとすると、矢印の長さは26mm。 ②：1kg重を0.5mmにすると13mm。 ③：1kg重を0.1mmにすると2.6mm。 ※①～③はすべて同じ重さ。

重心
物体にはたらく重力（万有引力）を1本の矢印で表したときの作用点。

2 垂直抗力

私たちは普段意識しませんが、地球はあなたを引っ張っています。もし、地面がなければ、地球の中心へ落ち続けます。私たちが地上に立っていられるのは、2つの力、重力と垂直抗力がつり合っているからです。垂直抗力は、正反対に抗う力です。

重力と垂直抗力

この写真にはたくさんの力がはたらいているが、運動場は、ここにいるすべての生徒の体重を支えている。特に、中央の櫓は鉛直方向に力がはたらき、運動場はそれと同じ大きさの垂直抗力で支えている。

ジャンプして重力と垂直抗力を感じる

①：地面をけってジャンプする。　②：上向きの力がはたらいているときは上昇するが、やがて重力で落下する。　③：着地の瞬間、地面は凹んで押し返す（押し返す力を垂直抗力という）。精密に測定できれば、立っているだけでもわずかに凹む。

鉛直方向

地球の中心へ、鉛の錘が真っすぐに落ちる方向。この単純な方向は、建築の基準になる。垂直は、ある線や面に対して直角をなす方向。

地面を押す力（重力）と垂直抗力のつり合い

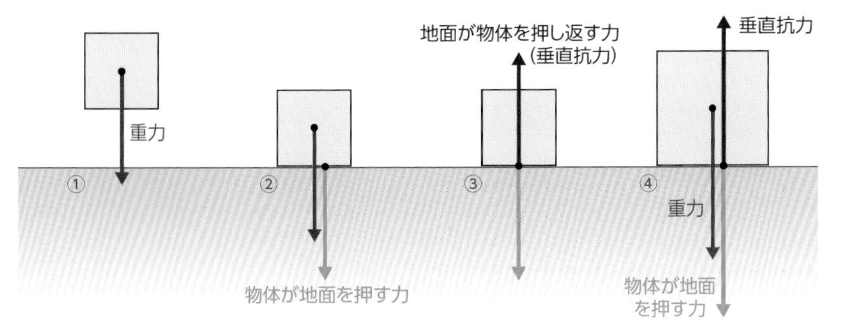

①：重力は空中でもはたらく。　②：接地すると、重力と同じ大きさの「地面を押す力」が生じる（作用点は同一直線上）。　③：同時に、同じ大きさで反対向きの「物体を押し返す力（垂直抗力）」が生じる。　④：3つの力のまとめ。

垂直抗力

垂直抗力は、物体をのせた途端に発生する。例えば、踏み台の上に立つと、その瞬間に、体重と同じ力の垂直抗力が発生する。60kg重の人なら60kg重。

2つの力がつり合う条件

(1)　大きさが同じ　　(2)　向きが正反対
(3)　同一の作用線上にある

上図で、「重力と垂直抗力はつり合っている」といいます。作用点は違いますが、同じ作用線上にあることに着目（作用反作用 p.60）。

生徒の感想

- 抗力は中学生みたい（反抗期）。
- 抗力は、押された瞬間に発生する不思議な力。
- 私の自転車の後輪がすぐに凹むのは体重が大きいから？　支えてくれてありがとう。
- 力のつり合いの条件は３つあった。

3 フックの法則

イギリスの物理学者フックは、フックの法則「**物体に力を加えると、物体が変形した量と力の大きさは比例する**」を発見しました。これはばねだけではなく、弾性(だんせい)をもった物体について成り立ちます（p.23）。

準　備

- ばね
- 分銅(ふんどう)（10g1個、25g10個）
- つまようじ
- 定規
- いろいろな物体

この実験で使う単位

- g重、N　（力）
- g　（質量）
- cm　（長さ）

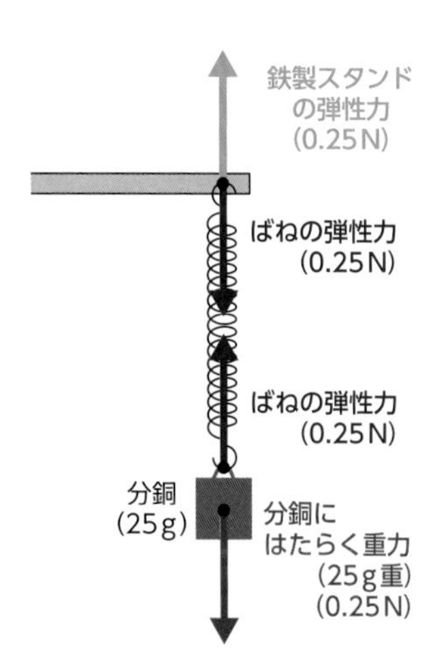

分銅にはたらく力

25gの分銅にはたらく重力は、25g重（0.25N）。上図は、重力によって生じた力、つり合っている力を示す。

ばねを使ってフックの法則を確かめる実験

ばねを伸ばす力は、分銅にはたらく重力です。その大きさは、分銅のつるし方と関係ありません。単位はN(ニュートン)ですが、この実験では理解しやすいg重(じゅう)（重力単位系）も使います。

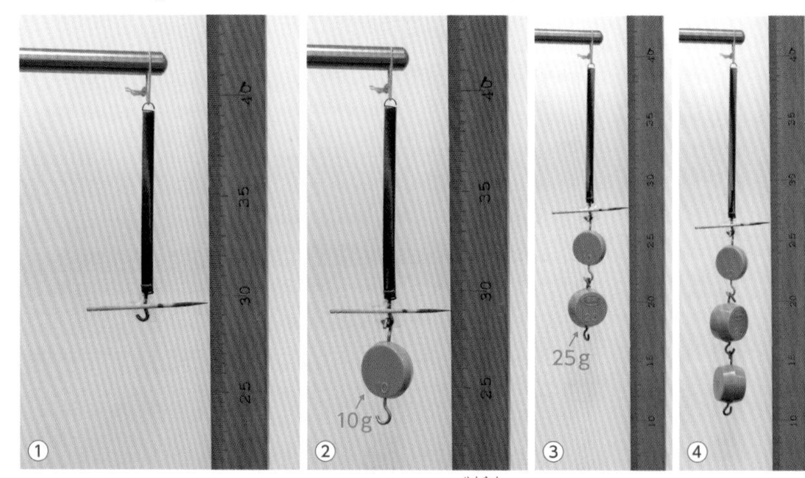

①：つる巻きばねを鉄製スタンドにつるし、ばねの先端(せんたん)につまようじをつける。　②：分銅10gをつり下げ、少し伸ばしたところを基準とする（この実験では29cmの位置）。　※少し伸ばすのは、誤差を少なくするため。　③～④：分銅の質量を順に増やし、伸びた量（cm）を記録する。

⑤、⑥：同じ数（同じ質量）の分銅を、違(ちが)う方法でつり下げて、ばねの伸びが変わるか調べる（結果は変わらない）。　⑦～⑩：分銅を増やし、ばねにはたらく力の大きさを順に増やし、ばねが伸びた量を記録し、それらの関係をグラフ化する。

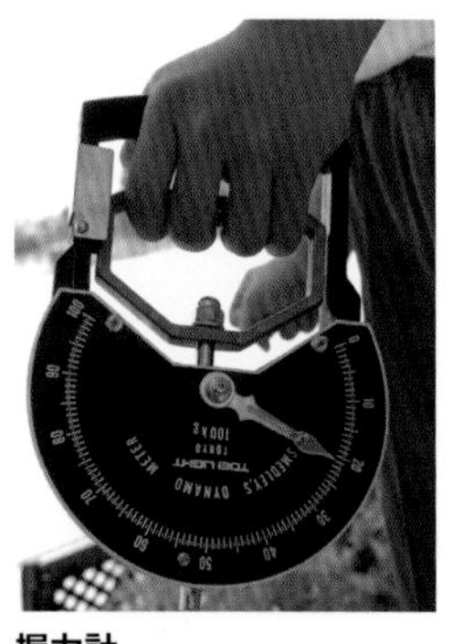

握力計

握力計(あくりょくけい)の中には「ばね」があり、フックの法則を利用して測定する。

実験結果のグラフと考察

横軸「分銅の質量（g）」は、「ばねに加える力（g重）」です。縦軸「ばねの伸び（cm）」は、「ばねの変形量（cm）」です。

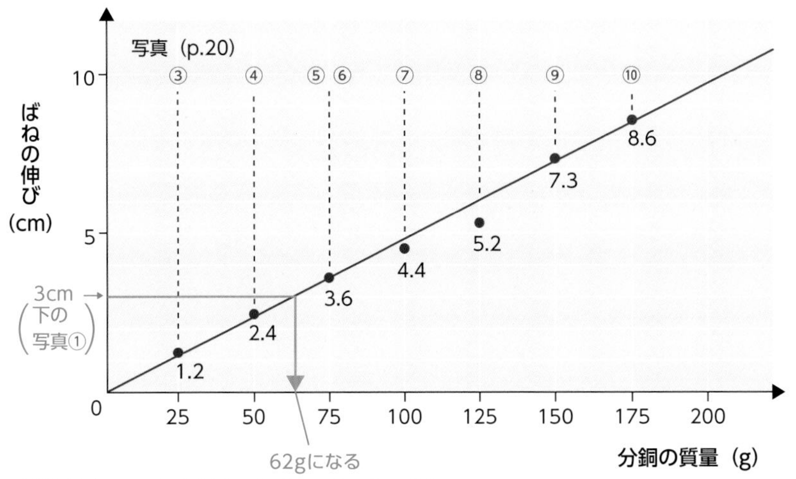

※横軸は左ページの写真②で吊した10gをのぞく。
※25gで25g重（0.25N）、100gで100g重（1N）の力を加えたことを示す。

このグラフは、ばねに加えた力と伸び（変形量）が比例することを示しています。これをフックの法則といいます。当たり前のように感じますが、力学の基本となる重要な法則です。

グラフの書き方（考え方）

（1）2本の軸と原点（0,0）を書く。
（2）軸の名前と単位を書く。
（3）実験データを正確に打つ。
（4）データを見て、関係を予測する。
（5）比例を予測した場合は、1本の直線を書く。
※「比例」なら、原点を通り、全データの平均となる直線になる。折れ線グラフは完全な間違い。
（6）各データが直線的に並んでいない場合は、なめらかな曲線を書く。
※無数の点の集合は線になる。
※データは誤差を含むので、データとデータを線で結ぶ必要はない。

石やはさみにはたらく重力を求める実験

次に、フックの法則を応用して、重さがわからない物体の重さを求めてみましょう。上のグラフの傾き（かたむ）を利用して求めます。

①：重さがわからない物体（石）をばねにつるし、伸びた長さを測定する（写真は3cm＝29cm－26cm）。伸びた長さに対応する重さを、上のグラフから読み取る（3cmなら、62g重＝0.62N）。　②：また、電子てんびんでも確認する。　③：はさみなど、その他の物体も調べてみる。一緒につるし、ある程度伸ばした方が、誤差が少なくなる。

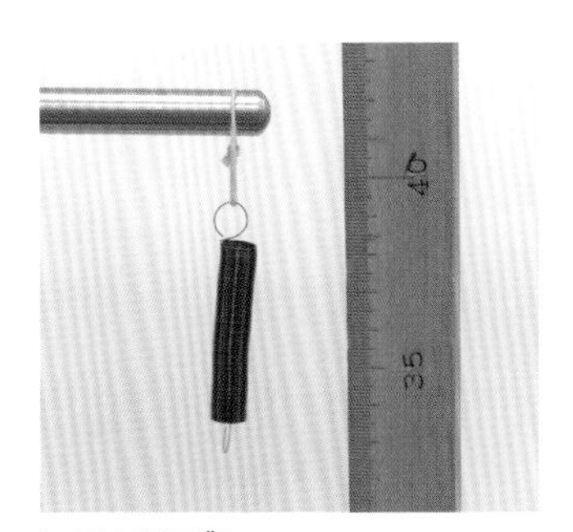

いろいろなばね
太さや長さ、強さが違（ちが）うばねを使い、同じように実験する。その結果を1つのグラフにまとめると、グラフの傾き（かたむ）の違いなどの発見がある。強いばねを使うと、グラフの傾きが小さくなる。

生徒の感想
・石やはさみの重さが正確に測れたのでビックリだった。

4 重力を輪ゴムで測る

輪ゴムでも重さを測ることができます。p.20のような実験で比例グラフができれば（正確な傾きがわかれば）測定できます。輪ゴムを縦につなげたり重ねたり、独創的なアイデアで楽しんでください。

準　備

- 輪ゴム
- 分銅
- 定規

この実験で使う単位

- g重　（力）
- g　（質量）
- cm　（長さ）

輪ゴムを使った応用実験（フックの法則）

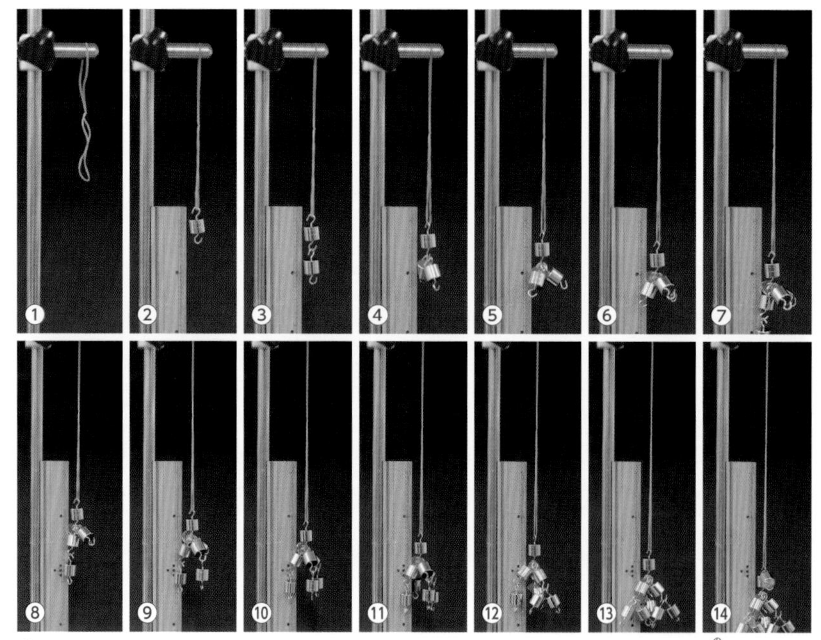

①：輪ゴム2本をつないで鉄製スタンドにつるす。②：初めに輪ゴムを少し引き伸ばしておくための分銅をつるし、定規を分銅の先端と一致するように固定する。③〜⑭：分銅を順に増やしていき、ばねにはたらく力の大きさとばねの伸びの関係をグラフにする。

正確なデータを得るポイント

(1) 輪ゴムを3つにすると誤差が少ない。
(2) 測定前に、輪ゴムを伸ばすための分銅の質量は大きいほど良い。
(3) 重いものを下げると、結び目が強くなってくる。

弾性限界

分銅の質量を大きくしていくと、あるところから、実験データが悪くなり、曲線になってしまう限界がある。これを弾性限界という。弾性限界を超えた場合、フックの法則は成り立たない。

実験結果と考察

きれいなグラフができました。輪ゴムに未知の物体をつるすと、縦軸「輪ゴムの伸び」から横軸「重さ（g重）」を求めることができます。

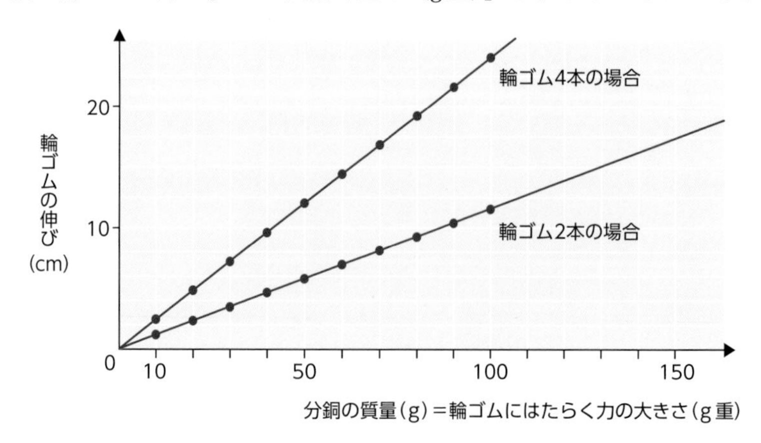

生徒の感想

- グラフが正確にできて、しかも輪ゴムでもかなり正確に重さが測れたのでビックリ!!
- ばねばかりの中にあるのは、バネ。輪ゴムと一緒だね。

5 弾性という性質

ボールが弾むように、「変形した物体が元の形に戻ろうとする性質」を弾性（だんせい）といいます。伸ばした輪ゴムが元に戻ることも弾性です。ほとんどの物質（固体）はこの性質をもっていますが、その大きさはいろいろです。次に、ペットボトルの弾性を調べてみましょう。

準　備

- ふた付きペットボトル
- 落下させたい物体（ボール、粘土など）

ペットボトルの弾性を調べる実験

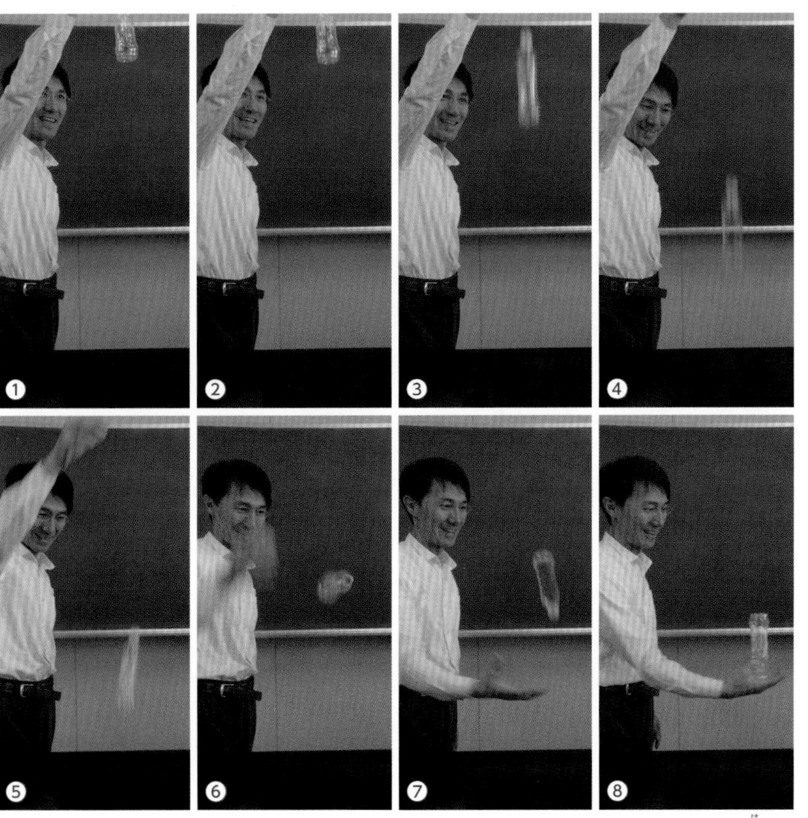

①〜⑧：空のペットボトルを、硬い床や机の上に落とす。ぽーん、と大きな音を立てて跳（は）ねたところを捕（つか）まえる。同じように、ゴムボールや粘土（ねんど）などいろいろなものを落とし、跳ねたところを捕まえる。

バッティング
ボールをバットで打つと飛ぶのは、2つの物体に弾性があるから。もし、どちらか一方でも弾性がなければボールやバットの運動エネルギーが吸収されてしまい、ボールは飛ばない。

物質の三態
物質は、温度によって固体、液体、気体の3つの状態に変化する。これらのうち、弾性をもっているのは固体だけで、液体や気体はもたない。
また、液体と気体は「流体」という。この本では、液体と気体の中ではたらく圧力と浮力（ふりょく）が同じように考えられることを実験する（p.34〜41）。

弾性と塑性（そせい）

物体は力を加えると変形しますが、その結果、永久に変形してしまう性質を塑性といいます。塑性は金属加工に重要な性質の1つです。

弾　性	・変形した物体が戻ろうとする性質 ・ばね、輪ゴム、ボール、野球のバット ※原子レベルでは物体内部の構造が戻る
塑　性	・力によって物体が永久変形する性質 ・延性（えんせい）と展性（てんせい）に分けることもできる ・粘土、弾性限界を超えたすべての物質がもつ

生徒の感想

- 高さ1mから落とすと70cm弾んだ。キャップをするともっと弾んだ。
- 落とし方や落とす場所で弾み方が変わった。
- 粘土は変形し、床にくっついた。
- 重いものを落としたら、机に傷がついてしまった。ごめんなさい。

6 友達を動かすという仕事(ワーク)

日常社会で使う「仕事」と物理学で使う「仕事」は違(ちが)います。社会では椅子(いす)に座ったままの仕事もありますが､物理学では力が必要です。しかも、何かを動かすことができなければどんなに力を加えても0(ゼロ)です。仕事＝力×動かした距離（単位：J(ジュール)）です。

準　備

- 友達
- スケートボード
- ばねばかり

この実験で使う単位

- N　（力）
- cm、m　（長さ）
- J　（仕事）

友達を引っ張る力の大きさ（N(ニュートン)）の測定

スケートボードに乗った友達を引っ張る仕事（J）の大きさを求めます。まず、友達を引っ張る力の大きさ（N）を求めましょう。

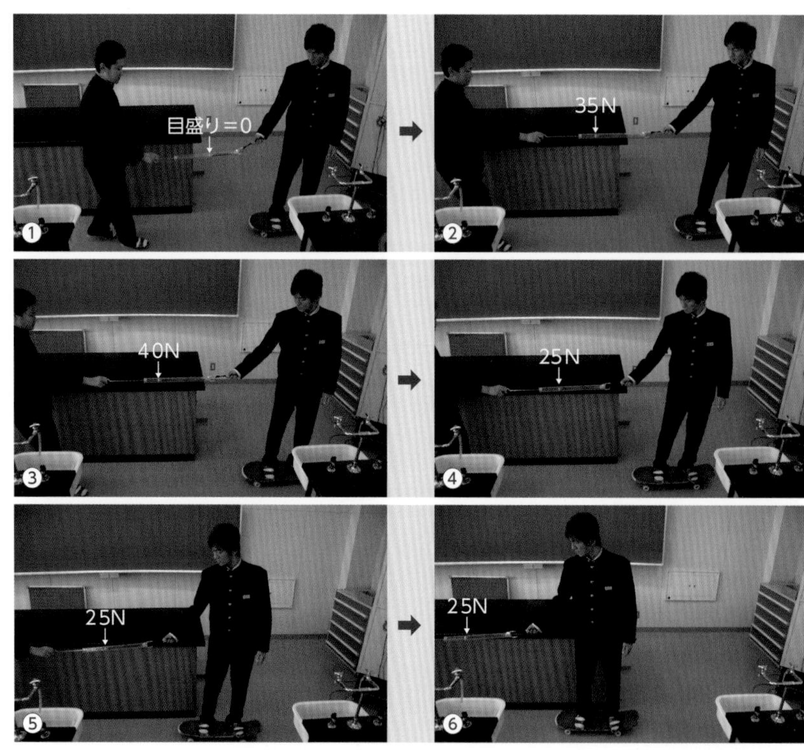

①：スケートボードの上に友達を乗せ、ばねばかりを持ってもらう。　②：ゆっくり引くと、目盛りは上がっていくが、まだ動かない（35N）。　③～⑥：40Nで動き始めるが、その途端に目盛りが下がり、25Nで安定。素早く引くと目盛りが上がるが、しばらくすると25Nに戻る（写真④と同じ速さの場合）。

今回の実験に使ったばねばかり

50N（5kg重）の力まで測定できる。

2つの摩擦力と摩擦係数

摩擦力の大きさは、動き始めは大きいが、動き始めると小さくなり安定する。前者は静止摩擦係数、後者は動摩擦係(けい)数(すう)で示される。中学で扱うのは後者。

力の大きさの測定結果

体重より小さな力25N（2.5kg重）で動かせることがわかります。

実験経過	写真①	写真②	写真③	写真④	写真⑤	写真⑥
	準備中	動かない	動き始める	順調に動く		
力の大きさ	0	35N	40N	25N	25N	25N

生徒の感想

- 初めは力を加えても動かなかったけれど、動き始めたら力が小さくても、すうーっと動くような気がした。

「仕事の公式」で仕事（J）を求める

仕事の大きさは、力の大きさと動かした距離の2つから求めます。

仕　事	=	力の大きさ	×	距　離
（J）		（N）		（m）
1J	=	1Nm		

例えば、p.24の友達を2m引っ張る仕事は、25N × 2m = 50Nm（50J）になります。単位だけを見ると、N × m = Nmですが、Nmは、仕事の単位J（ジュール）に置き換えることができます。

また、テスト問題を解くときは、力の方向と動く方向が同じかどうか確認してください。p.24は摩擦力に対する仕事を求めています。

重力に対する仕事、摩擦力に対する仕事

次の手袋と筆箱を動かす仕事は、力の方向に着目しましょう。物体が動く方向＝力の方向、です。力の種類を間違えないように！

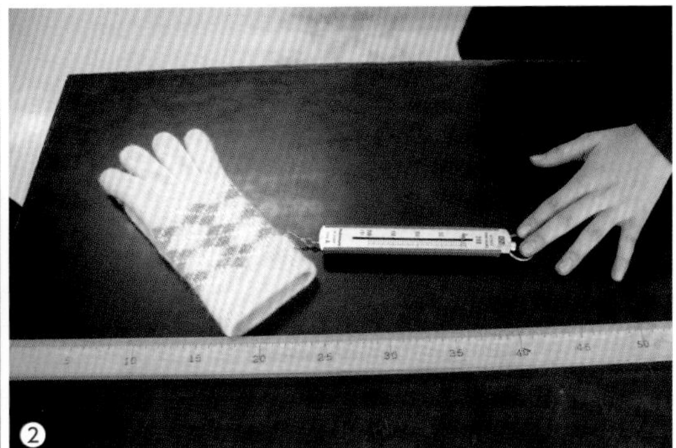

①：手袋をばねばかりにつり下げ、20cm持ち上げる。ばねばかりは0.2N。
　→重力に対する仕事＝0.04J（0.2N × 20cm ＝ 0.2N × 0.2m ＝ 0.04Nm）
②：手袋にばねばかりをつけ、机の上を20cm移動させる。ばねばかりは0.04N。
　→摩擦力に対する仕事＝0.008J（0.04N × 20cm ＝ 0.04N × 0.2m ＝ 0.008Nm）

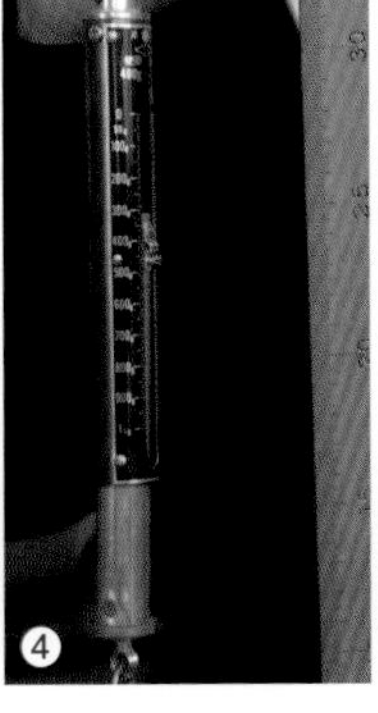
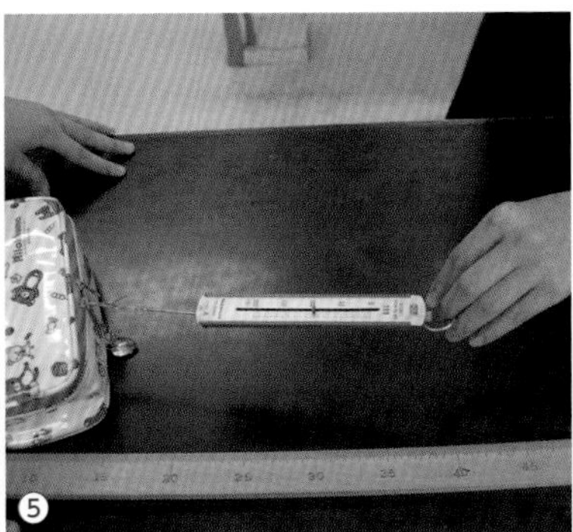

③〜⑤：筆箱を使って、①と②と同じように重力（4.2N）と摩擦力（0.96N）を測る。移動距離は、いずれも20cmとして計算する。
　→重力に対する仕事＝0.84J（4.2N × 20cm ＝ 4.2N × 0.2m ＝ 0.84Nm）
　→摩擦力に対する仕事＝0.192J（0.96N × 20cm ＝ 0.96N × 0.2m ＝ 0.192Nm）

仕事の単位（J）
国際単位系では、仕事の単位を J（ジュール）としている。

自転車で走るときの仕事
自転車に乗ると自分の体重ではなく、摩擦力に対する仕事に変わる。タイヤの空気をいっぱいにすると、接地面が減り、摩擦が小さくなり、こぐのがより楽になる。

重要なポイント
友達を引っ張る実験は運動しているように見える。しかし、問題にしているのは、力の大きさと距離（長さ）だけ。これはつり合っている力（静力学）の範囲で、時間、速さ、加速度とは無関係。

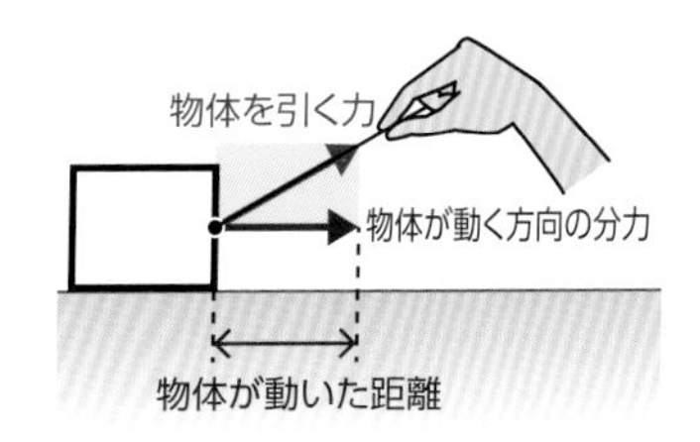

斜めに力を加えて動かした場合
加えた力と動いた方向が違う場合、動いた方向の分力（p.31）を求めて計算する。上図の物体を引く力（赤）の大きさは、仕事の大きさと関係しない。

生徒の感想
- 1g＝0.01Nにするのがややこしい。1cm＝0.01mもそうだけど……。
- 仕事の計算は簡単だけど、力は摩擦力か重力か、それが問題だ。

7 仕事の原理

仕事の原理は「力で得すれば距離で損する。力で損すれば距離で得する。どんなに方法を工夫しても、結果としての仕事量は変わらない」というものです。これを実験で確かめてみましょう。

机の上に登る仕事

あなたは踏み台を使いますか？　それとも一気に登りますか？

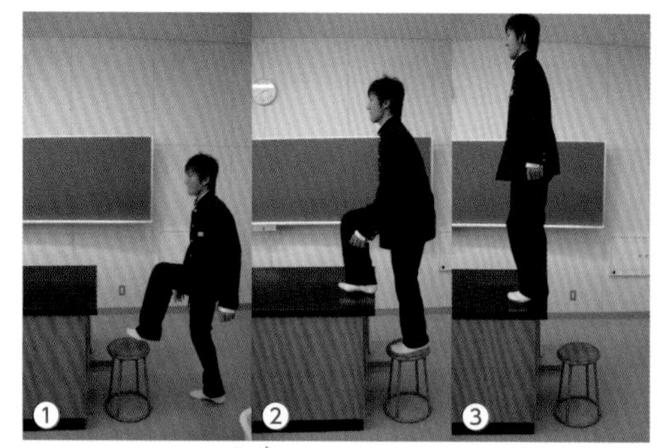

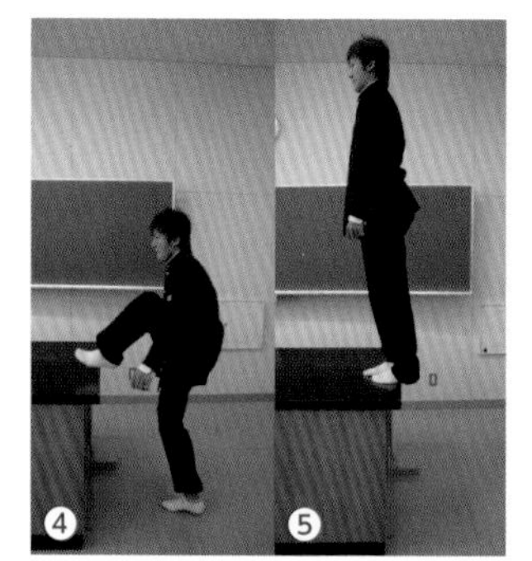

①～③：机の前に椅子を置き、2段階で登る。　④～⑤：一気に登る。

写真①～③のように、椅子を踏み台にした方が登りやすいでしょう。しかし、体重と高さは同じなので、仕事量は同じです。階段やスロープを使っても同じです。下の計算例は体重60kg重、高さ90cmです。

仕事	=	力	×	距離	=	600N × 0.9m
		（体重）		（机の高さ）	=	540Nm
					=	540J

てこの原理（力のモーメントを計算する）

古代ギリシャ時代に考えられた「てこの原理」は、現在も利用されています。「てこ」を使って、ゾウ（2t）をもち上げてみましょう。こちら側の長さが10mの場合、ゾウから支点までの長さは何cmでしょう。あなたは40kg重（400N）として計算します。

ゾウの力のモーメント　＝　あなたの力のモーメント、という式を立てる。

$20000\text{N} \times \underline{x\text{m}} = 400\text{N} \times 10\text{m}$

$\underline{x\text{m}} = 400\text{N} \times 10\text{m} \div 20000\text{N}$

$= 0.2\text{m}$

答え　20cm

車椅子用のスロープ

スロープを使うと、力は得をするが、距離は損する（仕事の原理）。

斜面を使った仕事の問題

丸い玉（3N）を高さ5mまで運ぶ時、AB、BCのうち、どちらの仕事が大きいか？

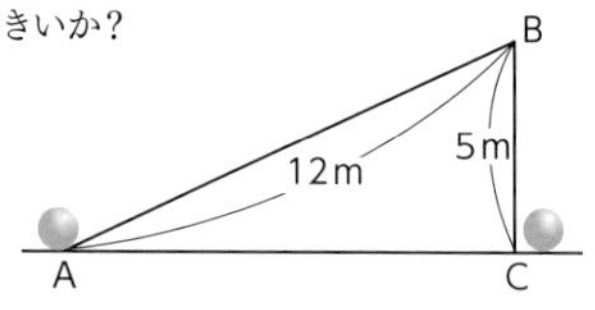

答えは「同じ」。

AB：1.25N × 12m ＝ 15Nm ＝ 15J

BC：3N × 5m ＝ 15Nm ＝ 15J

※ABの力が1.25Nになることは、平行四辺形を作図して求める（p.31）。

力のモーメント

てこは「力の向き」と「物体の移動方向」が一致していない。そこで、「力のモーメント」として（力 × 距離）」を計算する。同じような道具として、てんびん、ペンチ、釘抜きなどがある。

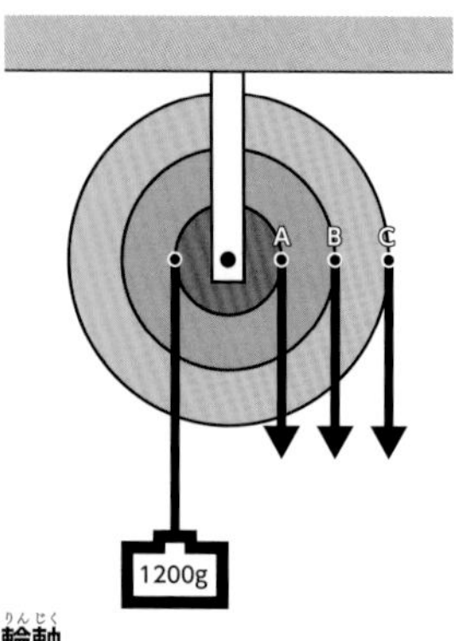

輪軸

滑車（p.28）やてこと同じ原理で、小さな力を大きな力に変える道具。距離では損をする。点Aは12N、点Bは6N、点Cは4N。

古い道具箱から見つけた「やっとこ」がする仕事

家の道具箱からいろいろな道具を探し、力を何倍に増幅するのか、調べてみましょう。測定するのは、動かす長さと、動いた道具の長さの比率です。手でもつ部分（柄）は17.3 cm、歯の部分は0.8 cmなので、それら比は次の通り。

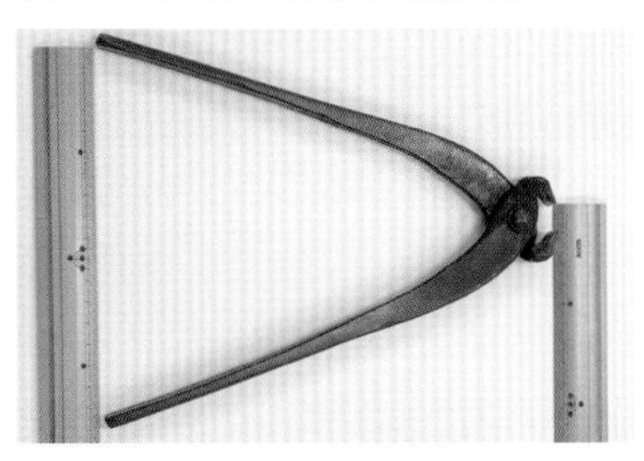

柄：歯 ＝ 17.3 cm：0.8 cm
＝ 173：8
≒ 22：1

したがって、この道具は力を約22倍にすることができます。

仕事の道具
シーソー、てこ、斜面（スロープ）、はさみ、ペンチ、滑車など。

テオティワカン遺跡（メキシコ）
古代メキシコの人々は、さまざまな道具を使ってピラミッドをつくった。ピラミッドはてこや斜面を使って作ったと考えられている。

8 速いほど大きくなる仕事率

同じ階段を登り終えるのに、遅い人と速い人がいます。仕事の能率、効率が違うわけです。1秒間あたりにする仕事を仕事率（単位：W）といい、次のような公式になります。

仕事率	＝	仕　事	÷	時　間
(W)		(J)		(s)
1 W	＝	1 J / s		

p.26 の机の上に登る仕事を例にして、練習しましょう。仕事の大きさは、600 N × 0.9 m ＝ 540 J でした。登るのに3秒かかった場合、仕事率は、540 J を3秒で割るだけです。単位はWに変わります。

$$仕事率 = 540\,\mathrm{J} \div 3\,\mathrm{s} = 180\ \mathrm{J/s} = 180\,\mathrm{W}$$

生徒の感想
- はさみの根元部分がよく切れる理由がわかった。
- 道具は簡単にみえても、よく考えてある。
- 仕事の原理は、勉強でも同じ。遊ぶと、勉強で損をする！

まぎらわしいWの区別

名　称	単　位
仕事（W、ワーク）	J、ジュール
仕事率（P、パワー）	W、ワット

いろいろな動物の仕事率

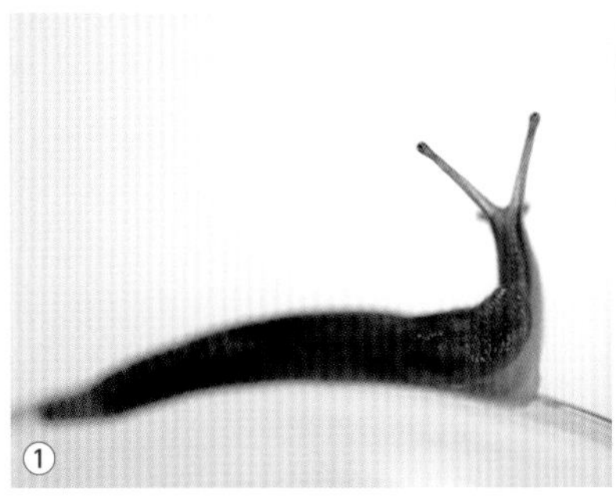

①：ナメクジはゆっくり動くので、仕事率が小さい。1 gの物体を背負って1 m移動するのに100秒かかったとき、仕事率 ＝ 0.01 N × 1 m ÷ 100 s ＝ 0.0001 Nm/s ＝ 0.0001 W。
②：馬の仕事の能力を1馬力という。2頭なら2馬力。日本では1馬力 ＝ 735.5 W。

W（ワット）という単位
Wは2つの物理量に使われる。いずれも時間に関係する能率、能力を表す。
①仕事率
②電力（p.146）

生徒の感想
- 速くやると、仕事率が高くなることがわかった。これは、宿題をするなら早く終わった方が良いのと同じだろうか。
- 蒸気機関車を作ったワットは、その能力を馬と比較したよ。

9 定滑車と動滑車

準　備

- 滑車と分銅
- 糸
- 鉄製スタンド

力の道具「滑車」は、定滑車と動滑車に分けられます。定滑車は動かないものに固定され、動滑車は浮いたように上下します。仕事の原理がよくわかる実験なので、さっそく装置を組んでみましょう。

テニスのネットのポール
先端の定滑車で、力の方向を変える。

定滑車の実験

初めに、滑車を鉄製スタンドに固定（吊る）します。

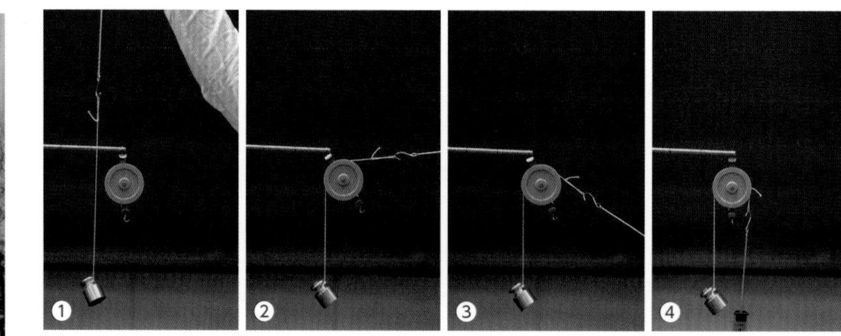

①：100gの分銅を糸につける。　②～④：糸を定滑車にかけ、真横（②）、斜め下（③）、真下（④）方向に引く。そして、力の大きさ、糸を引いた距離を測定する。

動滑車の実験

初めに、鉄製スタンドに糸を縛り、その糸に滑車をかけます。

①：糸に動滑車をのせる。　②：滑車に100gの分銅をつける。　③：真上に引き上げ、力の大きさ、引いた距離を測定する。　④：斜めに引き上げ、力の大きさと距離が変化するか調べる（角度と力の大きさの関係はp.30）。

動滑車につり下げるクレーン車
大小たくさんの滑車を組み合わせ、小さな力で大きな質量の物体を持ち上げる。作業の様子をみると、ワイヤー（ロープ）がたくさん動く様子がわかる。また、力を何倍にしているかは、動滑車にかかるロープ数を数えるだけでよい。4本なら4倍。

定滑車と動滑車の実験結果

定滑車は、力の方向を変えるだけです。動滑車（写真③）は、方向は同じですが、力は1/2、距離は2倍になります。

	力の方向	力の大きさ	距　離	仕事＝力×距離
定滑車	変わる	変わらない	変わらない	変わらない
動滑車	変わらない	1/2倍	2倍	変わらない

※滑車の質量は考えないものとする。

定滑車と動滑車の原理を調べる実験

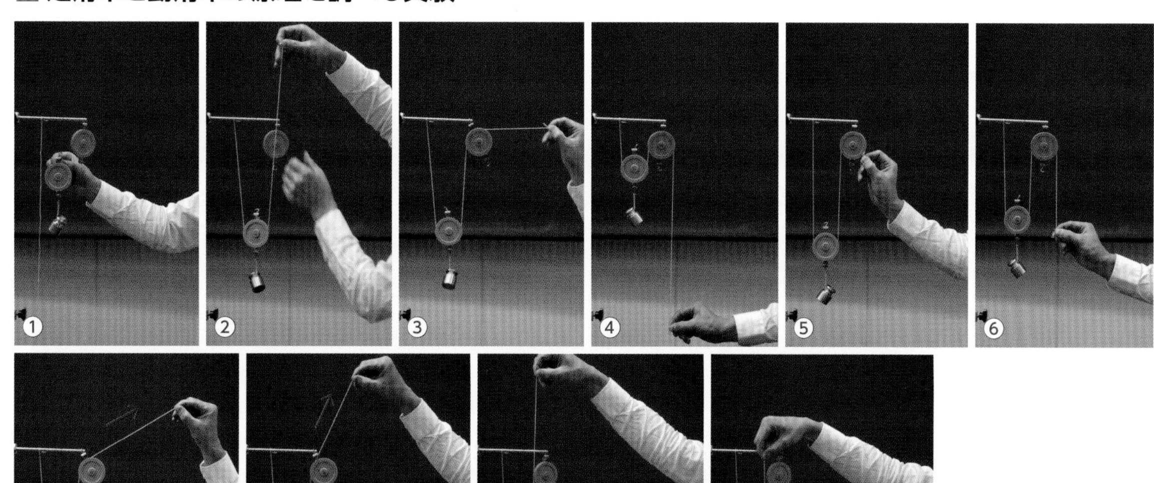

①：動滑車に分銅をつける。　②、③：写真のように糸をかけ、定滑車で方向を変える。④：糸を真下に引っ張り、分銅を１番上まで持ち上げる。　⑤、⑥：「糸を引っ張る長さ」と「分銅が移動する長さ」を比較しながら、分銅を動かしてみる。写真を見ればわかるように、糸を動かしても、その半分の長さしか動いていない。　⑦～⑩：⑦～⑩の順に、定滑車から糸をはずす。こうすると、定滑車は力の大きさと関係ないことが一目瞭然（いちもくりょうぜん）となり、この装置は１つの動滑車と同じであることがわかる。

複数の滑車の実験と考え方

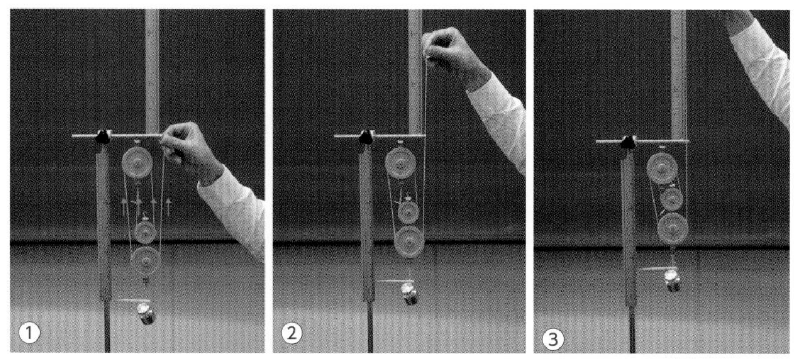

①：写真のように滑車、分銅、定規をセットする。　②、③：「糸を引っ張る長さ」と「分銅が移動する長さ」を調べると、常に４：１になっている（②は16cm：4cm、③は32cm：8cm）。したがって、仕事の原理により、力の大きさは1/4になる。

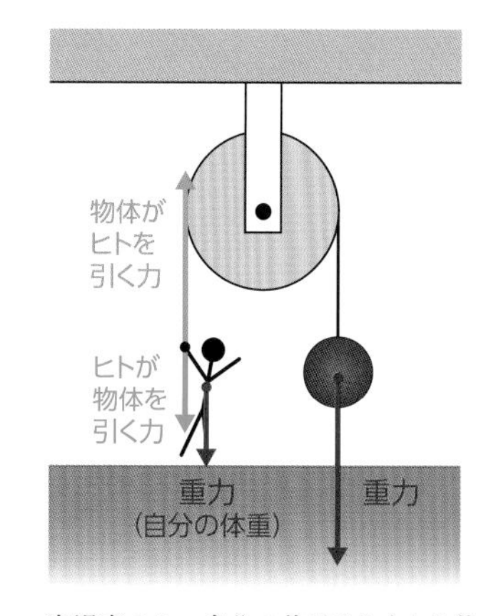

定滑車では、自分の体重より大きな物体を持ち上げられない。

上の実験では、力が1/4、距離が４倍になります。理論的に考えるなら、分銅を吊り下げている糸は４本（写真①）、どれも同じ力なので力は1/4、となります。これと同じように、どのように複雑な滑車でも上向きの糸の本数を数えれば答えが出ます。

生徒の感想

- どんなに複雑な滑車でも、上向きの糸の数を数えるだけで答えが出るなんて、ビックリです。入試問題に出るといいな。

10 輪ゴムで調べる合力、分力

準　備

- 輪ゴム
- ばねばかり　2本
- 30°、60°、90°、120°を書いた台紙（板）、画びょう
- クリップ

この実験で使う単位

- N　　　　（力）
- cm　　　　（長さ）

この実験で使うばねばかりは、重力だけでなく、斜め上向きや横向きの力も測定できます。今回は、輪ゴムを画びょうで板に固定します。そして、2本のばねばかりで角度をつけて引っ張り、角度による大きさの変化を調べてみましょう。

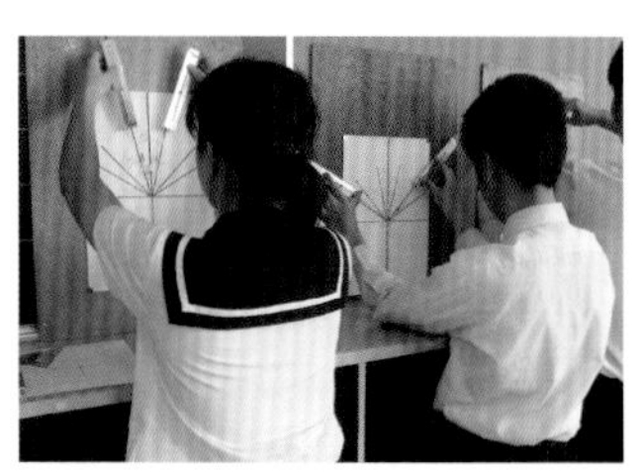

垂直にして誤差を小さくする方法
板を垂直にして1人で測定すると、摩擦や視点変化による誤差が小さくなる。

角度をつけた2つの力で引っ張る実験

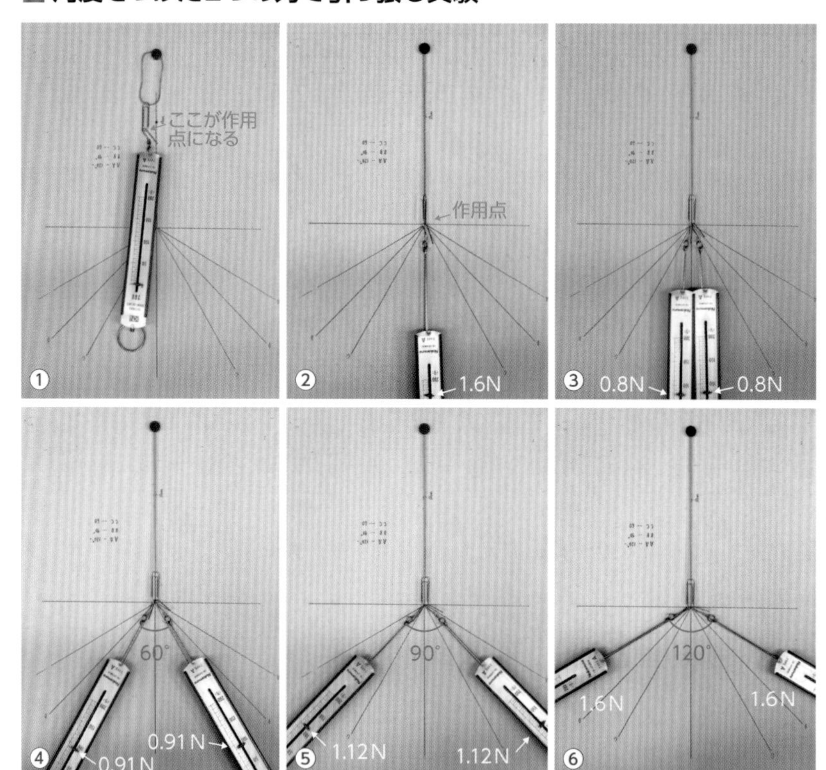

①、②：輪ゴム、ばねばかりをセットする（②で1.6Nになるように画びょうの位置を決める）。　③：2本で、同じ距離まで引っ張る。2本とも半分（0.8N）になることを確認する。
④：角度を60°にすると、力が0.91Nに増加した。　⑤：90°のとき、1.12N。
⑥：120°のとき、1.6N。

生徒の感想

- 120°のとき（⑥）、2つのばねばかりの引く力は、輪ゴムの力（②）と同じになった。
- ばねばかりは中途半端な数字が出たけれど、平行四辺形を書いたら、全部同じ長さになったので、すごい発見をした気分。

上の実験結果（2つの力）を矢印で表す

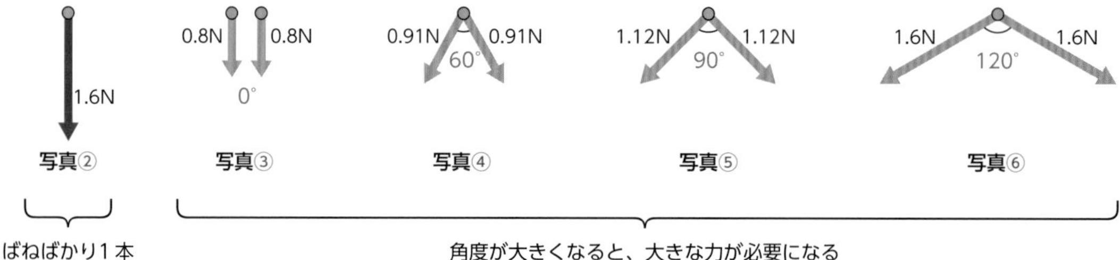

2つの力の合力を求める（平行四辺形の法則）

次に、2つの力を合わせた「合力」を求めます。矢印2本を2辺とする平行四辺形を作図すると、その対角線が合力になります（平行四辺形の法則）。

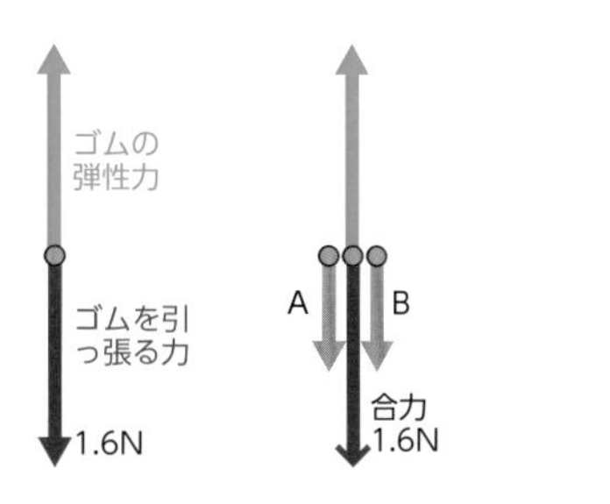

写真②（基準）　写真③（角度0°）

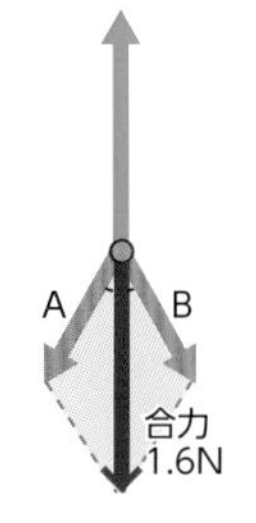

写真④（角度60°）

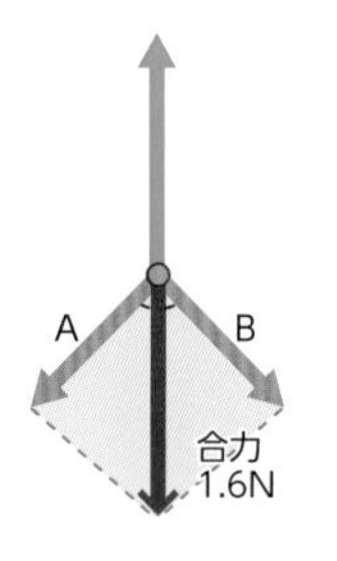

写真⑤（角度90°）

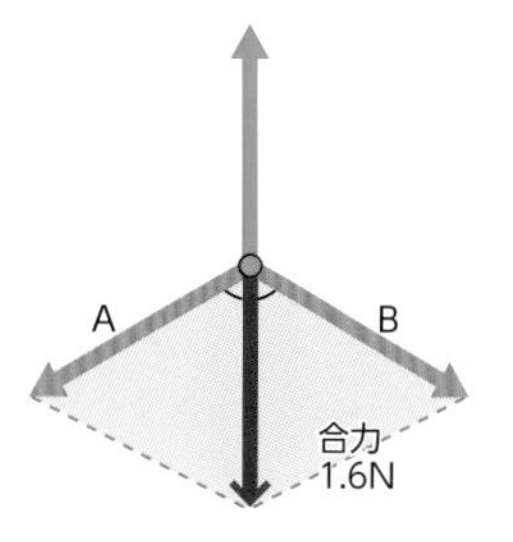

写真⑥（角度120°）

※写真③～⑥の合力は、ゴムの弾性力とつり合っている。

3つ以上の力を合成し、合力を求める

作図を繰り返すことで、力はいくつでも何回でも合成できます。その順番は自由です。同一作用線上にある場合は、長さを測って足し算・引き算するだけで求めることができます。

生徒の感想

・平行四辺形は簡単だったけれど、それで足し算できることを発見した人はスゴい！

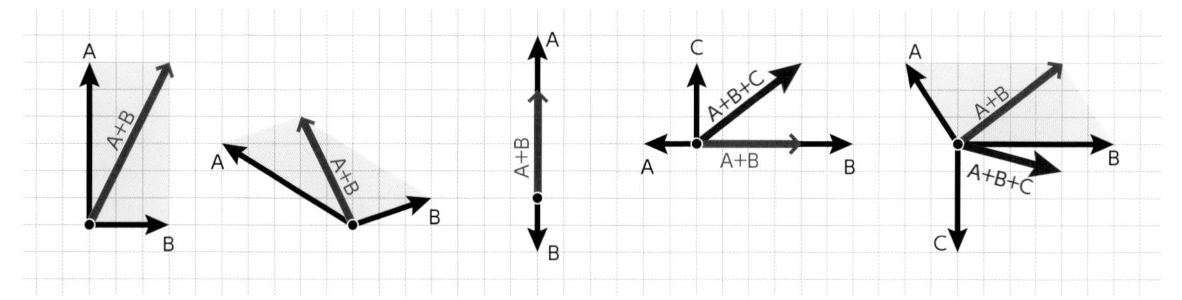

1つの力を分解し、分力を求める

逆に、力は2つ以上に分解できます。分解した力を分力といい、その方向は自由に決められます。テストでは、分解方向に補助線が2本あるので、それを2辺とする平行四辺形を書きます。

合力、分力の大きさの数値

力の大きさ（N）は、作図した平行四辺形の対角線（合力）や辺（分力）の長さを定規で測ることで求める。

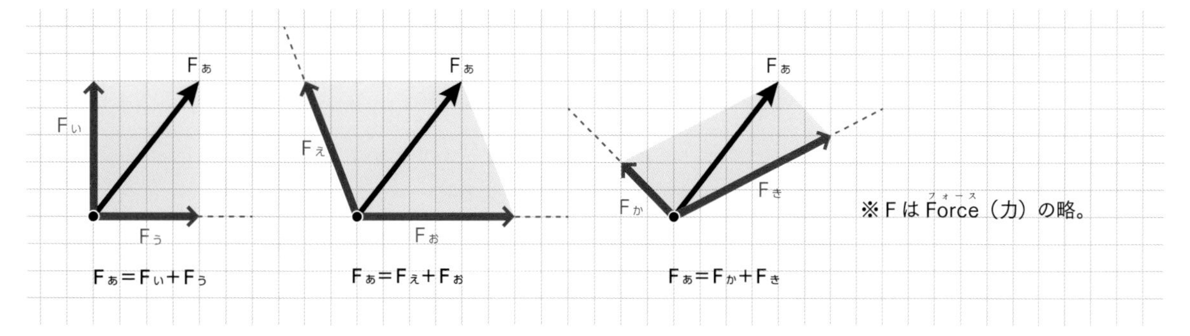

11 鉛筆で調べる圧力

準　備

- 鉛筆　　1本
- 定規

この実験で使う単位

- N　　（力、重さ）
- cm^2、m^2　（面積）
- Pa（N/m^2）（圧力）

数学：$1\,m^2$ と $1\,cm^2$

$1\,m^2$（平方(へいほう)メートル）$= 1\,m \times 1\,m$

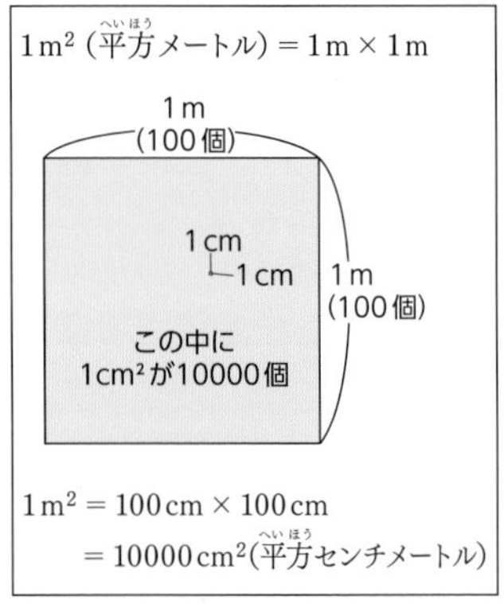

$1\,m^2 = 100\,cm \times 100\,cm$
$= 10000\,cm^2$（平方(へいほう)センチメートル）

作用反作用の法則

この実験は、ニュートンの「作用反作用の法則（p.60）」が前提(ぜんてい)。つまり、左右の端にかかる**力の大きさは等しい**。その証拠(しょうこ)に、鉛筆の両端に同じキャップをして同じ実験をすると、左右にかかる圧力は同じになる。

鉛筆の圧力の差は何倍？

鉛筆の両端（AとB）にかかる力の大きさは同じなので、面積の比較だけでよい。

$A : B = 0.02cm^2 : 0.5cm^2$

$A : B = 0.02 : 0.5$

$A : B = 2 : 50$

$A : B = 1 : 25$

したがって、鉛筆のBの効果（圧力）はAの25倍。

複数の矢印で表す圧力について調べます。1本の鉛筆(えんぴつ)を用意して、両手の手のひらで軽く押(お)してください。どちらが痛いか簡単に想像できますが、両端(りょうたん)にかかる力の大きさはどうなるでしょうか。予想してから、試してみましょう。

予想　A、Bのうち、力の大きさが大きいのはどちらですか？

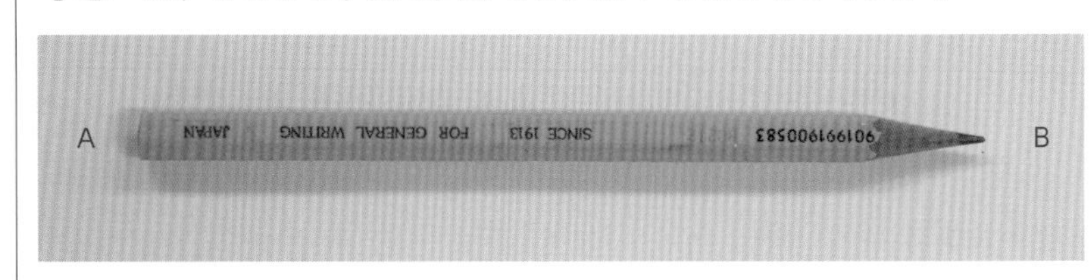

（答えはp.33本文から探して下さい）

鉛筆で力の効(き)きめ（圧力）を感じる実験

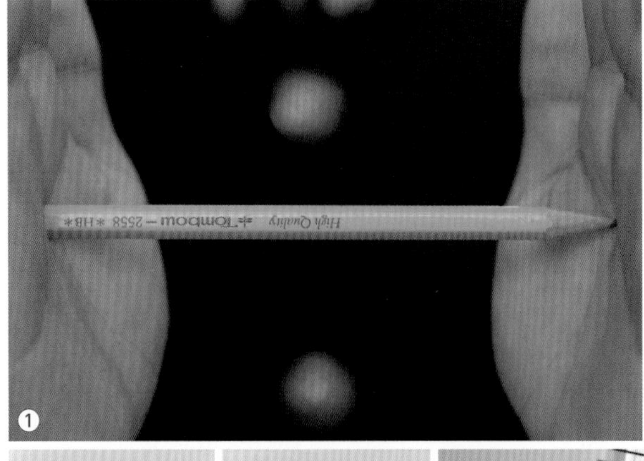

①：尖(とが)っていない方をA、尖っている方をBとする。鉛筆を手のひらの間にはさみ、両手で押す。また、片手を動かさず、一方の手だけで押してみる。

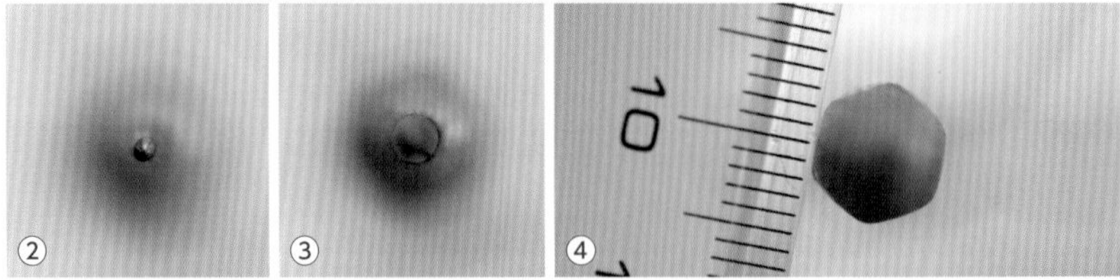

②〜④：鉛筆のいろいろな部分の太さ（面積）　左から順に、鉛筆の先端、芯、六角形の部分にピントを合わせて撮影。②は約 $0.02cm^2$（計算：先端を「直径0.5mmの円」とすると、半径×半径× 3.14 ＝ $0.0196cm^2$）、④は約 $0.5cm^2$（計算：六角形の部分を1辺4mm、六角形を半径4mmの円として計算すると、$0.4cm \times 0.4cm \times 3.14 = 0.5024cm^2$）。この続きは欄外(らんがい)「鉛筆の圧力の差は何倍？」。

左右から押したときの実験結果

- どのように押しても、先端が細くなっている方（B）が痛かった。
- 鉛筆の先は尖っているほど痛い。
- 鉛筆そのものの長さは関係ない。

鉛筆から受ける力の模式図

下図を見てください。実際の集中力は、p.32 欄外で計算しましたが、A は力が分散、B は一点に集中しています。下の模式図では、B の面積はAの 6 倍として表現しています。

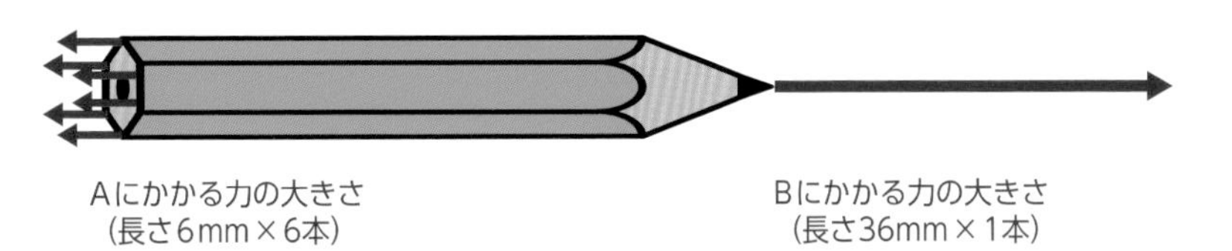

さあ、冒頭の問題の答え合わせです。上の模式図でわかるように、力の大きさは同じです。予想は当たりましたか？

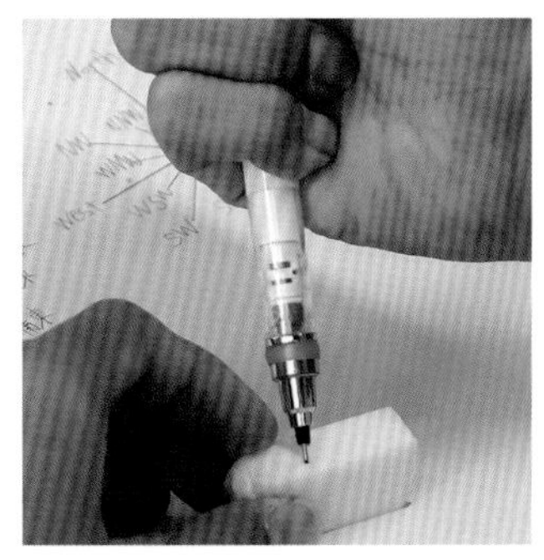

消しゴムに穴をあける
先端部の面積が小さい道具を使うと簡単に穴があく。

力の効果「圧力」の公式

面積 1m² あたりにはたらく力の大きさを圧力、といいます。その単位は Pa（パスカル）で力の効きめ（痛さ）としてイメージできます。

圧力	=	力の大きさ	÷	面積
(Pa)		(N)		(m^2)
1 Pa（パスカル）	=	1 N/m^2		

圧力（Pa）（パスカル）の練習

下図のような 1.2N の直方体（1cm × 2cm × 3cm）を用意します。それを 3 通りの方法で床に置いたときの圧力を求めてください。答えは、単位面積当たりの重力（赤い矢印の長さ）です。

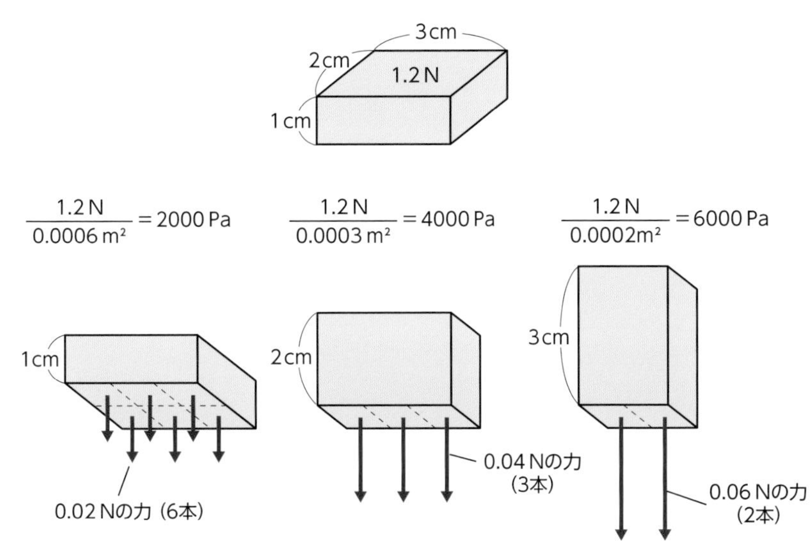

※赤の矢印は、面積1cm²（p.32欄外）あたりの力の大きさを表す。

生徒の感想

- 圧力はプレッシャー P。
- 部活の先輩の圧力は、効果があるので物理的かも。
- 圧力の計算は、割り算するだけなので簡単だった。例えば、力12N が面積 4m² にはたらく場合は 3Pa。

12 水深で決まる水圧

準　備

- 水圧実験装置

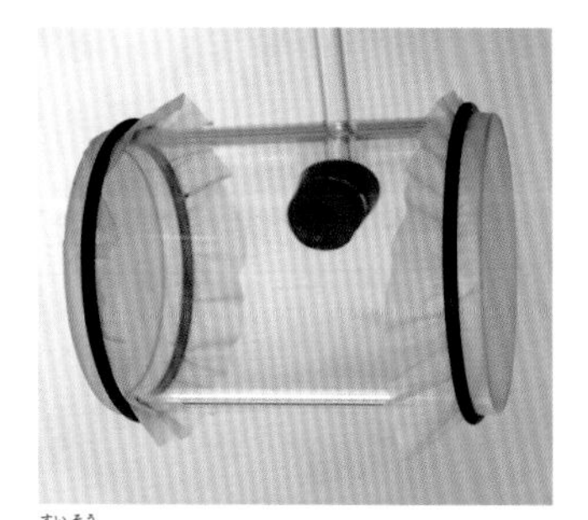

水槽に沈める実験装置の構造
左右に薄いゴム膜。中央に穴があり、ガラス管で大気とつながっている。

水深と水圧の換算表

水 深	水 圧	
0	0	0
0.1 mm	0.01 g重/cm²	1 pa
1 cm	1 g重/cm²	100 Pa
2 cm	2 g重/cm²	200 Pa
10 cm	10 g重/cm²	1000 Pa
1 m	100 g重/cm²	10000 Pa
10 m	1 kg重/cm²	1000 hPa
100 m	10 kg重/cm²	10000 hPa

※水深 10 m で、1 cm² あたり 1 kg 重の力がかかる。とても大きく感じるが、私たちはこれとほぼ同じ 1013 hPa の大気中にいる (p.37)。h は 100 倍を表す接頭語。

水圧は、水の深さだけで決まります（水圧は水の深さに比例する)。この単純な自然現象を、次の実験で確かめましょう。

水圧実験装置で水圧を確かめる実験

ゴム膜の凹み方で、深いほど圧力が大きくなることがわかります。

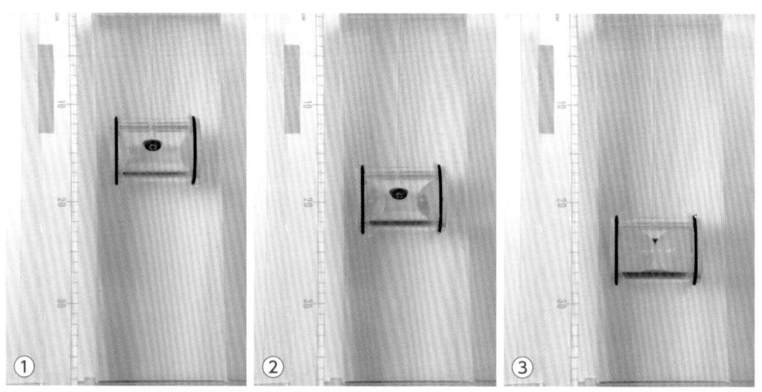

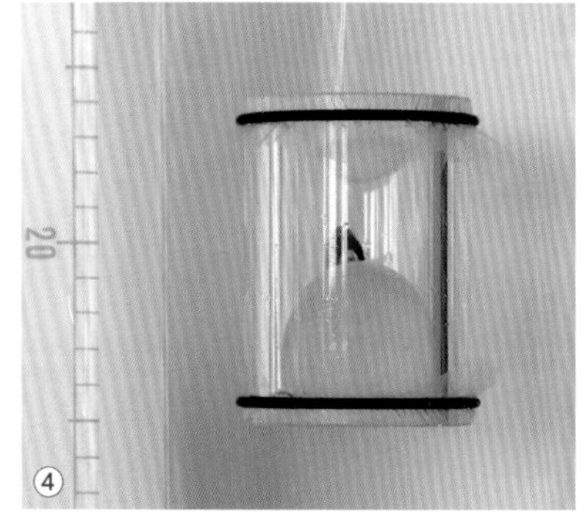

①：深さ 15cm。②：深さ 20cm。③：深さ 25cm で一気に凹む。　④：深さ 20cm を中心にして、実験器を縦にしたもの。ゴム膜上面と下面の凹みから、それぞれの深さにおける水圧の違いがわかる。

水圧の大きさ＝水の深さ

水による圧力は、p.32 の固体による圧力より簡単です。「水深 1 cm につき 1g重/cm² 増える」と覚えるだけです。沈める物体の形も、水の容器の形も関係ありません。1 g 重 /cm² = 100Pa = 1hPa。

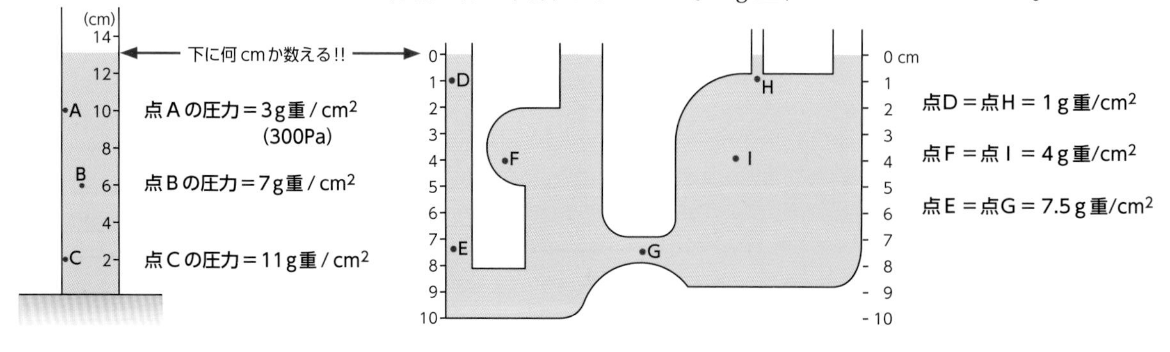

※ Pa（国際単位系）を使うと桁が難しいので、重力単位系で表した（100 g 重＝1 N。p.10）

実験：ペットボトルで調べる水圧

水圧は、同じ大きさの穴から出る水の勢いとして調べられます。

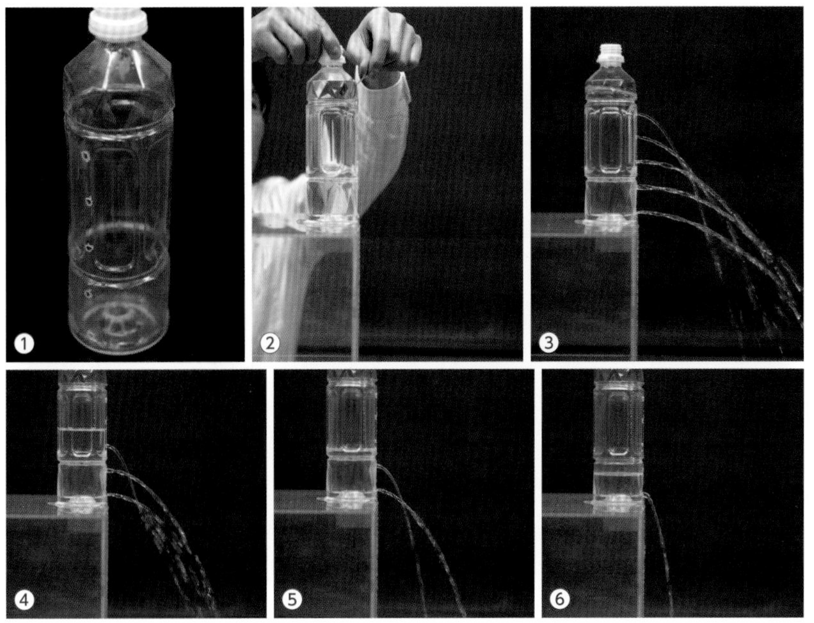

①：ペットボトルに同じ大きさの穴をあける。　②：穴をセロハンテープでふさぎ、水を入れる。　③〜⑥：テープをはがすと、下の穴ほど勢いよく水が出る。

準　備

- 500mLペットボトル
（加熱した千枚通しで均一な穴を直線状にあけるとよい）
- セロハンテープ

水と大気はともに「流体」

液体と気体は、ともに形をもたない「流体」として考えることができる。見えない気体は見える液体で実験し、推測することができる（大気圧、p.36）。

生徒の感想

- 水圧と聞くと難しそうだけど、水の深さと同じなので簡単だった。水の深さの単位を変えるだけ！
- 水圧がわからなくなったときは、このペットボトルの実験を思い出そう！

実験：パスカルの原理

同じペットボトルを使って、全く別の実験をします。水の重さ（地球の引力）による「水圧」と「密閉容器での水圧（パスカルの原理 p.42）」の違いが一目でわかります。

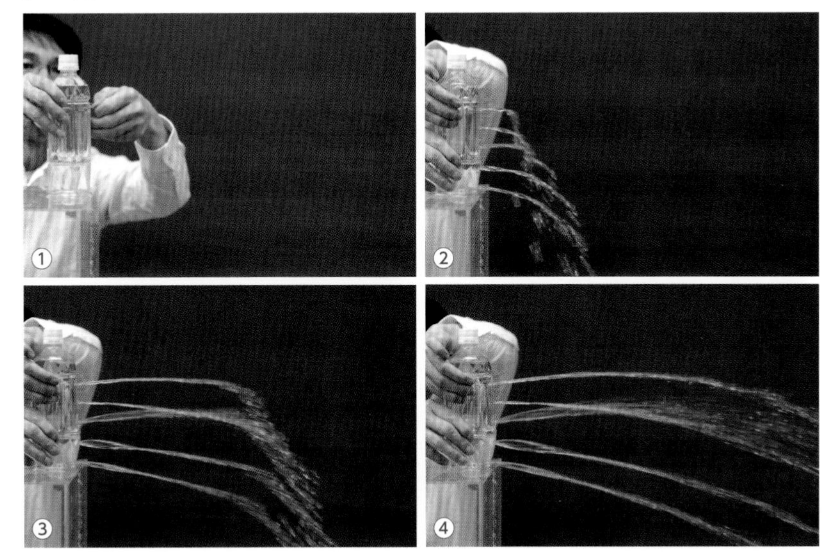

①、②：テープをはがしたばかりは、水の深さに比例して吹き出る（「実験：ペットボトルで調べる水圧」③と同じ）。　③、④：ペットボトルの側面をもち、強く圧力をかけると、全ての穴から同じ勢いで水が吹き出す。水の勢いは力の効きめすなわち、水圧を示す。

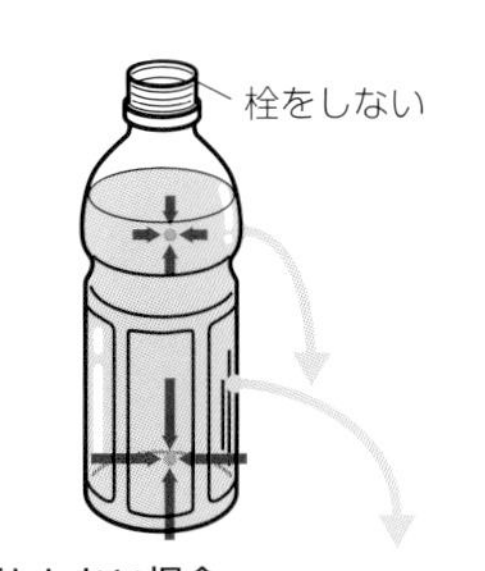

何もしない場合
水深に比例する（水にかかる重力）

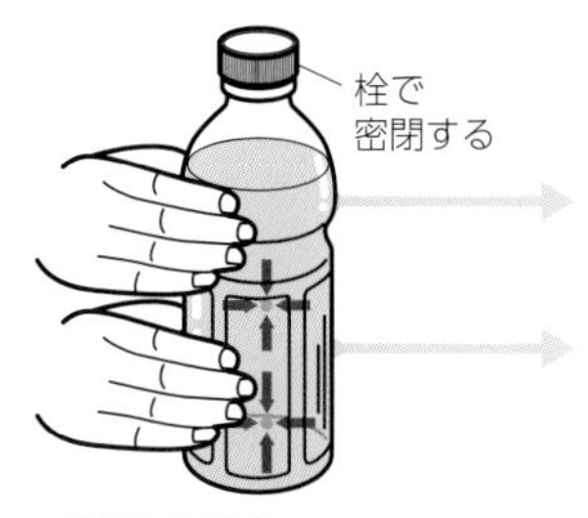

密閉した場合
手で押した力に比例する
（パスカルの原理）

13 アルミ缶で調べる大気圧

準　備

- アルミ缶、水
- 加熱器具、火傷防止用の軍手

空き缶に少量の水を入れて沸騰させましょう。水蒸気の体積は水の約1700倍です。その状態で口を閉じて冷やすと、内部はほぼ真空になり、普段意識しない大気圧によって缶全体がつぶされます。

⚠ 注意　爆発、火傷の危険性

- 密栓容器を加熱すると爆発、重大事故の危険性あり(指導者がいても下の写真⑦～⑩の方法がよい)。
- 「大気による圧力」(Mr. Taka のＨＰ「中学校理科の授業記録」)も参考にして安全を期すこと。

マグデブルグの半球

1657年、ドイツのマグデブルグ市で大気圧を証明する実験に使われた装置。当時は左右から各8頭の馬(8馬力)で引っ張ることで、内部を真空にした半球を外した。

生徒の感想

- 空き缶が完全に凹んでしまうとは思わなかった。
- 自分の体も真空になったらぺちゃんこになる。
- 凹むときの音が気持ちいい。

■ アルミ缶を大気圧でぺちゃんこにする実験 2つ

①：アルミ缶に少量の水を入れて加熱する。　②：水が沸騰したら火を止める。少し冷えるのを待ち、蓋をする。　③～⑥：そのまま放置すれば、大気圧によって缶が潰れる(筆者が握り潰したのではない。そもそも、蓋を閉めたままのアルミ缶を握り潰すことは不可能)。

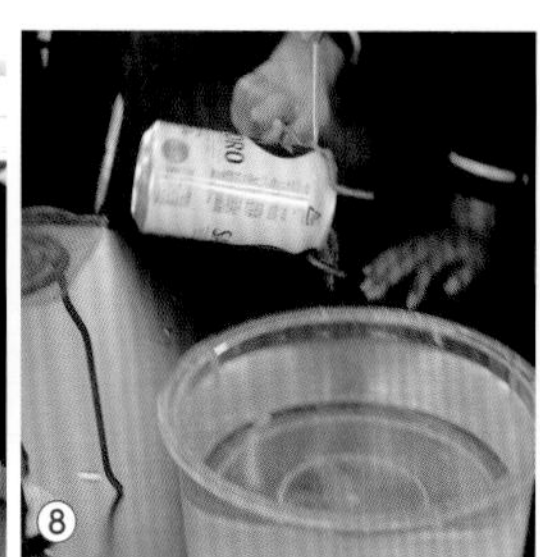

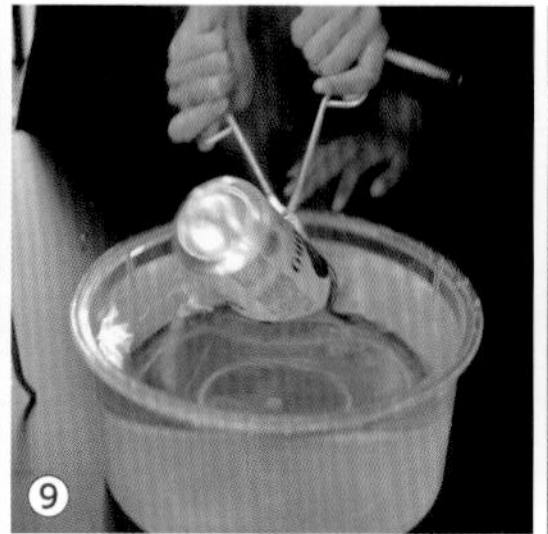

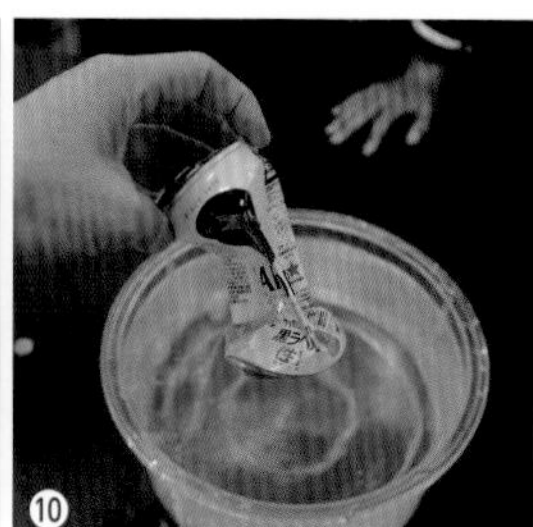

⑦～⑩：①～⑥同様、水が沸騰したら、口を逆さにして水面で口を閉じるようにする。

大気圧の力で逆さにする実験

試験管やコップに水を入れ、小さな紙でふたをします。それを逆さにしてもこぼれません。大気圧はあらゆる方向から、上からも、下からも、左右からもはたらいているからです。

準　備

- 試験管（コップ）
- 紙
- 水

自宅で実験する場合のヒント

(1) 紙が密着すれば、どんな形や大きさのコップでも可能。
(2) 紙は、湿ったときに変形しにくい薄くて軽い小さいものがよい。
(3) 紙は両面濡らした方がよい。
(4) 逆さまにするとき、紙が落ちなければ、ゆっくりでよい。

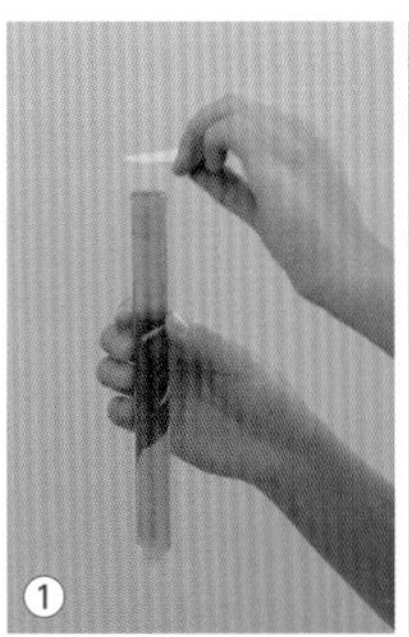

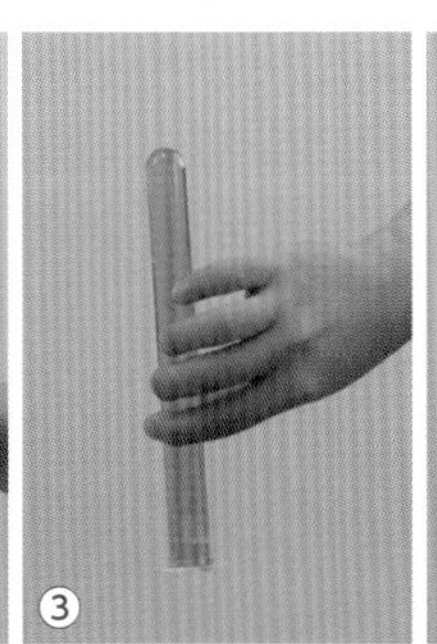

①：試験管に水を入れ、紙片を密着させる。　②、③：ゆっくり、逆さまにする。
④：水を半分にして、同じように実験する。

宇宙から見た地球の大気

地球には、大気があります。地球との万有引力によって引き止められている気体（窒素、酸素、水蒸気など）の層です。その厚さは13km で、無視できない量です。その圧力「大気圧」は、面積 $1cm^2$ あたり1kg重です。なんと、手のひら $200cm^2$ に200kg重の力がかかることになります。上の実験は短い試験管ですが、理論上、高さ 10m の水柱まで、紙切れで支えることができます。下図は、36ページと 37 ページの実験写真の模式図です。

大気圧（1気圧）

- 1 013hPa（ヘクトパスカル）
- 101 300Pa（パスカル）
- 1atm（アトム）
- 1kg重 /cm^2（重力単位系）

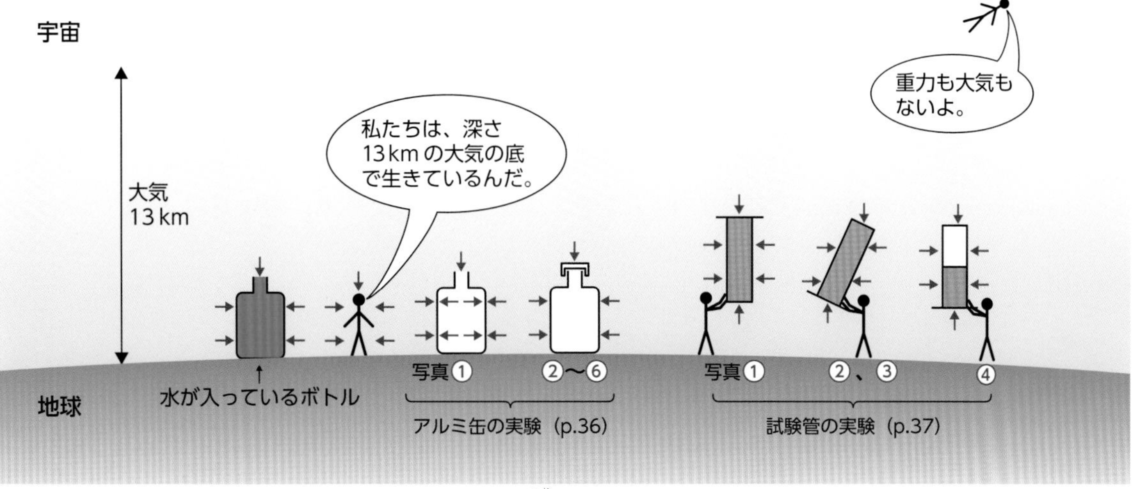

アルミ缶の写真①は、ボトル内側からも大気圧がはたらくので潰（つよ）れない。　②〜⑥は、内側の圧力がゼロになり潰れる。　試験管の①〜④は、あらゆる点に大気圧が作用している。これはp.35 の水圧と同じように、深さ（大気 13km の厚さ）だけで決まる圧力。

14 アルキメデスの原理「浮力」

準　備

- 物体A、B
- 電子てんびん
- メスシリンダー
- ばねばかり

この実験で使う単位

- cm^3　（体積）
- g重　（力）

※質量1g = 1g重 ≒ 0.01N

浮力と水圧の関係

重力単位系を使うと、面白い関係がよくみえる。浮力（g重）は体積m^3、水圧（g重/m^2）は深さmで決まる。それぞれの単位を割り算すると、

(g重) ÷ m^3 = (g重/m^2) ÷ m

つまり、

浮力 ÷ 体積 = 水圧 ÷ 深さ

水に浮く物体の測定

密度1g/cm^3未満の物体は浮くので、水槽の底に滑車をつけて引っ張る。

水中では、体が軽くなるように感じます。これは上向きの浮力がはたらくからです。みなさんも、その大きさを測定してみましょう。

浮力の測定（浮力 = 空気中での重さ − 水中での重さ）

物体A、Bはいずれも体積20 cm^3、質量（重さ）だけが違います。

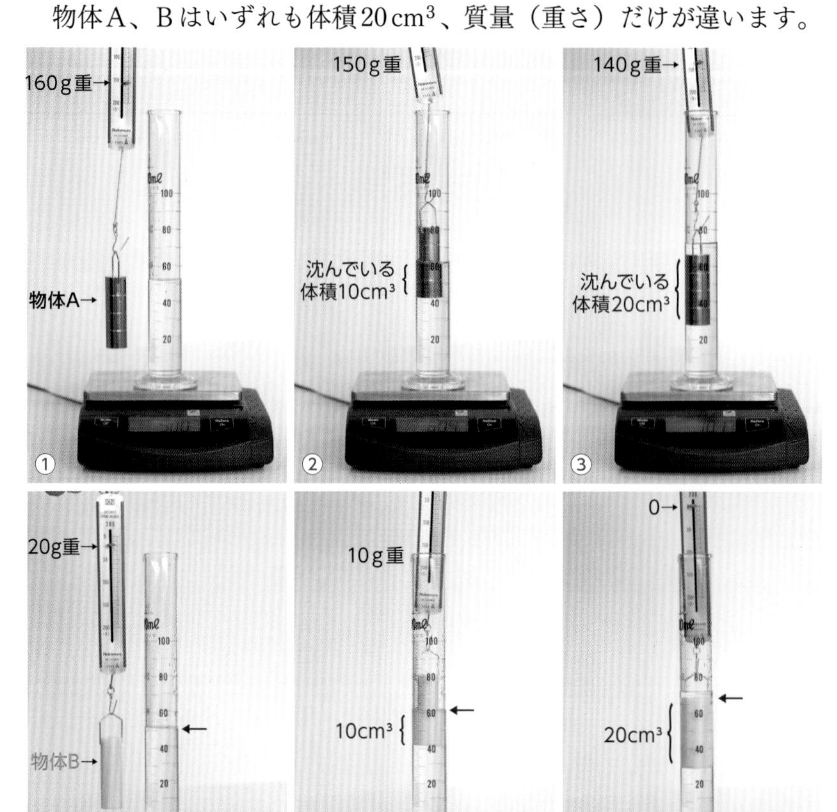

①：メスシリンダーに水50gを入れる。　②：物体A（160g）を半分沈め、ばねばかりと電子てんびんの値を読む。　③：物体Aを全部沈め、2つの値を読む。　④〜⑥：物体B（重さ20g重）で、①〜③と同じように測定する。

測定結果のまとめ

表の赤字部分を見ると、「沈めた体積 = 浮力」がわかります。

<table>
<tr><th rowspan="2"></th><th colspan="2">はじめ</th><th colspan="2">半分（10cm³）沈めたとき</th><th colspan="2">全て（20cm³）沈めたとき</th></tr>
<tr><th>ばねばかり</th><th>電子てんびん</th><th>ばねばかり</th><th>電子てんびん</th><th>ばねばかり</th><th>電子てんびん</th></tr>
<tr><td>物体A</td><td>160g重</td><td rowspan="2">50g重</td><td>150g重
→10g重減</td><td rowspan="2">60g重
(10g重増)</td><td>140g重
→20g重減</td><td rowspan="2">70g重
(20g重増)</td></tr>
<tr><td>物体B</td><td>20g重</td><td>10g重
→10g重減</td><td>0
→20g重減</td></tr>
</table>

小さな力を増幅する装置

パスカルの原理は、小さな力を大きな力に変える、油圧ジャッキや自動車のブレーキなどに応用されています。次の実験では、小さな注射器で大きな注射器を動かしますが、動かせる距離は短くなります(p.26の仕事の原理)。２つの注射器の動く距離の比は、増幅できる倍率を示します。

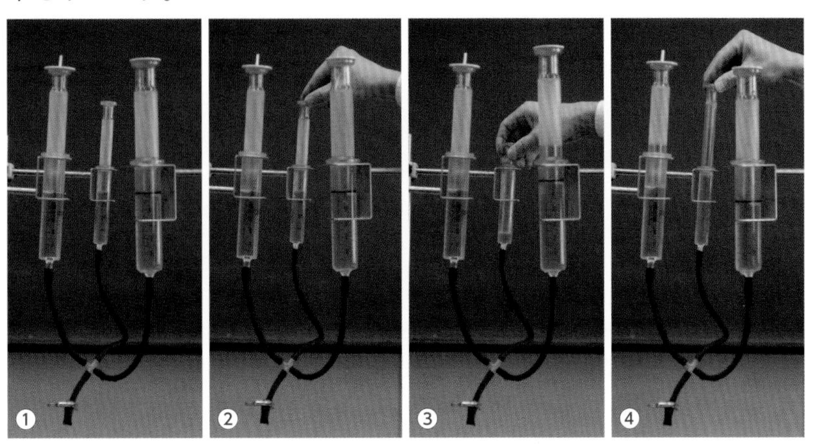

①：太さが違う３本の注射器をつないで、水を注ぐ。このときできる水面の高さは、すべて同じになる。これを確認してから、３本の注射器にシリンダーを差し込み、密閉状態にする。
②～④：中央の注射器のシリンダーを 10cm 動かし、左右のシリンダーがそれぞれ何cm 動くか測定する。

大きい
小さい
水中はすべて同じ

注射器にかかる力の比較
密閉容器ではすべての点（位置）の水圧が等しい（p.35とも対応 ）。

浴槽の中の水圧
お風呂はリラックスできるが、実は水圧によって肺が凹む。空気をはき出すのは楽だが、吸うときに普段使わない筋肉を使うことになる。

浮沈子の実験

小学校で浮沈子を作った人はいますか？　重力に支配されている密閉容器に、人が力を加える装置です。力は容器全体にはたらき、浮沈子内部の空気を圧縮します（水は圧縮されない）。体積が減った分だけ浮力を失い、沈みます。下の連続写真は、手を離し、浮沈子内部の空気が戻ったときの様子です。

①～⑤：密閉容器についている赤いゴムを押して圧力をかける。タコのような形をした赤い物体が一番下まで沈んだら、圧力をかけている手をゆるめる（写真①）。物体は上昇を始めるが、その速さはだんだん大きくなる。途中で静止させるための手加減は難しい。

タコのような物体の内部
物体内部には空気があり、容器全体が加圧されると、この空気の体積だけ小さくなる（浮力が小さくなる）。

自作した浮沈子で遊ぶ
ペットボトルを押すと沈む。パスカルの原理は、密閉容器という特殊条件の中で成立する原理。

第3章 ニュートンの運動の3法則

動力学と静力学
物体の運動と力の関係について調べる分野を動力学（どうりきがく）といい、第2章の静力学（せいりきがく）と分けることができる。

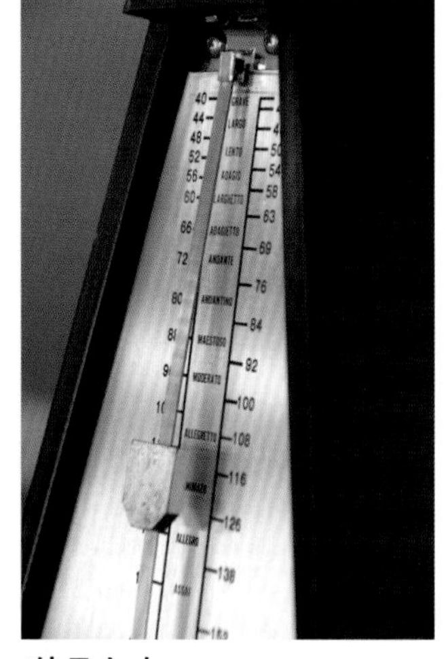
メトロノーム
振（ふ）り子の等時性（とうじせい）を利用して、時間を刻（きざ）む装置。運動を調べるために時間は欠かせない。

量子力学の時間と空間
現代の量子力学（りょうしりきがく）は、時間と空間は切り離せない、あるいは、区別できないものとして考えている。この第3章は、第7章「電界と磁界」の不思議な空間への入り口でもある。

生徒の感想
- 速さの単位変換ムズい。75秒は1分15秒。
- 1日を秒にする計算で桁をまちがえた！

物体の運動を調べるときは、観測者の位置が重要です。位置によっては静止しているように見えても、実際は猛スピードで動いていることもあります。例えば、地球は時速1700kmで自転しながら、太陽の周りを時速260万kmで公転していますが、地上にいる私たちは気づきません。この難問を解決したのはニュートンです。彼の運動の3法則は、今では古典力学といわれますが、私たちの日常に役立つだけでなく、アインシュタインの相対性理論（そうたいせいりろん）や量子力学（りょうし）につながる重要な考えを含（ふく）んでいます。

ニュートンの運動の3法則

第1法則 **慣性の法則**	• 物体は、外からの力がなければ運動状態を変えない（p.45） ※静止している状態と等速直線運動は区別できない。 ※基準の決め方で変わる。
第2法則 **運動方程式**	• 物体に力がはたらくと、加速度 a を生じる F = ma（運動方程式）、力＝物体の質量×加速度 ※力が大きいほど、また、物体の質量が小さいほど加速する。
第3法則 **作用・反作用の法則**	• 力は一対（いっつい）になってはたらく ※2つの力は、同一直線上で、大きさが等しく、向きが反対。

1 時間の矢（や）

物体の運動を調べる上でもう1つ重要なことは、時間です。時間は、過去から未来へと一方向に進む「1本の矢（や）」です。時間を使うことで、速さから「加速度」や「力」を求めることができます。

時間の換算表

60秒で1分。このように桁（けた）が上がることを60進法といいます。使い慣れていますが、再確認しておきましょう。

1秒　※国際会議で決められた基本単位の1つ「時間」(p.8)				
60秒	1分　※秒から分へ：60進法			
3 600秒	60分	1時間　※分から時へ：60進法		
86 400秒	1 440分	24時間	1日　※時から日へ：24進法	
31 536 000秒	525 600分	8 760時間	365日	1年　※国によって違う

2 だるま落としで遊ぼう

伝統的な遊び「だるま落とし」を楽しみましょう。成功させるための工夫は、運動の第１法則「慣性(かんせい)の法則」にあります。

だるま落としの遊び方

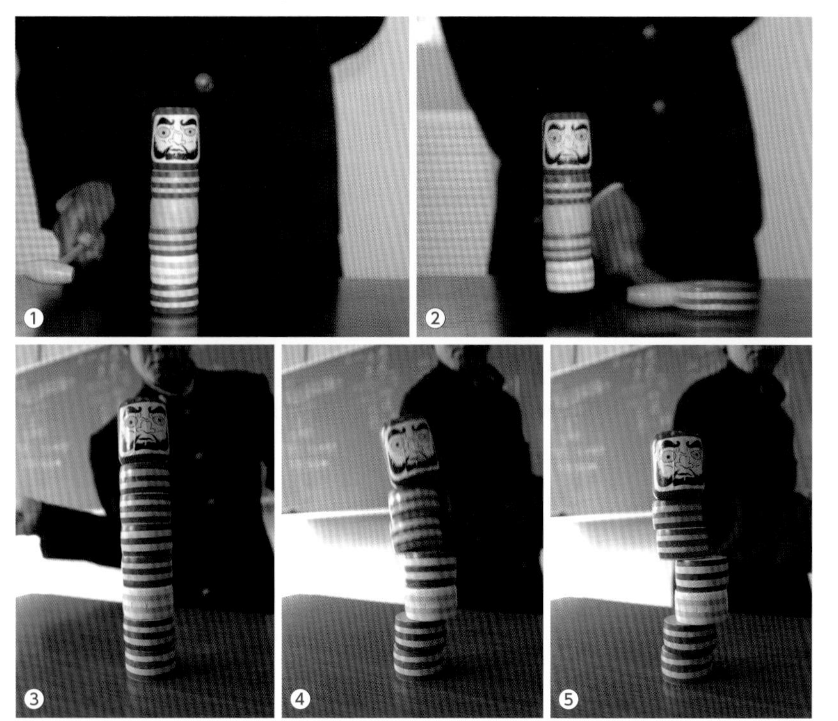

①：だるま落としをセットする。　②：真横から素早く叩(たた)く。　③～⑤：下から順にではなく、中間部分も叩いてみる。また、ゆっくり叩いてみる。

だるま落としの原理

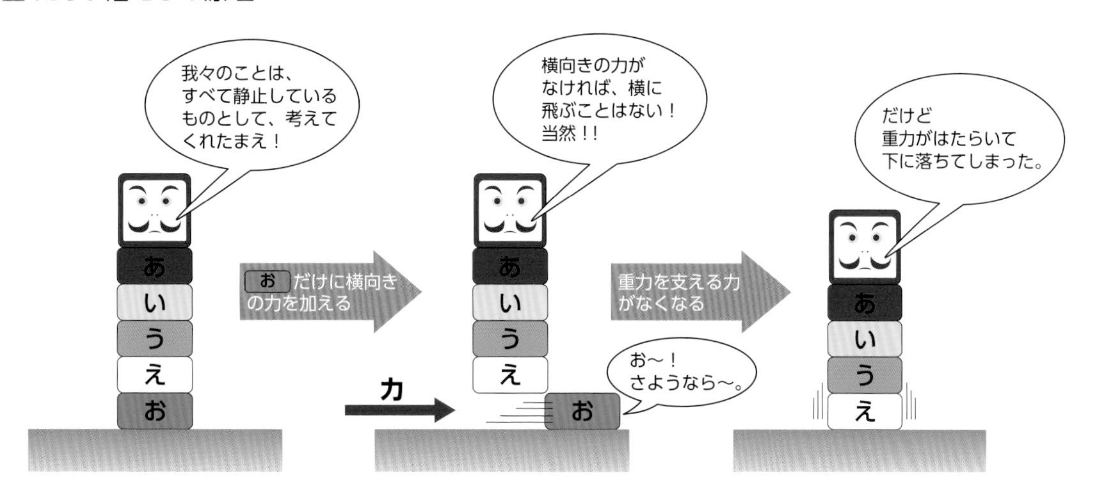

※この実験を宇宙から見れば、地球の自転や公転などですべて運動している。

準　備

- だるま落とし
- つるつるの机

実験結果

ゆっくり叩くと崩(くず)れてしまうが、素早く叩くと、だるまは崩れなかった。

慣　性

慣性(かんせい)という性質は、すべての物体がもっている。慣性という言葉を日常語に置き換えると、「惰性(だせい)」になる。

上手な先輩(せんぱい)からのアドバイス

(1) 初めは、一番下を叩くといい。
(2) 手首を使って、瞬間的(しゅんかん)に「こつっ」と叩く感じ。
(3) 前後に崩(くず)れるときは、中心を叩いていないことが多いから、木づちで木片の真ん中を叩くようにするとよい。

3 黒板消しを飛ばす「慣性の法則」

次の実験は曲芸のようで、うまくいくと拍手喝采です。単純ですが、その原理はだるま落としと同じように、深い考えを含みます。空中を飛んでいる黒板消しは静止している、と考えられるのです。

黒板消しを飛ばす実験

空中ではたらく力を考えてください。重力と空気抵抗力はありますが、飛ばした（飛んでいる）方向に力ははたらいていません。

①：黒板消しを手に載せ、手前側の端を5cm出す。反対側に生徒を配置する。

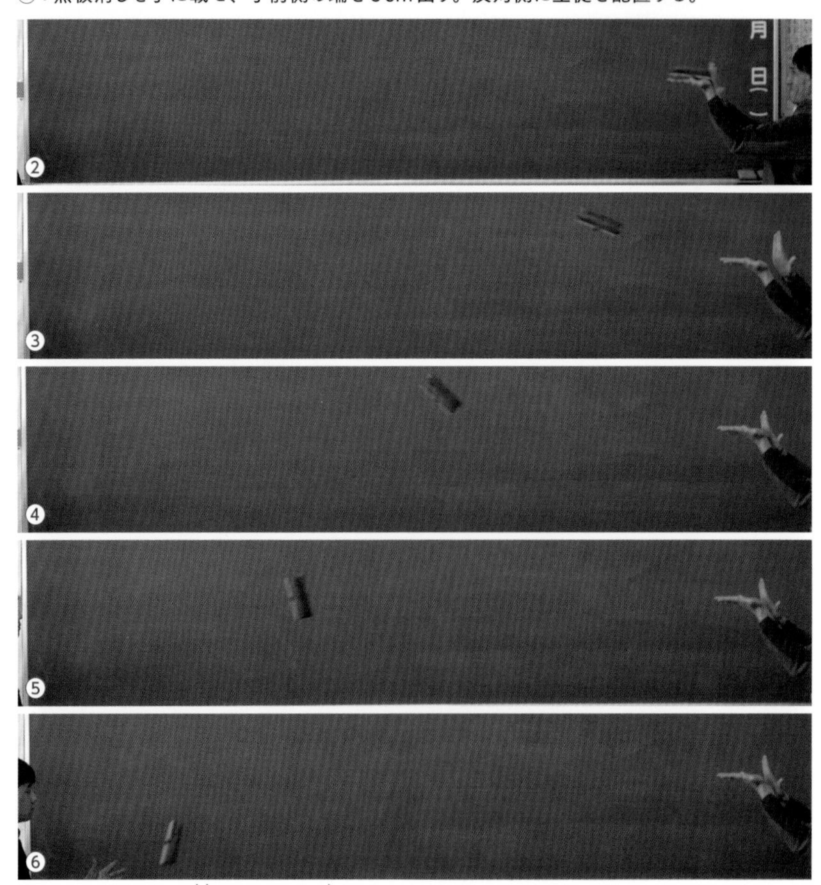

②～⑥：黒板消しを叩くようにして押し出し、飛んでいく黒板消しを観測する。

準　備

- 黒板消し
  （ある程度の大きさがあって、投げても落としても安全な物体）
- 黒板消しをキャッチする人

何を基準、視点にするか

この実験の視点は、黒板消しを見ている人。これに対して、p.47のイラストは、黒板消しに乗っている人を基準にしている。

天動説と地動説

大昔は太陽が動いていると考えていたが（天動説）、ガリレオは地球が動いていると唱えた（地動説）。電車からの景色が進行方向と逆に見えるように、観測場所を変えると、動きが逆になる。写真はナミビアの夕日。

吹き矢と黒板消し

本文の実験で、黒板消しに力を加える区間を10cmにすると、より速く飛び出す。同様に、吹き矢の筒を長くすると、方向が安定すると同時に、矢が速く飛び出す。ライフル銃も同じ。

黒板消しの速さ

黒板消しが1秒間で5m飛んだ場合、黒板消しの速さは5m/秒。しかし、基準を黒板消しにすれば、黒板消しの速さは0、私たちが5m/秒で移動している（p.47）。

黒板消しの上から見ると……

空飛ぶ絨毯のように、黒板消しに乗ってみましょう。空気抵抗や重力は無視して、水平方向だけを考えます。写真②で押し出された瞬間は大きな力を感じますが、写真③～⑥は感じません。自分は静止したまま、外界が後ろへ動いているように見えます。

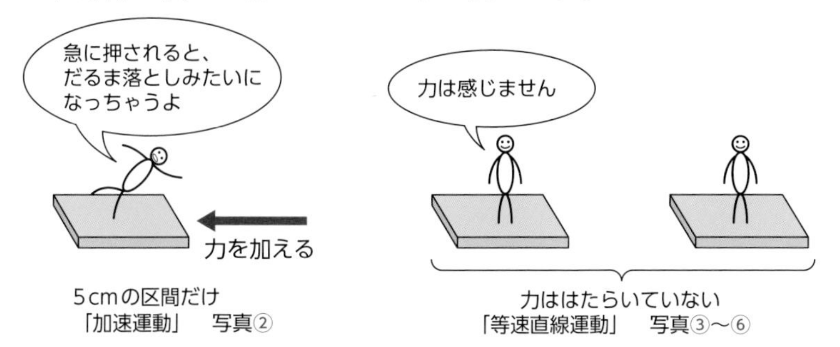

※空気抵抗と重力がなければ、等速直線運動（等しい速さで一直線）。

飛行機から見た風景

機内で目を閉じると、静止しているように感じる。これは等速直線運動をしている場合で、加速したり曲がったりすると自分が動いていることがわかる。

等速直線運動の例

- ローラースケート
- アイススケート
- 一定速度で走る電車

静止と等速直線運動は区別できない

空中にある黒板消しの状態を考える視点は2つです。p.46の視点では等速直線運動（等しい速さで一直線に動く）、p.47では静止です。この考え方が理解できれば、あなたも天才ニュートンの理解者です。

> **運動の第１法則：慣性の法則**
>
> 物体は外から力を加えられない限り、(1) 静止しているものは静止し続けようとし、(2) 運動しているものは等速直線運動をし続けようとする。

※物体は慣性（慣れた状態を好む性質）をもつ、と考えてもよい。

もう一度、写真②を振り返ります。力を加えたのは5cmの区間だけです。もし、飛んでいる間も加えたなら、どんどん加速するはずです。

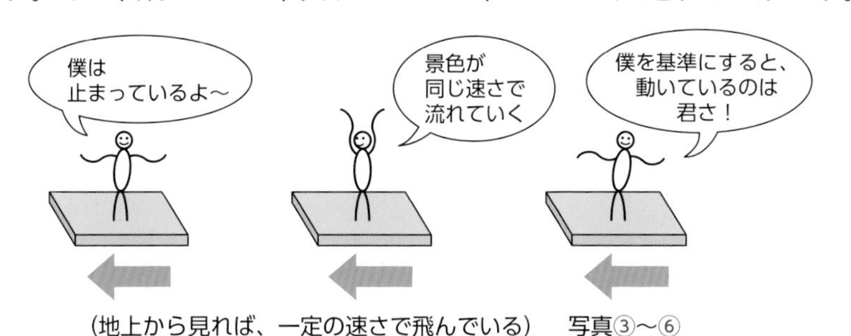

※写真②は「手を離れる瞬間までは力を加え続けている＝加速運動」。

地上付近の雨は等速直線運動

雨粒は、重力で落下速度がどんどん上がる（等加速度運動）。やがて、重力＝空気との摩擦力、になると等速直線運動に変わる。雨粒の落下速度は本書のシリーズ書籍『中学理科の地学』参照。

等速直線運動する物体の速さ

運動する物体の速さが変わらない等速直線運動なら、小学校で学んだ公式「速さ＝距離÷時間（p.49）」を使うことができます。

生徒の感想

- 私も大きな黒板消しにのって空を飛んでみたい!!
- 止まっているのと動いているのが区別できないとは、すごい考え方だ。ニュートンはやっぱり天才だ。
- 自転車で急ブレーキをかけると、ブレーキのかかっていない自分が飛んでいくのが慣性。

4 速さを記録し、計算する

記録タイマーは、カタカタカタカタと、一定の間隔で打点する装置です。この装置に記録テープをつけて引っ張れば、小さな点がテンテンテンテンとつきます。また、記録テープに物体を取りつければ、その間隔から物体が動く速さを求められます。

準　備

- 記録タイマー
- 記録テープ
- 定規

この実験で使う単位

- cm　（長さ）
- 秒　（時間）
- cm/秒　（速さ）

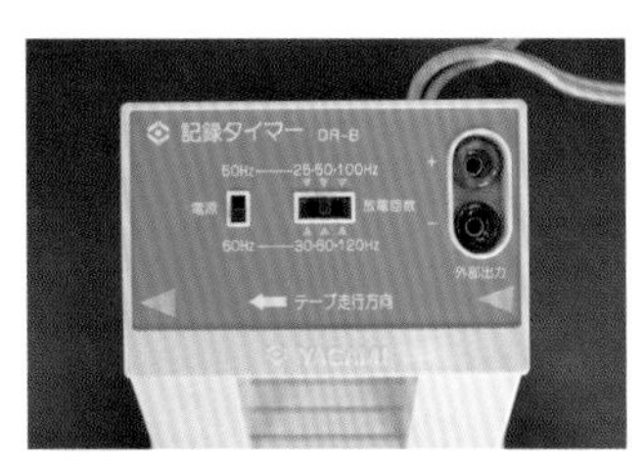

記録タイマー

一般家庭に送られる電流は交流なので、±が一定の時間間隔で変わる。西日本は60回/秒、東日本は50回/秒(p.111)。この交流の性質を利用して打点する。

応用実験

背中に記録テープを貼り付けてダッシュ、あるいはジャンプすれば、速さの変化（加速度）を求めることができる。

記録テープの切り方と時間
(打点数60回/秒の場合)

1打点＝1/60秒
2打点＝1/30秒
3打点＝1/20秒
6打点＝0.1秒（1/10秒）

グラフ「時間と距離の関係」

だんだん速くなる運動は「右肩上がり」
だんだん遅くなる運動は「右肩下がり」
のグラフになる。

記録タイマーで、時間と距離のグラフを作る手順

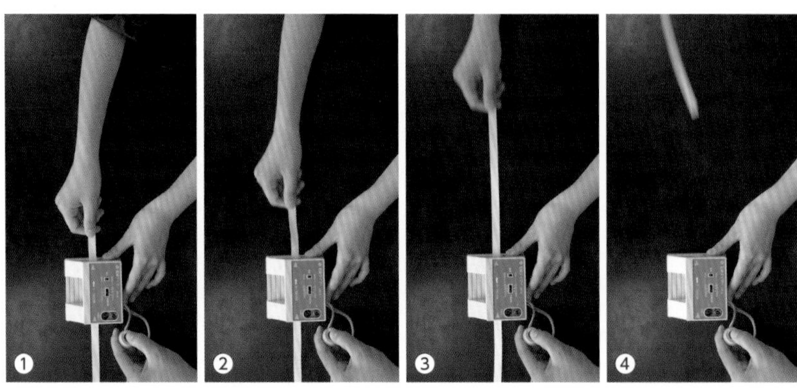

①～④：記録タイマーをセットし、テープを手で引っ張る。引っ張る速さを変えると、記録される打点の間隔が広くなったり、狭くなったりする。

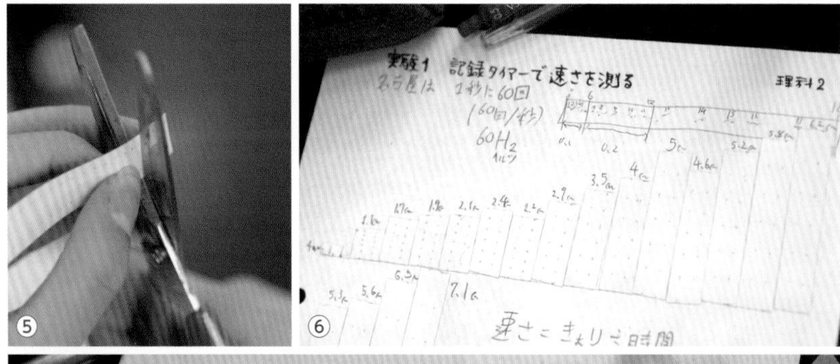

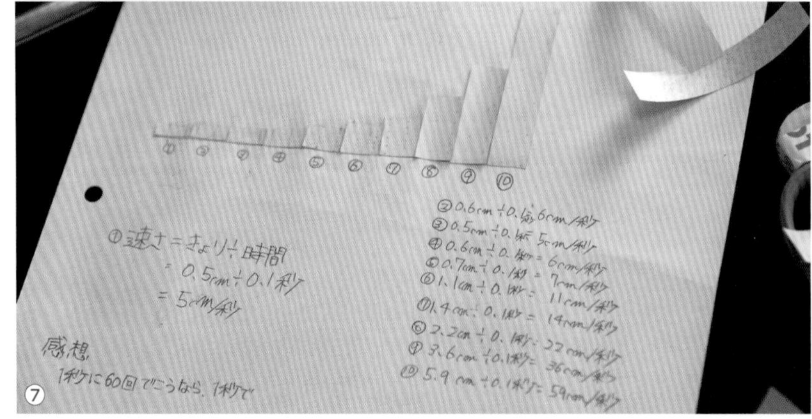

⑤：テープに記録された打点に、0から順に番号をつけ、6打点ごとにはさみで切る。
⑥、⑦：切ったテープを順に貼る。そして、定規でそれぞれのテープの長さ（距離）を測り、それぞれの区間の速さを計算する。

速さの公式

速さ	=	長さ(距離) ÷ 時間
世界最速級の速さ	=	100m ÷ 9.58秒 ≒ 10m/秒
マラソン最速級の速さ	=	42.195km ÷ 2時間1分9秒
	=	42195m ÷ 7269秒 ≒ 5.8m/秒

上の速さの公式は、小学校で学習したものです。これは「平均の速さ」、あるいは、速さが変わらない「等速（直線）運動の速さ」です。中学では、速さが変わるものも調べるので、短い時間で割った「瞬間の速さ」を求めることもあります。

着順（ちゃくじゅん）

速さを同時に比較する場合は、距離や時間を考える必要はない。ゴールの瞬間だけを調べればよい。この写真で転倒した生徒の着順は1位であり、バトンも自ら渡している。拍手！

速さを変えて引っ張った場合の結果

下の写真のように、テープを引っ張る速さによって点の間隔が変わりますが、それぞれの速さは、長さ（距離）÷時間で求められます。

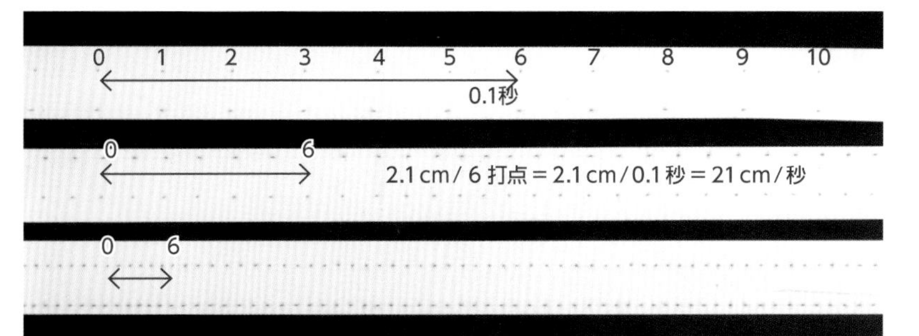

最上段は、もっとも速く引っ張ったもの。間隔が広いことは、短い時間にたくさん移動した（距離が大きい＝速い）ことを意味する。

車のスピードメーター

車の車速計は、瞬間の速さを示す。単位はkm/h（時）。1時間（3600秒）に移動する距離（km）。

速さの単位変換

単位と数値は切り離（はな）すことができません。単位が変われば、数値も変わります。実際の計算では、下表のように並べるとよいでしょう。初歩的な方法ですが、比例式を使った計算よりおすすめです。

秒速	分速	時速	備考
0	0	0	• 0には単位をつけない
1.7cm/秒	1m/分	60m/時	• とても速いカタツムリ
1.0m/秒	60m/分	3.6km/時	• かすかな風
2.0m/秒	120m/分	7.2km/時	
2.8m/秒	167m/分	10km/時	
5.6m/秒	333m/分	20km/時	
10m/秒	600m/分	36km/時	• 100m走の世界記録
17m/秒	1020m/分	61.2km/時	• 台風の風
28m/秒	1.7km/分	100km/時	
100m/秒	6km/分	360km/時	• 新幹線

新幹線は時速360km以上

列車や車の速さは、目的地までの時間で計算することがある。ある区間の「平均の速さ」、速度計の「瞬間の速さ」を区別すること。

風速（大気が移動する速さ）

風速は大気が1秒間に移動する距離（m）で表す。台風は17m/s（秒）以上。

5 ガリレオの落体実験

ガリレオがピサの斜塔で行ったといわれる実験は有名です。ここでは、小さな紙を丸めて、空気抵抗を少なくして落としてみます。質量に関係なく同じ速さで落下することがわかるでしょう。

準　備

- 小さな紙
- 適当な大きさの物体
- 座布団

ピサの斜塔の上の筆者

階段296段、高さ55.86m、建築当初から地盤沈下で傾くイタリア、ピサ市の大聖堂（世界遺産）。この斜塔で、ガリレオが振り子の等時性、落体の実験を行ったという話がある。

実験を成功させるヒント

(1) 紙は画用紙やハガキなど、ある程度硬いものの方が上手くいく。

(2) 消しゴムでもできる。

ガリレオ・ガリレイ（1564-1642）

イタリア人。天文学の父と呼ばれるだけでなく、誰もがくり返し行える観察・実験・観測による科学的手法を発展させた科学革命の中心人物の1人。物理学では落体の運動について調べ、重力の概念を導入し、慣性の法則を発見した。

生徒の感想

- こんなに紙が速いなんて思わなかった。
- 真空中の実験も見てみたいけれど、先生のオレンジの実験で十分に予想がついた。

質量の違う物体を同時に落下させる実験

空気抵抗を少なくする方向を考え、実験してみます。

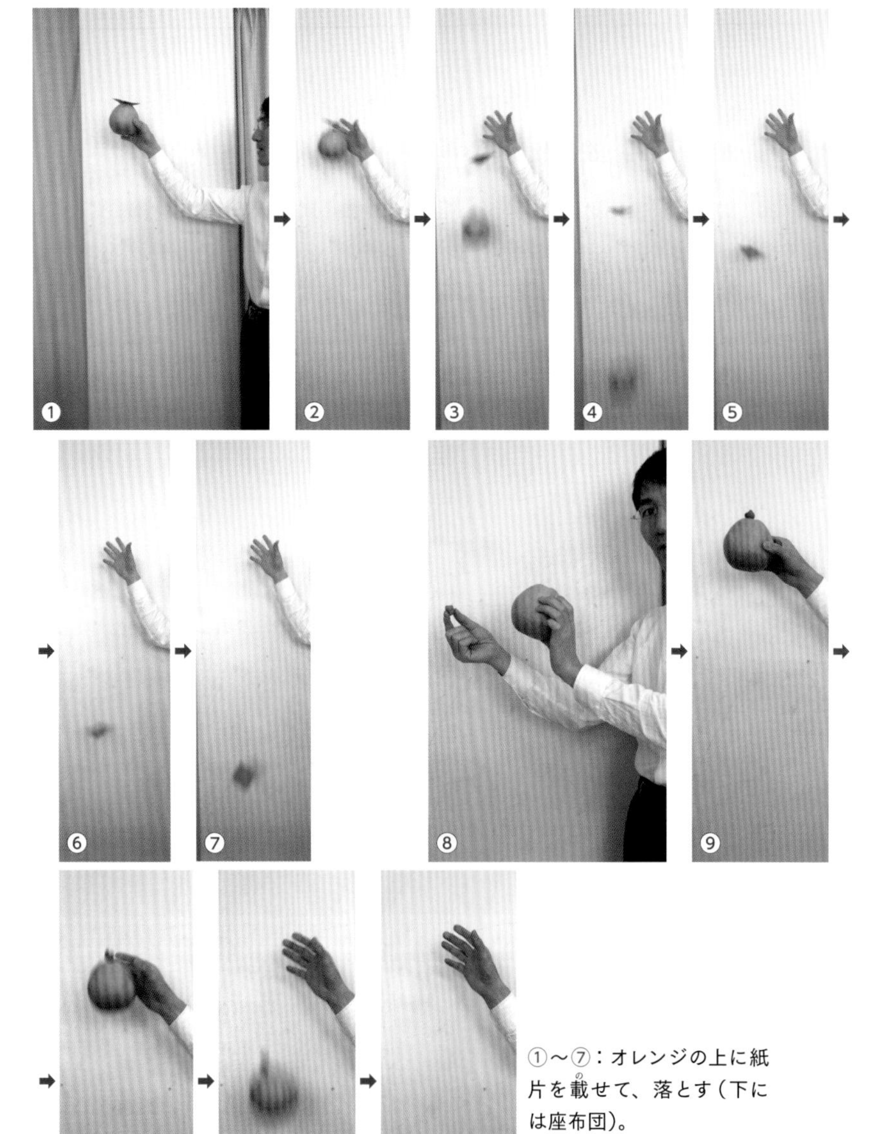

①～⑦：オレンジの上に紙片を載せて、落とす（下には座布団）。

⑧～⑫：紙片を小さく丸めてから、②と同じように落とす。

※各写真は、約0.1秒の間隔で撮影した。

この実験からわかるように、すべての物体は、**質量に関係なく同じ速さ**で落下します。空気抵抗がない真空状態なら、紙は丸めなくてもオレンジと同時に落ちます。鳥の羽根もすとーんと落ちます。

「重い方が速い」とはいえなくなる思考実験

頭の中での実験です。10kgと30kgの物体（実験①）、それらをしばったもの（実験②）を同時に落下させたとき、一番速いのは？

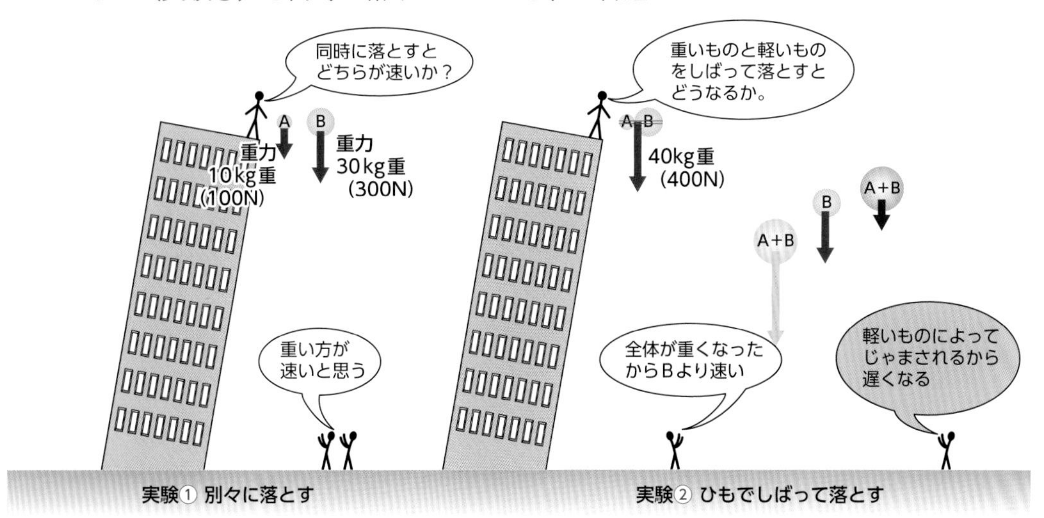

上の結果は「全て同じ」です。まだ満足できない人のために、もう１つ筆者が考えた思考実験を紹介（しょうかい）します。摩擦（まさつ）がない平面上で２つの物体を加速させる実験です。加える力は、物体にはたらく地球の引力と同じ大きさです。さあ、どちらが速くなるでしょう。

生徒の感想

- 脳内であの実験をしよう！
- ２つの物体をしばって落とす実験は、重さを２倍にすれば２倍、無限なら無限に速くなりそうだけど、実際にはならない。

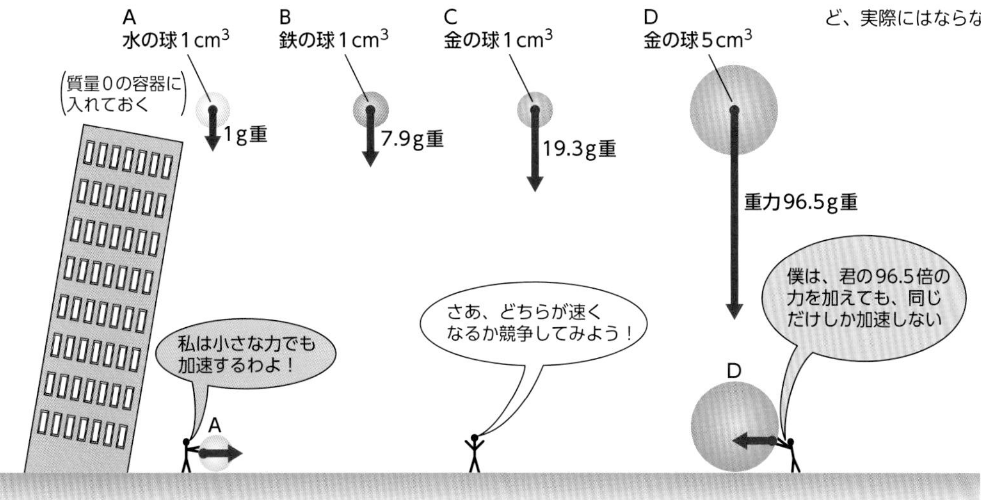

※力が物体の「質量」や「加速度」と関係していることは、p.55の「運動の第２法則」で調べる。

6 自由落下運動

おもりを記録テープにつけて落とします。記録された打点ごとに切って貼ると、階段状の棒グラフができます。美しい比例になるのは、一定の割合で速くなるからです。速さの変化量を調べてみましょう。

物体を落下させ、時間と距離のグラフを作る実験

打点ごとにテープを切ると、同じ時間ごとの長さになります。同じ時間ごとの長さ＝「長さ÷時間」、それは「速さ」です。

①〜④：記録テープにおもりをつける。ボタンを押すと同時に、落下させる。　⑤：記録テープについた打点に番号をつける。ポイントは始点（0）の位置。

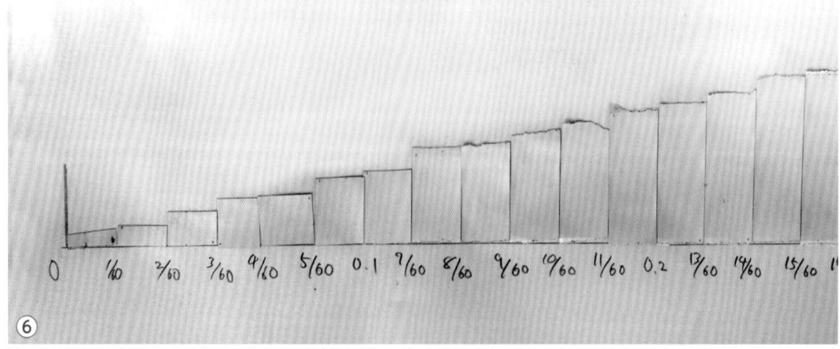

⑥：テープを１打点ごとに切り、下端をそろえて順に糊付けする。
※横軸は時間（１目盛り1/60秒）、縦軸は「1/60秒ごとの落下距離」を表す。
※距離÷時間を計算すれば、1/60秒ごとの速さを求められる。

準　備

- 記録タイマー
- 記録テープ
- おもり（小石や金属のかたまり）
- はさみ
- 糊
- 定規

この実験で使う単位

- cm　（長さ）
- 秒　（時間）
- cm／秒　（速さ）

テープ処理のポイント

(1) ボタンを押したらすぐに落とす。
(2) テープは短いほど摩擦が少ない。
(3) 始点が重要。
(4) 始点が不明瞭なテープは、原点を通るように始点を決める。

数学：分数で割る

距離を1/60秒で割れない君！　このタイマーは、カタカタカタカタカタカタカタカタ、と１秒で60回振動して、その「カタ」で2.8cm落ちた。ということは、1/60秒で2.8cmだから、1秒なら何倍？　……そう、60倍しても同じわけだ。

2.8cm ÷ 1/60秒
＝ 2.8cm × 60/1秒
＝ 168cm/秒

この計算は小学生レベルだが、単位もかけ算・割り算すれば物理学入門者レベルになる。

結果の考察：時間と速さ（0.1秒ごとの落下距離）の関係

1秒間に60回打点するタイマーを使った場合、0.1秒間に落下した距離を調べるため、6打点ごとに切ります。下のグラフは、理想状態で自由落下させたものです。グラフの傾きは、「地球の重力加速度」を示し、その傾きの大きさは決まっています。

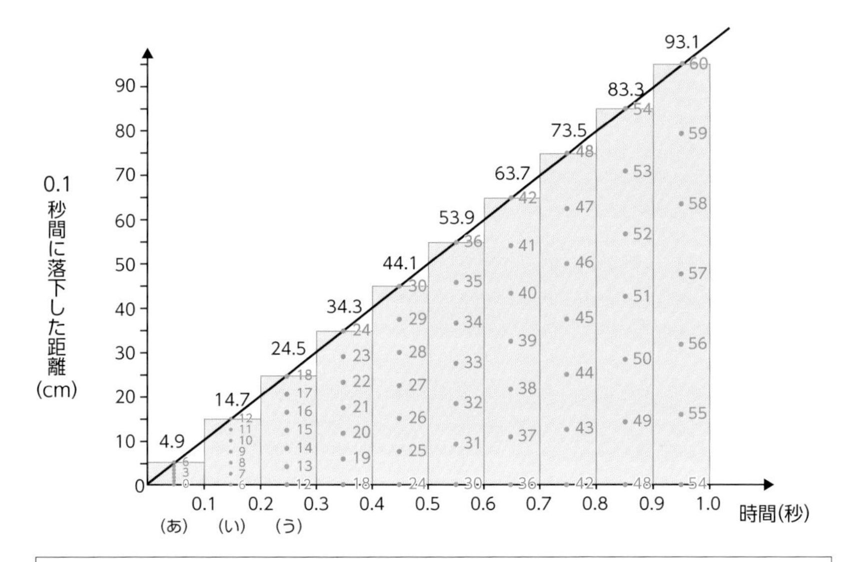

（あ）の区間の速さ＝距離÷時間＝ 4.9cm ÷ 0.1秒＝ 49cm/秒
（い）の区間の速さ＝距離÷時間＝14.7cm ÷ 0.1秒＝ 147cm/秒
（う）の区間の速さ＝距離÷時間＝24.5cm ÷ 0.1秒＝ 245cm/秒

※ここで求めた速さは「各区間の平均の速さ」であり、p.54の速さは「1秒後、2秒後の瞬間の速さ」。加速度運動において、2つは当然違う。

上のグラフは、物体が自由落下するとき、**速さは時間に比例する**ことを示しています。また、その**加速度（速くなる割合）**は一定であることも示しています。

さて、一定の割合で加速する原因をもう一度確認します。それは、地球の引力です。同じ実験を月や火星で行うと、速さの変化量「加速度」が変わります。加速度と速さを区別しましょう。

いろいろな場所の重力加速度

測定場所	重力加速度（m／秒²）
地球の北極、南極	9.83
地球の赤道	9.78（赤道で体重を測ると、わずかに軽くなる）
火　星	3.7　（火星の質量は地球よりも小さい）
月	1.6　（月で体重を測ると、地球の約1/6になる）

※重力加速度とは、地球や月などの「重さの度合い」と考えてもよい。
※測定場所によって体重が違うのは、重力加速度の違いが原因。
※地球の重力加速度（9.8m/秒²）は、p.53の実験をもとにp.54で求める。

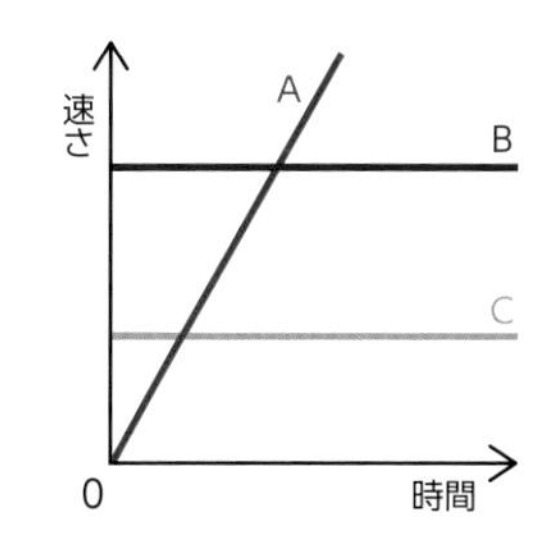

グラフは横軸と縦軸をよく見る
横軸は時間なので、このグラフは時間の経過で、変化する速さを示す。Aは等加速度運動、Bは等速運動、CはBより遅い等速運動を示す。

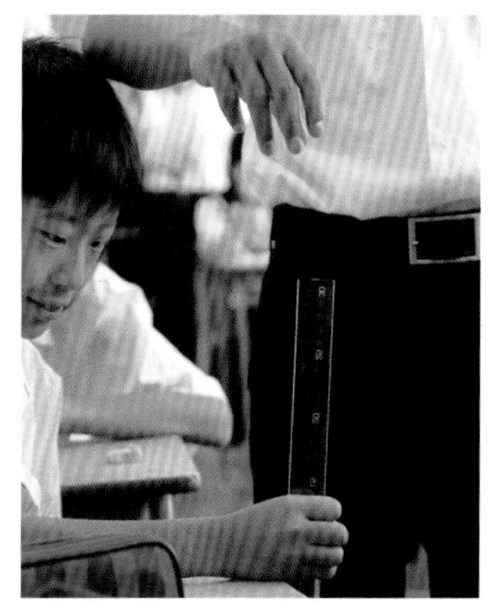

落下する定規をつかまえる実験
落下距離は時間の2乗に比例する。時間は、4.9cmで0.1秒、19.6cmで0.2秒、44.1cmで0.3秒……落下距離は加速的に増える（p.54）。

生徒の感想

- 簡単な実験で、美しいグラフができて満足です。
- 落とし始めるときのタイミングが難しかった。スイッチを入れて、うっかりしていると、点がいっぱいついてわからなくなる。

7 距離、速さ、加速度の関係

下のグラフはp.53の実験を落下距離200mで行い、その実験データを3つの方法で処理したものです。横軸はいずれも時間ですが、縦軸は落下距離・速さ・加速度の3つです。加速度（速さが増える割合）は、速さが1秒ごとに9.8m/s加速していることから得ます。

このページで使う単位

- m　（長　さ）
- s（秒）　（時　間）
- m/s　（速　さ）
- m/s^2　（加速度）

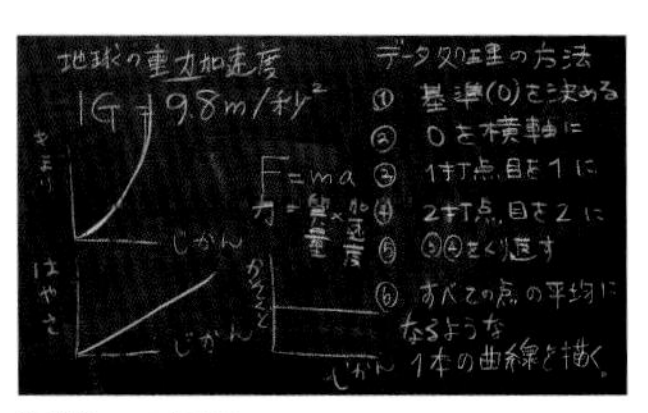

授業での板書

上のグラフと本文のグラフの構造は同じ。時間と距離は放物線、時間と速さは比例（p.53）、時間と加速度は一定。

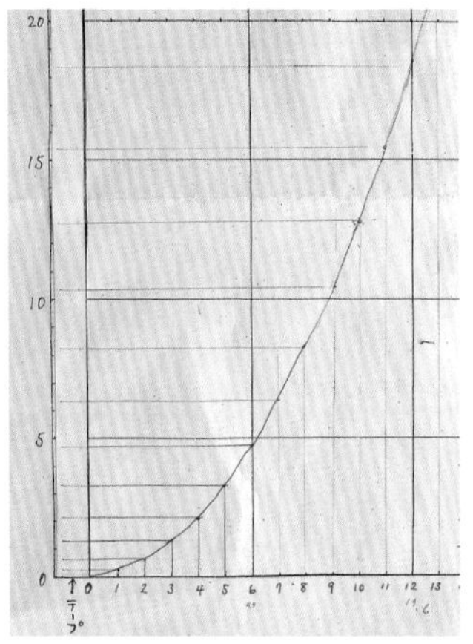

時間と落下距離のグラフ

記録テープをグラフ左端に貼り、1打点ごとの距離をグラフに写す。すると、横軸「時間」、縦軸「落下距離」の放物線グラフができる。

3つの計算式（関係）

加速度 ＝ 速さ ÷ 時間
速　さ ＝ 距離 ÷ 時間
距　離 ＝ 距離（そのまま）

※速さが変化する割合を加速度という。速く・遅くなる割合で、車の急発進、急ブレーキなどで体感できる。

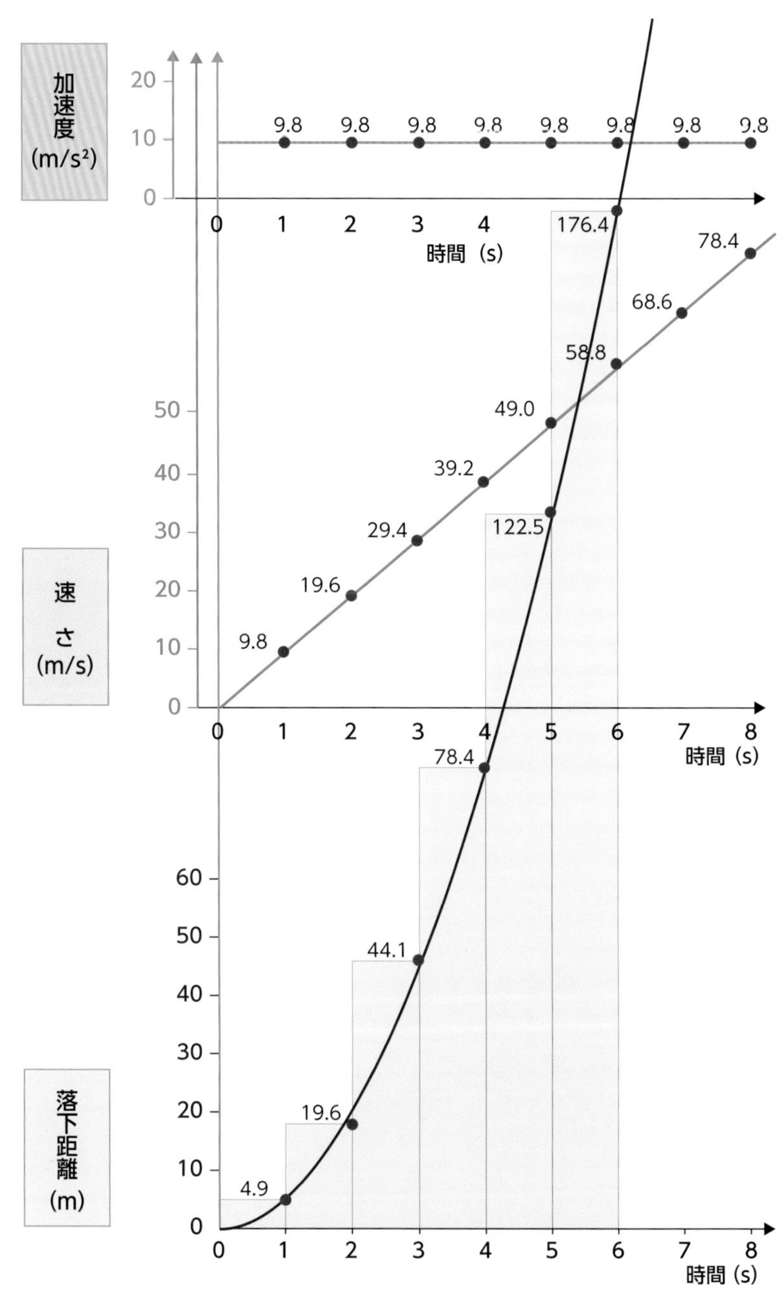

※上のグラフは落下距離200m、落下時間6秒の大きな実験結果。
※落下距離（加速度的に大きくなる）、速さ（一定の割合で大きくなる）、加速度（一定）の3つの関係は、高校数学「微分（びぶん）・積分（せきぶん）」で学習する。

8 第2法則「運動方程式 F（力）＝ma（質量×加速度）」

ニュートンは物体を落下させる実験から、時間によって変わらない「加速度」を発見しました。この加速度を使えば、質量が大きな物体と小さな物体が同時に落ちることを説明できます。つまり、大きな物体を小さな物体と同じだけ加速させるためには、質量に応じた力が必要になります。p.51下のイラストも同時に見直してください。

基準を必要としない加速度
物体の運動状態（静止か等速直線運動か）は、基準の取り方によって変わる(p.47)。しかし、加速度は基準の取り方によって変化しない。

1Nの定義
1kgの物体に1m/s^{2}の加速度を生じさせる力

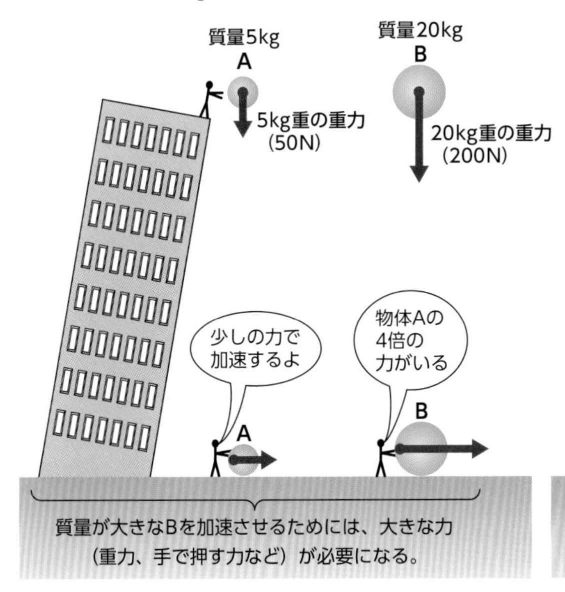

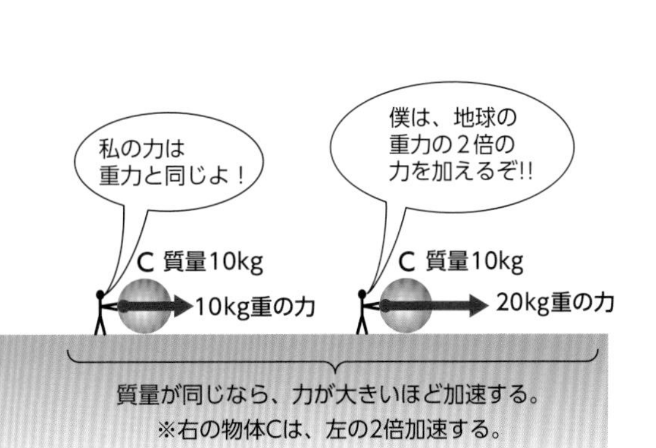

運動方程式（F＝ma）

第2法則は、運動の3法則の中でもっとも重要で、「運動方程式」といわれます。Fは力（フォース）、mは質量（マス）、aは加速度（アクセル）です。

> **運動の第2法則：F＝m×a（運動方程式）**
> - 力は質量に比例する（大きな物体を動かすには大きな力がいる）
> - 力は加速度に比例する

運動方程式（本文）
力＝質量×加速度
　＝質量×長さ÷時間÷時間

加速度の計算式 (p.56)
加速度＝速さ÷時間
　＝距離÷時間÷時間

地球の重力加速度（G）
9.80665 m/秒/秒≒9.8m/s^2

左のように、1本の綱（つな）を持って相手を倒す場合、質量が大きな生徒は圧倒的に有利である。また、加速度の変化に対応できる敏感（びんかん）な反射神経を持っていることも必要。

生徒の感想
- 無重力の宇宙空間でも、質量が量れる理由がわかった。重力はなくなるけど、質量は変化しないから。私ってすごい！

9 スタートダッシュの加速度

短距離走で速く走る方法について考えてみましょう。まず、スタートの合図と同時にダッシュすること、次に、できるだけ大きな加速度でトップスピードになり、最後までそれを維持することです。トップスピードの間は等速直線運動（加速度0）のようになりますが、疲れが出ると、だんだん遅くなる減速運動（負の加速度運動）になります。

スタートから1秒間の加速度

下の写真は体育大会50m走の連続写真です。スタートダッシュの1秒間、同じ割合で加速したと仮定し、その加速度を求めましょう。

①〜⑥：スタートダッシュの様子を1秒5コマで連写した。撮影位置はスタートラインから6mのところ。以下の計算では、⑥の写真から判断して、1秒間で5m進んだものとする。

加速度を求める計算式

加速度は、速さの変化量です。速さを時間で割って求めます。

加速度＝速さ　÷時間
＝距離　÷　時間　÷時間
＝5m　÷　1秒　÷1秒
＝5m　/　秒　÷1秒
＝5m　/　秒^2　……（スタートダッシュの加速度）

準　備

- ストップウォッチ
- 巻き尺
- スターターピストル

この実験で使う単位

- m　（長さ）
- 秒　（時間）
- m/秒　（速さ）
- m/秒^2　（加速度）

テニスシューズの靴底

テニスシューズは、コートの表面に合わせて、いろいろな靴底が用意されている。これは、コート面と靴底の摩擦力と、筋力のバランスを最適にするため。

生徒の感想

- 私の加速度は大きいのか小さいのかよくわからないけれど、重力加速度の約半分だった。

10 加速度という視点から見た力

友達と次のような遊びをして、勝つための方法や条件を考えてみましょう。一瞬（いっしゅん）にかける力の大きさ、すなわち加速度が大切なことがわかると思います。同じような実験は、p.55でも行いました。

準　備

- 友達
- 滑らない床（ゆか）
- つるつる滑る床
- 靴下や靴

加速度を意識する遊び

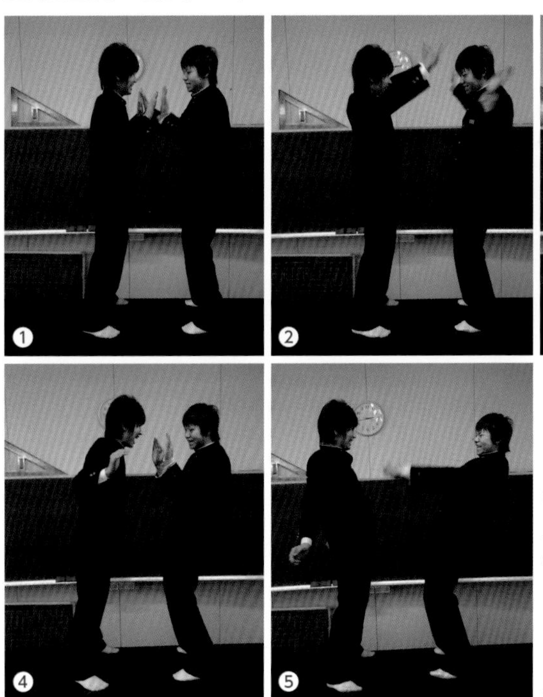

①：両足を肩幅（かたはば）に開き、友達と向かい合わせに立つ。
②～⑤：ルールは、両手を出して、相手を押（お）し倒（たお）すか、あるいは、相手が押してきたときに力を抜（ぬ）いて相手の足が動いたら勝ち。

ティーカップ
慣性の力と遠心力を体験できる。

この遊びの理論

- 相手を押し倒すための力は、自分の質量（体重）× 加速度で求められる。したがって、質量が小さい（軽い）人は、大きな加速度が必要になる。
- p.60、61で調べるように、力は、必ず向きが反対で同じ大きさの力がはたらく（第3法則：作用反作用の法則）。これを忘れると、自分の力（作用力）によって発生した反作用の力で倒れてしまう。
- 足が滑（すべ）ると、絶対的に不利である。もし、相手が地面、あなたが氷の上に立っていると仮定すれば、あなたに勝ち目はない。

生徒の発見

- 空振りすると、自分が倒れてしまう。
- 自分は力を出さないようにして、相手を倒したい。
- 自分が力を出したときは、その力を相手に100%与（あた）えないと負ける。

11 斜面を滑り落ちる台車

準　備

- 記録タイマー、テープ
- 台車
- 斜面
- 定規

この実験で使う単位

- cm　（長さ）
- 秒　（時間）
- cm/秒　（速さ）

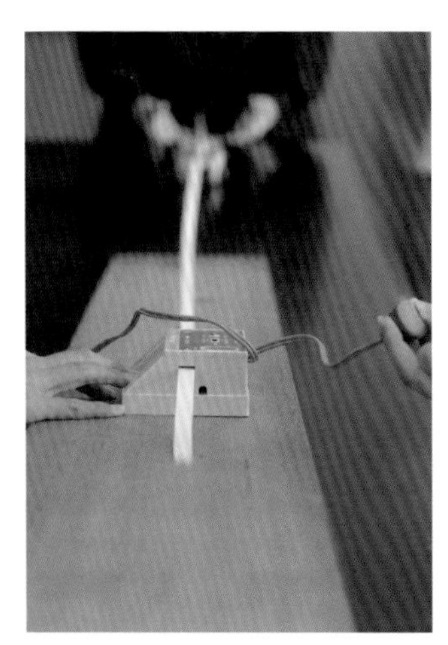

木製の斜面を使う

今回の斜面は木製で、平面になるとき「がたん！」と音を立てたが、実験結果はp.59のように運動の変化がよくわかる。

ほぼ垂直な斜面

自由落下運動に近い（p.52）。

斜面上に台車を走らせて、運動の第1法則と第2法則の復習をしましょう。実験のポイントは、斜面が終わって平面になったところです。斜面では等加速度直線運動、平面では等速直線運動になります。

斜面を使った台車の実験

斜面の角度によって、グラフの傾きが変わります。初めは、15°ぐらいがよいでしょう。時間があれば角度を変えて行い、誤差が少ないデータができるように工夫します。スタートはもちろんですが、斜面から平面になるところがポイントです。なお、最高に急な斜面は、自由落下運動（p.52）になります。

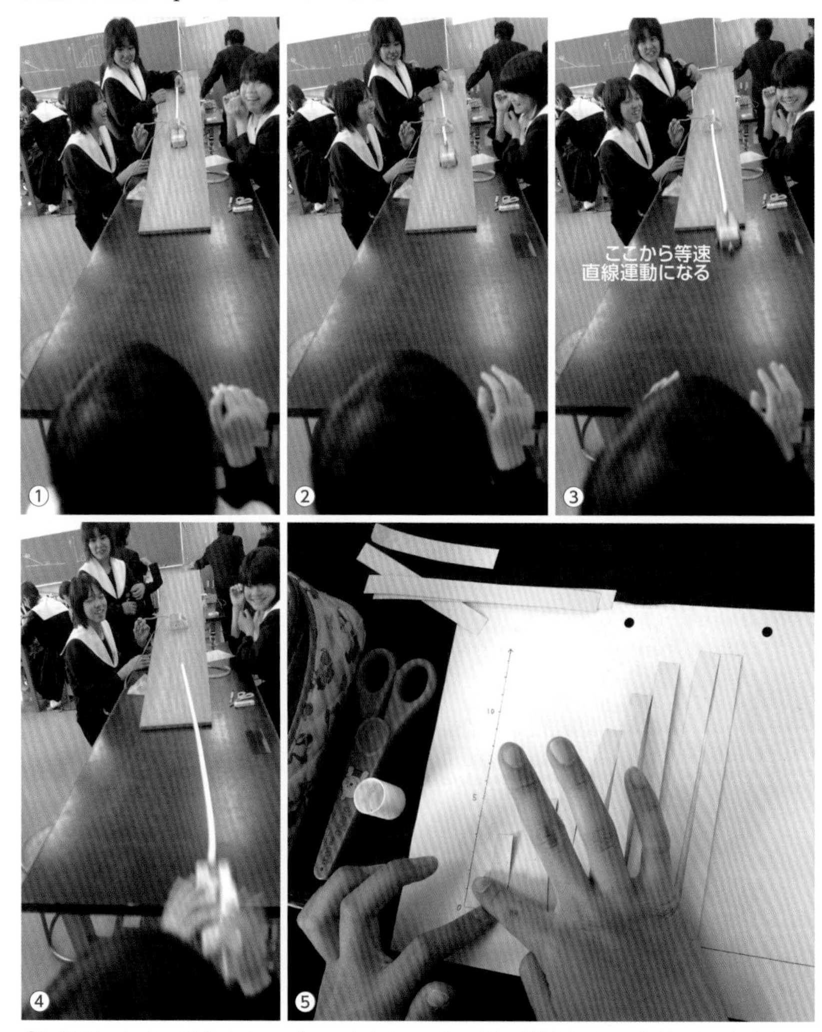

①：斜面、台車、記録タイマーをセットする。　②～④：記録タイマーを使って、台車が斜面を滑り落ちる速さ（①～②）、および、平面を走る速さ（③～④）を測定する。　⑤：記録テープを0.1秒ごと（6打点ごと）に切り、順序よく台紙に貼る。

Aさんの実験結果と学習プリント

テープを6打点（0.1秒）ごとに切り、順に貼ります。

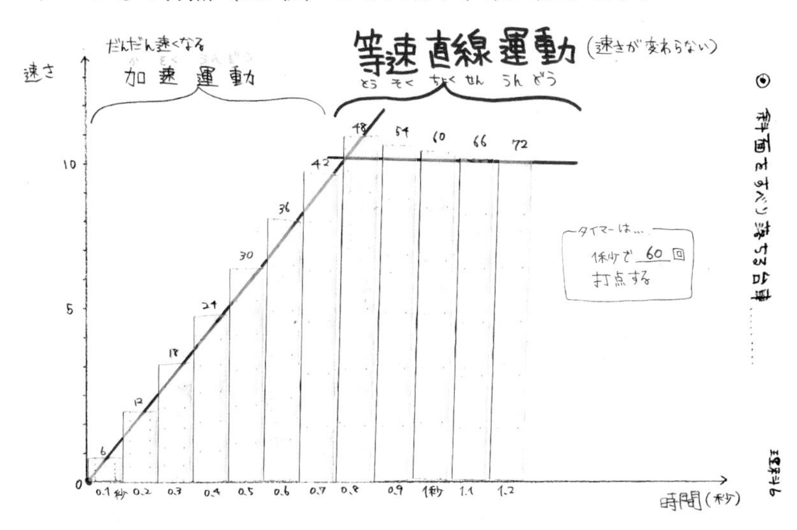

上の実験では、初めの0.7秒間は斜面（等加速度運動）、それ以降は平面（等速直線運動）だったことがわかります。0.7秒以降をよくみると、わずかに減速しています。これは机の摩擦力、空気の抵抗力などが原因で、台車はやがて止まります（負の等加速度運動）。

等速直線運動の速さ

記録テープの高さが同じになったところ、階段を登り切ったところの長さを測る。Aさんの場合、11 cmなので、次のように計算できる。

速さ ＝ 距離 ÷ 時間
＝ 11 cm ／ 0.1秒
＝ 110 cm ／ 秒

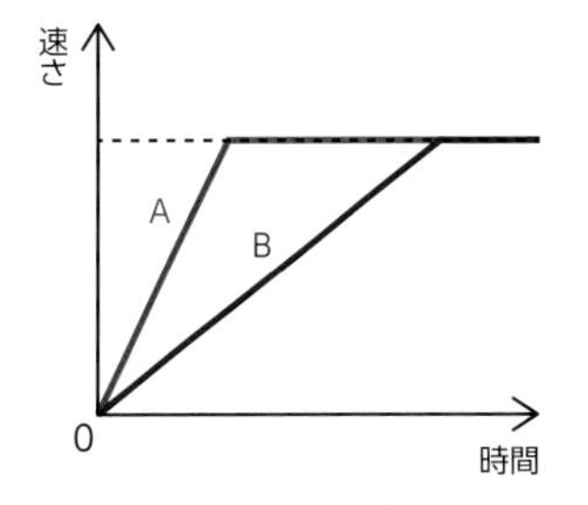

急斜面（A）と穏やかな斜面（B）

グラフ前半の傾きは、加速度を示す。自由落下運動で最大の傾きになる。また、平面での速さは（理想状態で）高さが同じなら同じ。

生徒の感想

- 平面になると、本当に速さが変わらなかった。
- 斜面の傾き（かたむ）を急にすると、グラフの傾きも急になる。

台車にはたらくいろいろな力

空中にある台車は、重力によって落下します。その台車を平面に置くと、重力と垂直抗力がつり合って静止します。次に、台車を斜面に置くと、重力は斜面によって「斜面を押す力」と「斜面をすべり落ちる力」に分解されます。2つの分力の大きさは、下図のように平行四辺形を書くことで求められます（p.31）。

水平面に置かれた物体	緩やかな斜面上の物体	急な斜面上の物体	斜面を滑り落ちてきて、平面にあるときの物体
静　止	等加速度運動（小）	等加速度運動（大）	等速直線運動
垂直抗力 台車が面を押す力 重力	垂直抗力 斜面をすべり落ちようとする力 台車が斜面を押す力 重力	垂直抗力 台車が斜面を押す力 重力 斜面をすべり落ちようとする力	垂直抗力 台車が面を押す力 重力
重力と垂直抗力がつり合っている	平行四辺形の法則（p.31）が成立している		はじめの状態と同じになる

※水平面の重力、台車が面を押す力、面が台車を押し返す力（垂直抗力）は同一作用線上にあるが、見やすさのためにずらしてある。

12 第3法則「作用反作用の法則」

ペットボトルロケット (p.61)
ロケットが飛ぶ力
＝水の質量×水が吹き出す加速度

運動の第3法則は、よく考えれば自然に理解できるものですが、単純かつ不思議な法則です(垂直抗力 p.19、「分銅にはたらく力」p.20)。

左右からつり合わない力を加えようとする実験

真面目(まじめ)な実験です。A君は、左右から「つり合わない力」を加えようとしています。しかし、どんなに頑張っても……。

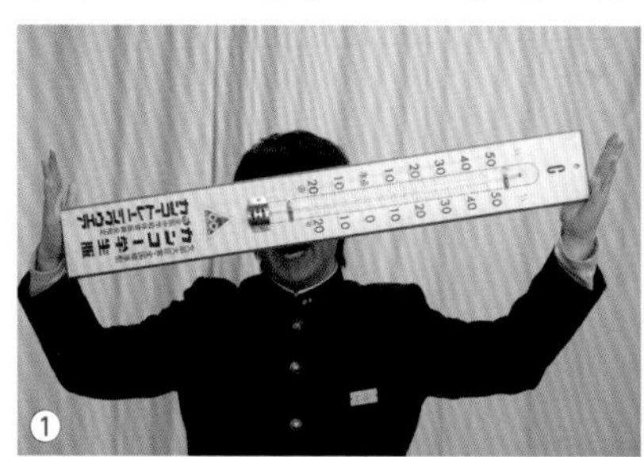

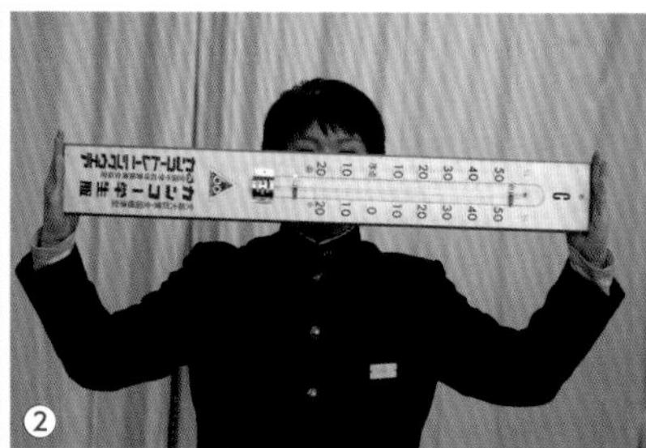

①、②：左右どちらかの手を加速するようにして力を加えても同じ。物体が左右対称で同じ面積で押すなら、力のみならず、圧力まで等しくなる。

> **運動の第3法則：作用反作用の法則**
> ある物体に力(作用)を加えると、正反対の力(反作用)が生じる。
> ・2つの物体が触(ふ)れ合った瞬間に生じる
> ・作用と反作用の作用点は同じ

作用反作用の例
(1) 球を蹴(け)る力 VS 球の弾性力
(2) 地面を押す力 VS 地面が押し返す力
(3) 扉(とびら)を叩いたつもりが、扉に叩かれていた

厚紙を左右から引っぱる実験

長方形の厚紙に糸A、Bをつけて引っぱると、一直線になって静止します。このとき、「2つの力はつり合っている」といいます。

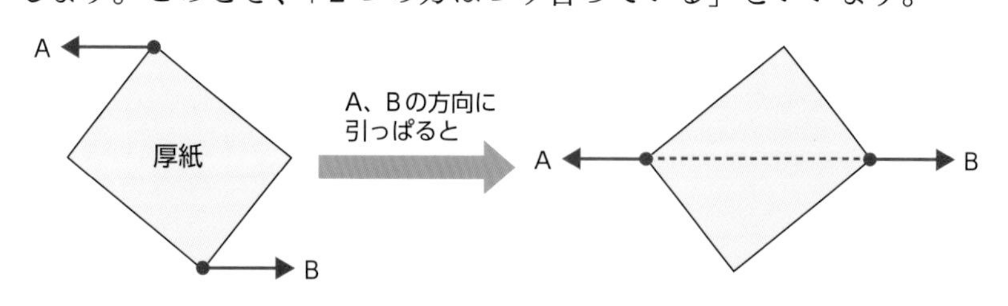

同一と同一作用線上を区別しよう！

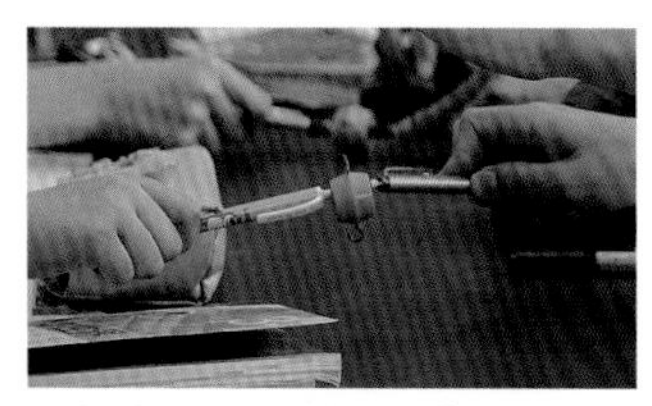

2人で押し合って持ち上げる実験
大きさ、方向、作用線を合わせる。

「作用反作用の力」と「つり合っている力 (p.19)」を区別します。共通点は、(1) 大きさが等しい、(2) 向きが正反対。違いは作用点です。前者は物体と物体の接点(せってん)、後者は同一直線上にあるだけです。

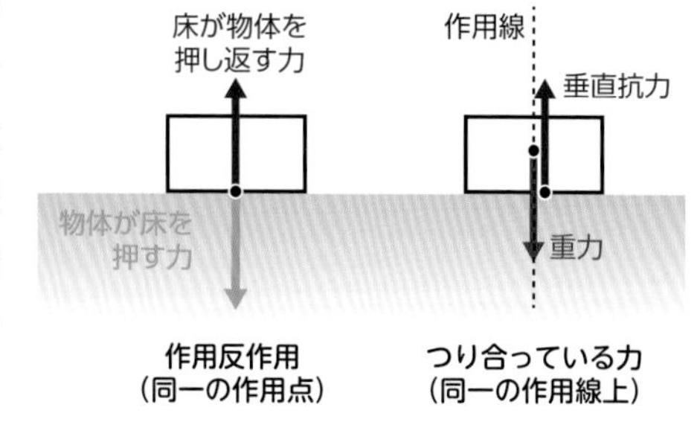

13 ペットボトルロケット

ペットボトルロケットが飛ぶ理由は、「作用反作用の法則」によって説明できます。ロケットは水を勢いよく噴出すること（作用）によって、その反作用（力）を受けるのです。真空の宇宙でも飛びます。

準　備

- ペットボトル
- ロケット・セット（市販品）
- 自転車の空気入れ
- 水
- 広い空き地

ペットボトルロケットの発射実験

①：ペットボトルに 1/5 ～ 1/3 程度の水を入れ、発射装置にセットする。そして、自転車の空気入れでボトル内に空気を入れ、圧力を高くする。

②：安全を十分に確認してから、発射レバーを操作する。ボトルのふたがはずれると、中から水が勢いよく吹き出し、ロケットが飛び立つ。　③：地面から飛び出しても、空中で水を吹き出し（作用し）ながら、その反作用で加速し続けるロケットを観察する。

⚠注意　破裂、失明の危険性

- 亀裂が入った古いペットボトルは加圧中に破裂し、破片が飛ぶ。
- 空き地で遊んでいる人や、通行人にも十分注意する。

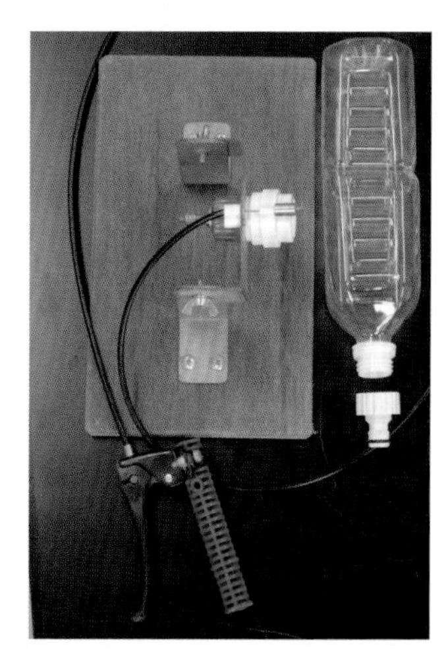

ペットボトルロケット装置

発射装置は、手作りの板の上に固定してある。青色のレバーを握ると、自転車のブレーキのようにワイヤーが動き、ボトルの口が開くしくみ。

生徒の感想

- またやりたいです。
- 先生、もう一度やってください。

14 力学的エネルギー

コースター
初めに位置エネルギーをため、それを運動エネルギーに変換して楽しむ。

エネルギー（第８章）にはいろいろな種類がありますが、ここでは比較的わかりやすい力学的エネルギーを調べましょう。

力学的エネルギー（位置エネルギーと運動エネルギーの和）

運動している物体は「運動エネルギー」、高いところにある物体は「位置エネルギー」をもっています。これら２つの和を力学的エネルギーといいます。重要なのは、エネルギーを決める基準です。

遊園地の遊具のほとんどは、力学的エネルギーを利用している。

ラオスの少年
手づくりの車で斜面を滑り降りて遊ぶ。

振り子で調べる「力学的エネルギー保存の法則」

振り子の高さに着目して、位置エネルギーを数値化しましょう。基準は、１番低い位置にします。基準の位置エネルギーを０、１番高いところを10とし、10段階に分けます。

教室の天井からぶら下げたボール
長い振り子でイメージをつかむ。

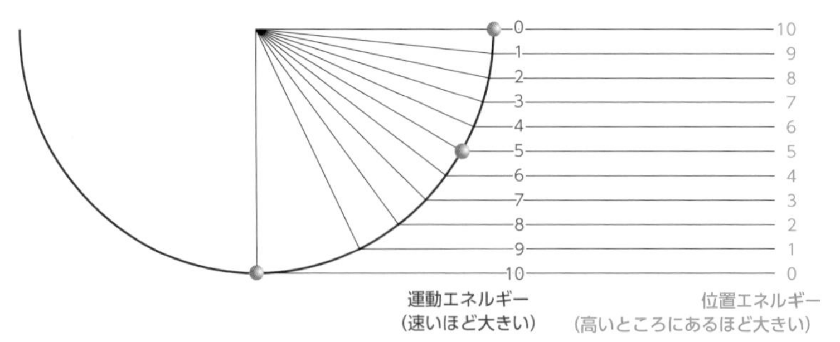

運動エネルギーは、位置エネルギーが最大のとき０、逆に、位置エネルギーが最小のとき10になります。その中間は、運動エネルギーと位置エネルギーを足したものが10になるので、**２つのエネルギーの合計は変わりません。これを、力学的エネルギー保存の法則**といいます。２つのエネルギーは互いに移り変わります。

生徒の感想

・小学校で、振り子の一往復の時間は、重さや振れ幅とは関係なく、振り子の長さだけで決まることを学びました。

15 けん玉でエネルギーを学ぶ

中学３年生の授業でけん玉を紹介すると、大変上手な生徒がいました。けん玉遊びは、楽しみながら、物体の運動やエネルギーについて考え、しかも自分で試すことができる楽しい学習です。

力学的エネルギーを考えながら遊ぶけん玉

①、②：みんなで一斉に行うと、１人でやるよりも集中力が高まり、玉の動きがよく見える。また、経験がある生徒は、玉の運動を安定させたり、玉の力学的エネルギーを小さくするいろいろな方法を行っている。

けん先に玉を入れる方法

③～⑧：糸をねじり、玉を回転させ、玉がいったん静止して逆回転を始めたら玉を持ち上げ、膝を使ってけん先に入れる（⑥～⑧は膝で運動エネルギーを吸収している）。

けん玉

大皿、中皿、小皿、玉、糸からできており、100種類以上の技がある。その技を成功させる基本の１つは、玉の力学的エネルギー（特に運動エネルギー）をいかに小さくするか。

玉がもつ2つのエネルギー

(1) 位置エネルギー
(2) 運動エネルギー

運動エネルギー「0」の位置

玉が１番高く上がったところでは、玉が一瞬静止する。

生徒の感想

- けん玉をやるときは、膝を曲げるようにするといい。
- 玉に集中することが大切。
- 連続技をやるときは、玉を少しだけ持ち上げるようにする。
- 初めは、そうっと持ち上げて、一瞬静止するところで、そうっと皿に載せる。

16 力学的エネルギーと仕事

専用の実験装置で、質量が違う球を転がします。高さも変えます。球を木片(もくへん)に衝突(しょうとつ)させたときの移動距離は、摩擦力に対する仕事量です。

準　備

- 専用の衝突実験装置
  （高さを5cm単位で変えられる）
- 記録用紙

この実験で使う単位

- cm　（距離、高さ）
- km/h(時)　（速さ）
- J　（エネルギー、仕事）

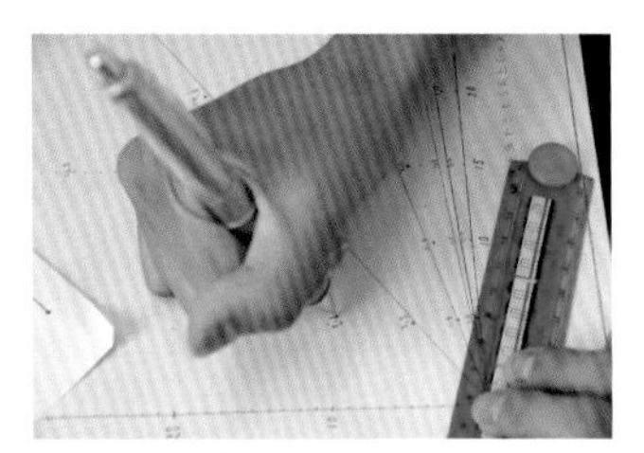

データが良くないとき

ある1つのデータが良くないときは、もう1度やり直す。また、何度か同じ実験を繰り返して平均値を使うのもよい。

生徒の感想

- 高いところから落とすと、とても速かった。
- 高さが変わると、速さも変わる。それに移動距離も変わる。
- きれいなグラフができた！
- 球の重さ（質量）も測ったけれど、誤差が大きくて先生が教えてくれた理想の結果にならなかった。

球を転がし、物体を動かす仕事をさせる実験

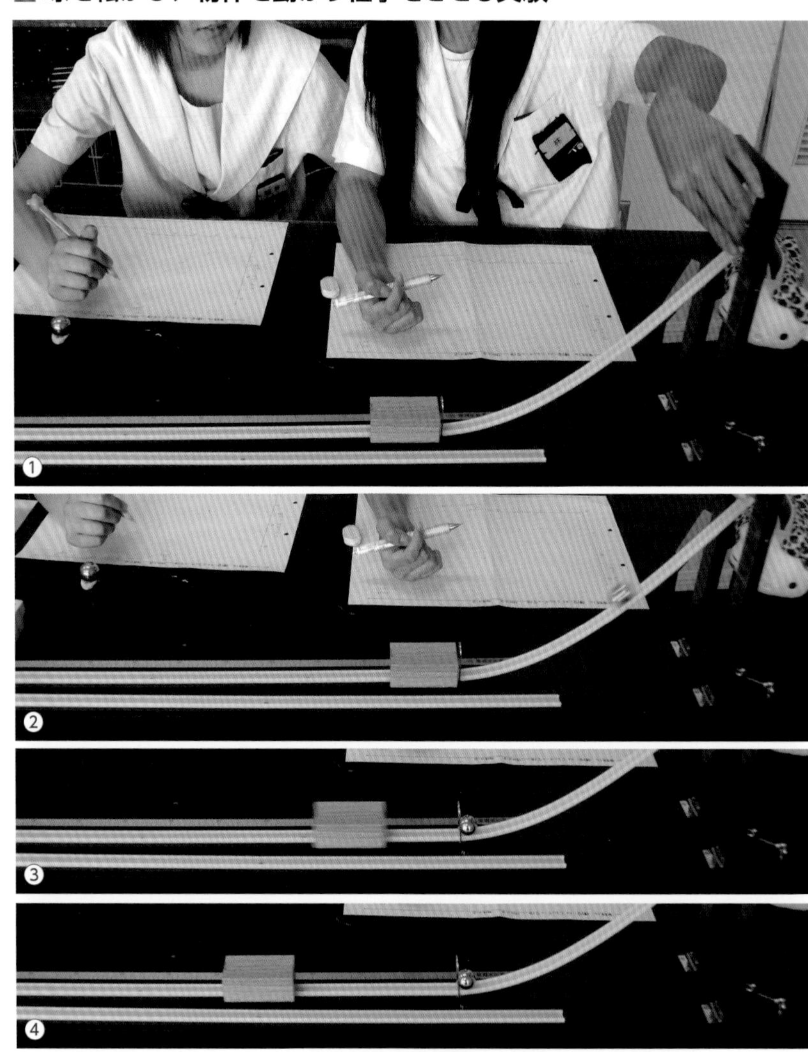

①～④：ステンレス球（大）を高さ25cmから転がし、衝突した木片が移動した距離（cm）を測る。高さを5cmずつ下げ、木片の移動距離の変化をグラフにする。

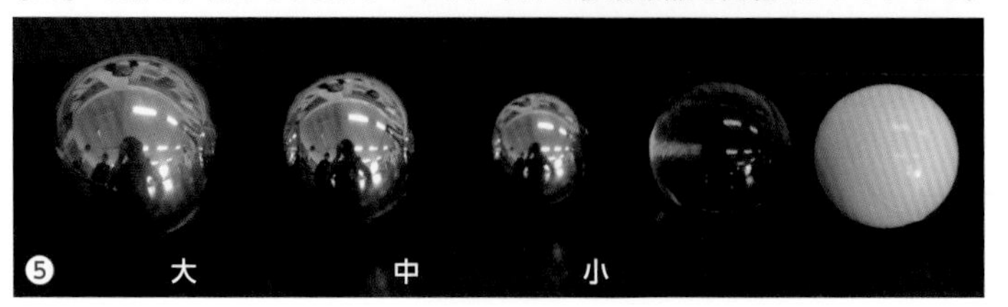

⑤：ステンレス球（中）、ステンレス球（小）、ガラス球、プラスチック球を使い、同様の操作で「落下させる高さ」と「木片の移動距離」を測定し、グラフにする。

実験結果と考察「位置エネルギーと仕事の関係」

p.64の実験結果をグラフにします。横軸「高さ(cm)」は位置エネルギー（J）、縦軸「木片の移動距離（cm)」は摩擦力に対する仕事（J）を表します。グラフからわかることは、次の2点です。

(1) 高さ（位置エネルギー）と移動距離（仕事の大きさ）は比例する。

(2) 質量が大きいほど、木片をたくさん動かすことができる。

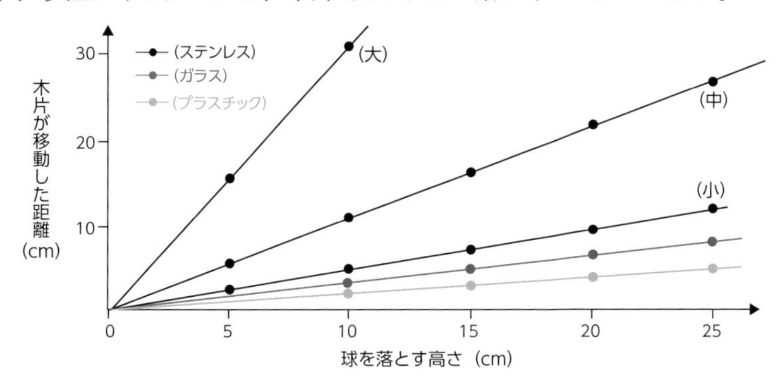

スピード計測器を使う実験「エネルギーと速さの関係」

次に、木片の位置にスピード計を置き、球の速さを測ります。その実験結果は下のグラフのようになり、球を高いところから落としてもなかなか速くならないことがわかります。欄外の実験結果は、速さを大きくすると加速度的に仕事量が大きくなることを示しています。

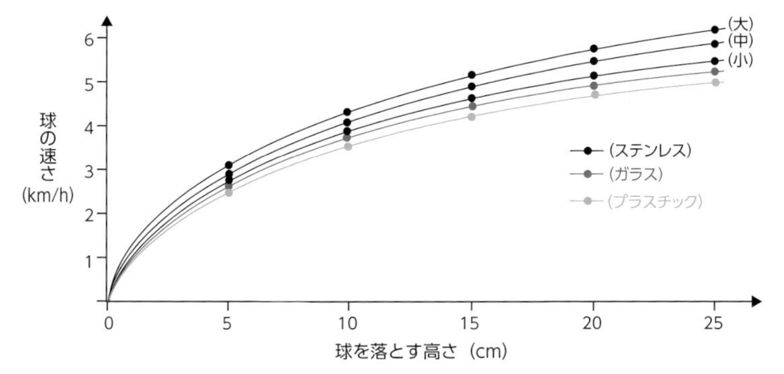

高校レベルですが、これを数学的に変形すると、自然がもつ美しい関係性がみえます。その鍵は、エネルギーの単位「J」です。欄外は仕事の公式(J＝N×m)を変形したものです。参考にしてください。

位置エネルギー　＝　質量×　高さ
- 位置エネルギーは、質量と高さに比例する

※月面での位置エネルギーは地球の1/6（p.16）
※位置エネルギー＝質量 × 重力加速度（9.8m/s²）× 高さ

運動エネルギー　＝　質量×（速さ）² × 1/2
- 運動エネルギーは、質量に比例、速さの2乗に比例する

※速さが2倍、3倍になると、運動エネルギーは4倍、9倍になる
※月面でも無重力空間でも、運動エネルギーは不変
※1/2は一定なので、無視してもよい

力学的エネルギーの復習

位置エネルギーと運動エネルギーの和は保存される（p.62）。

実験：速さと木片の移動距離（仕事の大きさ）の関係

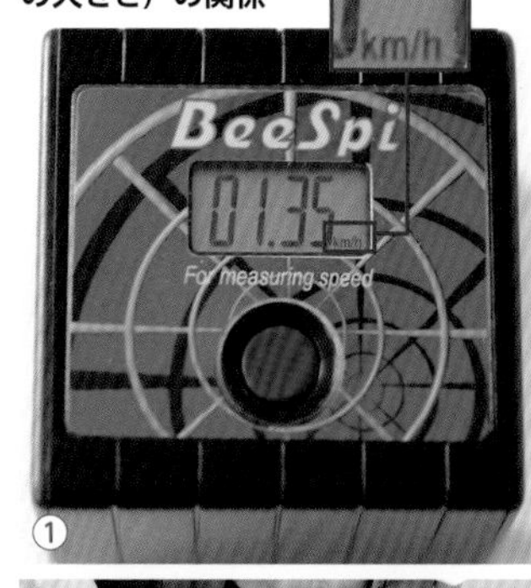

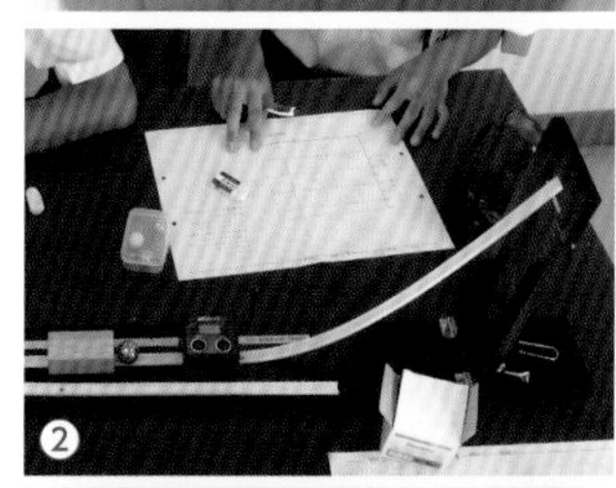

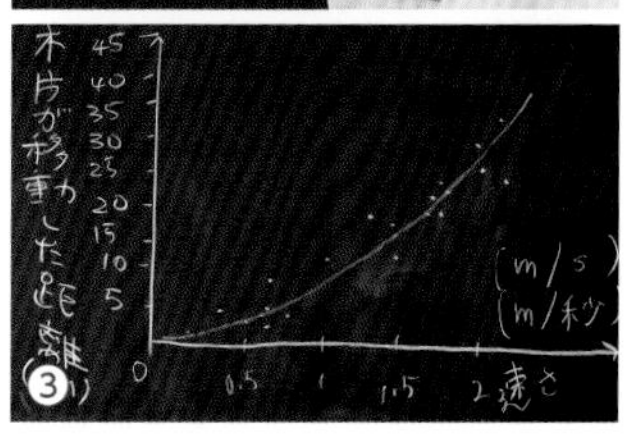

①：簡易スピード計測器（単位はkm/h。小数点第2位まで）を準備する。
②：計測器をレール上に置き、球を通過させて測る。　③：授業の板書（横軸は速さ、縦軸「木片が移動した距離」は仕事を表す。仕事＝エネルギーは、速さの2乗に比例する）。

仕事の距離的効果

仕事
＝力×距離　(p.25)
＝質量×加速度×距離
＝質量×速さ÷時間×距離
＝質量×速さ×距離÷時間
＝質量×速さ×速さ
＝運動エネルギー　(左記)

第4章　耳で聴く　音

ここで調べる音は、楽しい実験がたくさんあります。オシロスコープという装置で音を見たり、ビーカーや試験管に水を入れ、ドレミファを作って演奏会をしたりします。ストローの笛も作ります。実験を通して、音は空気や物質の振動であることが実感できるでしょう。誰かのコンサートに行ったことはあるでしょうか。巨大スピーカーが激しく前後に振動し､空気を動かし､あなたの鼓膜が揺れたと思います。これらの振動(音)は全て同じ種類で、縦波といいます。縦波（音）は、波が進む方向と波が振動する方向が同じ波で、本質的に光と違います。章末では音と光を対比させ、第５章「光」へ進む準備をします。

耳小骨　あぶみ骨　きぬた骨　つち骨

鼓膜

鼓膜と耳小骨

鼓膜は空気の振動を耳の内部に伝え、耳小骨は、筋肉でその組み合わせの強度を変えることで音量を調節する。

波の音

この写真から波の音が聴こえるだろうか。聴こえるとすれば、私の写真とあなたのイマジネーションが一致して、あなたの大脳が刺激されたのだろう。一般に、音は空気中を伝わる縦波であり、空気の振動である。

1　音の3要素

素晴らしい音楽は私たちの心を揺さぶりますが、すべての音は空気や水や鉄などの物質を揺らす点で同じです。物理学者は、音を次のような３つの要素をもつ振動、力学的エネルギーとしてとらえます。

音の3要素

高　さ (音階、音程)	•高い音と低い音（高低)。ドレミファ… •波としての高さは、振動数として表される •単位は、Hz（ヘルツ）と回 / 秒
強　さ (大きさ)	•大きな音と小さな音（音の大きさ) •日常生活の単位は、dB（デシベル）や phon（フォン) •国際単位系は、音の圧力（音圧）を示す Pa（パスカル)
音　色	•純粋な音と濁った音などの音質（音源や楽器による違い) •単位はない

３要素のうち、高さ（高低）と強さ（大きさ）は単位があり、数値で比較することができます。しかし、音色は客観的な基準がなく、聴く人によって良い悪い、美しい汚いなど評価が変わります。

音源と共鳴体

振動の発生源を音源（発音体)、振動を増幅させるものを共鳴体といいます。声楽家の多くは、自分の体全体を振動（共鳴）させることで、艶やかで張りのある声を出しています。

2 どこまで聴こえるか

私たち人間は、20 Hz～20 000 Hzの空気の振動を音として聴き取ることができます。聴力検査では、250 Hz～8 000 Hzで調べますが、今回は限界に挑戦しましょう。

周波数を変えて可聴域を調べる実験

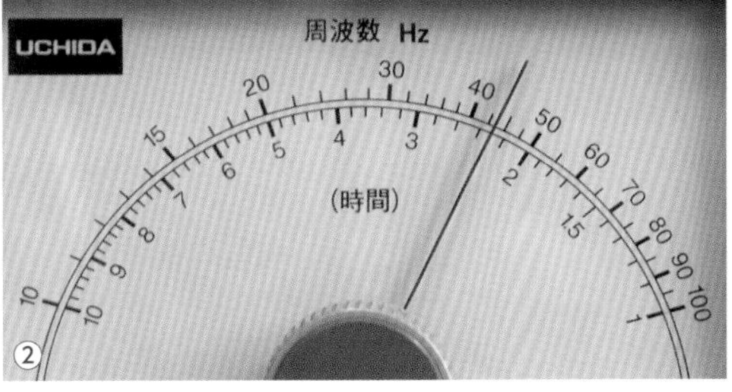

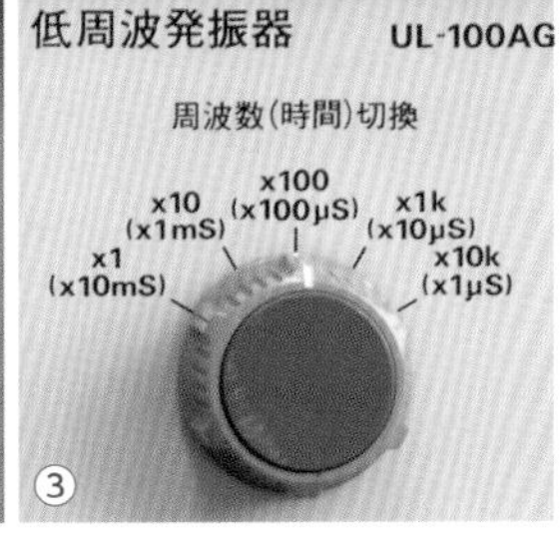

①：低周波発振器をスピーカーにつなぎ、周波数を変えてどこまで聴こえるか調べる。
②、③：4 300 Hzの音を出している。

振動数：いろいろな動物の可聴域

自然界の動物はその生活に適した範囲を感じることができます。

動　物	振動数（周波数）	備　　考
ヒ　ト	20～20 000 Hz （波長：17 m～1.7 cm）	20 Hz以下：超低周波 20 000 Hz以上：超音波 ※これらの区分は、ヒトを基準にしている。
イ　ヌ	15～50 000 Hz	
カエル	50～10 000 Hz	
ネ　コ	60～65 000 Hz	
イルカ	150～150 000 Hz	
コウモリ	1 000～120 000 Hz	

※振動数（Hz、回 / 秒）は、小さいほど低音、大きいほど高音になる。
※波長（m、cm）は、小さいほど高音、大きいほど低音になる（p.68）。

準　備

- 低周波発振器
- スピーカー

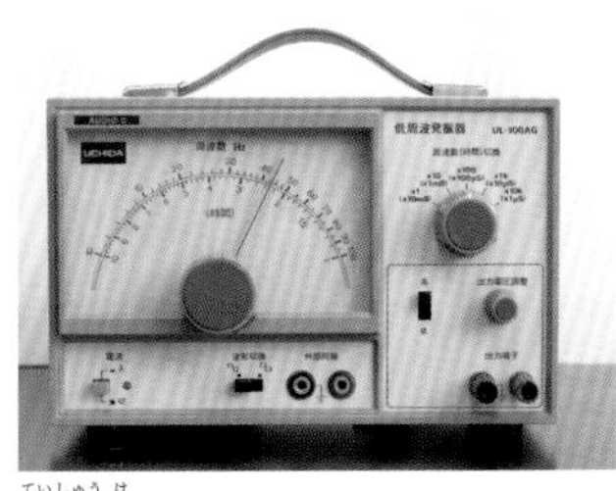

低周波発振器
10 Hzから1 000 000 Hzの振動を出すことができる装置。

音の振動数（音の高低）
1秒間に振動する数を、振動数という。単位はHz（回 / 秒）。

振動数	
1回 / 秒	1 Hz
2回 / 秒	2 Hz
20回 / 秒	20 Hz （ヒトの下限）
1 000回 / 秒	1 000 Hz （1 kHz）
10 000回 / 秒	10 kHz
20 000回 / 秒	20 kHz （ヒトの上限）
100 000回 / 秒	100 kHz

野生のインパラ
筆者がアフリカで出会った動物達の耳は、いつも私の方を向いていた。私の目と意識も彼らの方を向いている。

生徒の感想

- 20 Hzはスピーカーが「ボツボツ」といっていた。
- 私は17 000 Hzまで聴こえたけれど、耳がキンキンした。

3 オシロスコープで音を見る

音は縦波なので、簡単には見られませんが、それを見やすい横波にするオシロスコープという装置があります。これを使って、音の3要素「高さ」「音色（ねいろ）」「大きさ」を調べましょう。

準　備

- オシロスコープ
- マイク
- いろいろな音源

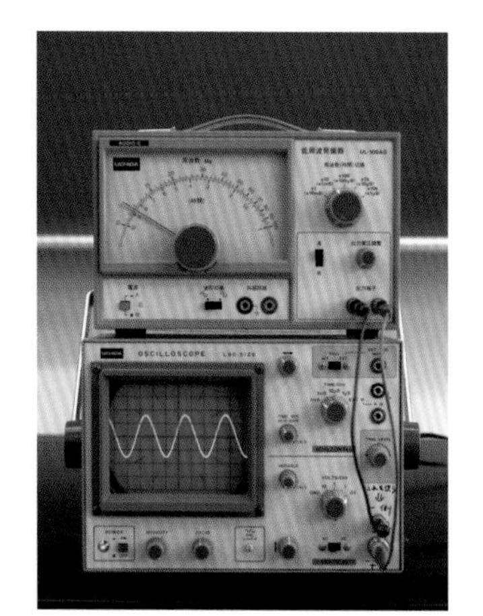

オシロスコープ
電気信号（電圧の変化）を波形として観察できるようにする装置。横は時間軸、縦は電圧軸。なお、オシロスコープの上は低周波発振器（p.67）。

超音波
ヒトには聴こえない波長を超音波という。警察犬は人間に聴こえない犬笛によって行動し、イルカは超音波で会話し、コウモリは超音波の声で鳴きながら飛び回る。

波長（m）の計算方法
音の速さを340m/秒とすると、1回/秒（Hz）は波長340m、2Hzは170m、20Hzは17m（p.67）になる。

音の高さ：振動数を増やす実験

1秒間あたり振動数を増やしていくと、高い音になります。このとき、波の1回の長さ「波長」は短くなります。

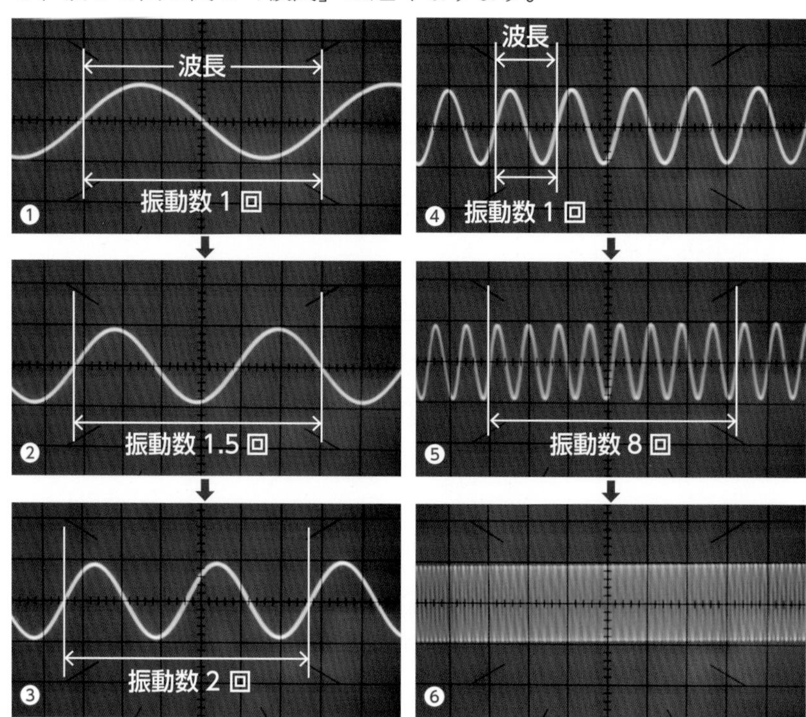

①〜⑥：写真の番号の順に、だんだん高い音になる。「ごぉー」という音から、「きーん」という音になる。振動数は大きくなる（増える）。波長は逆に小さく（短く）なる。

音の音色：波のギザギザを調べる実験

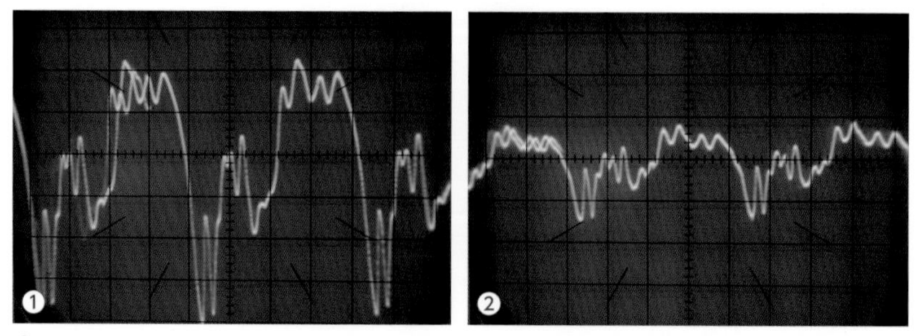

①：波の中に大小さまざまなギザギザが見られる。この形で音の質（音色）が決まる。
②：①の音の大きさを小さくしたもの。振動数と音色は変化なし。つまり、同じ音源。

音の大きさ：振幅を変える実験

下図を見て、振幅の測り方を間違えないようにしましょう。

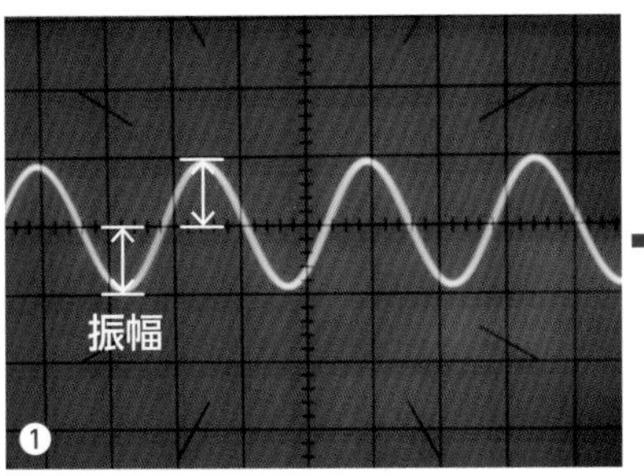

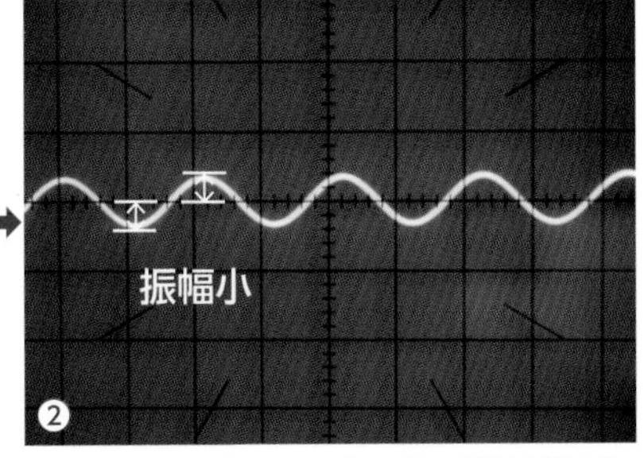

①、②：音を小さくすると、①から②へ変わる。振幅は小さくなるが、山や谷の間隔（振動数）は同じ、音の高低は変わらない。

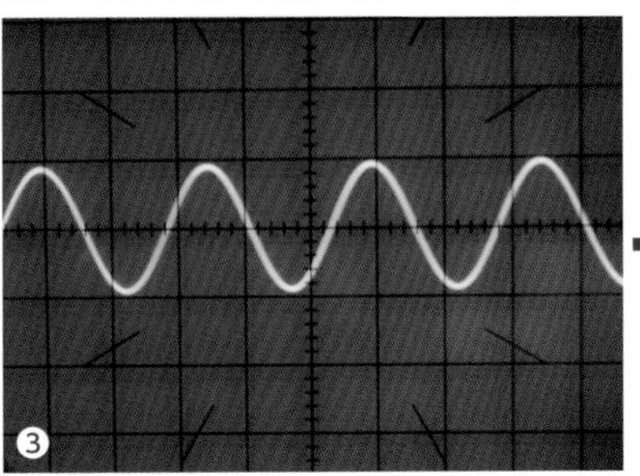

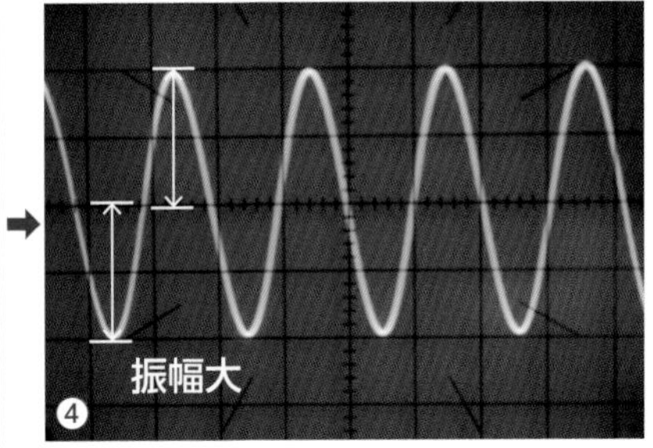

③、④：音を大きくすると、③から④へ変わる。振幅だけが大きくなる。

心電図の記録
心臓の拍動も、波として表し、分析することができる。

生徒の感想

- テレビで見たことがあるけれど、病室で寝ている人の心臓につけてピコーン、ピコーンとなっているのと似ていた。
- マイクで自分の声を調べたら、「う」の音が奇麗な波（正弦波）だった。

オシロスコープで見た音の３要素

音の高さは「波の横幅」、音の大きさは「波の縦幅」、音色は「波の形やギザギザ」によって示されることを確認しましょう。

	音の高さ （音階、音程） （ドレミファ…）	音の大きさ （音圧：音による圧力）	音　色 （音源や楽器による違い）
実際の音	•高くなる → 振動数が増える → 波長が短くなる •物体は、固有振動数をもつ ※振動数と波長は、逆の関係	•大きくなる → 振幅が大きくなる •大きな音＝大きなエネルギー •大きな喧しい音＝騒音	•音叉には音色がない •正弦波（倍音がない音） •いわゆる波形 •音源は、固有の音色をもつ
オシロスコープ	幅 （振動数、波長）	高　さ （振幅）	ギザギザ （倍音によって生じる）
単　位	•周波数：Hz（回／秒） •波　長：m（p.68 欄外）	•圧力：Pa •実用：dB、フォン	な　し

音の３要素の変え方

音の高さの変え方はいろいろで、物体全体の固有振動数（p.71）、弦（p.73）、閉管（p.75）、開管（p.77）で違います。音の大きさは振動させるエネルギー量で決まります。音色は物体によって決まっているので、基本的に変えることができません。

4 ビーカーで音楽会

ビーカーに水を入れて、音階を作りましょう。音階（高い音、低い音）ができるのは、ビーカーの固有振動数の違いによります。水を入れるほど振動数が減り、低音になります。家庭のコップや器でもできるので、楽しく実験・演奏してください！

準　備

- ビーカー（コップでもよい）
- 水
- スポイト
- ガラス棒

音程の微調整

微妙な音程は、スポイトを使うと簡単に調整できる。水を加えれば低音に、吸い取ると高音になる。また、水を入れるときは、実際に「レレレ」、「ミミミ」と声に出しながら叩くとよい。

相対的な「ド」

今回の実験では、1番低い音を「ド」として音階を作った。これは、**絶対音階**の「ド」の周波数とは違う相対的な音階。

演奏会を楽しむ技

(1) 水を加えている途中は、振動が安定しないので音は小さいが、安定すると大きく奇麗な音になる。

(2) ビーカーそのものの大きさも変えると幅広い音階ができる。

(3) 友達と協力して演奏する。

音階の作り方と演奏方法

同じ規格のビーカーでも、実際に叩くと音色や音の高さが違います。水を入れる前に軽く叩き、低い順に並べてください。

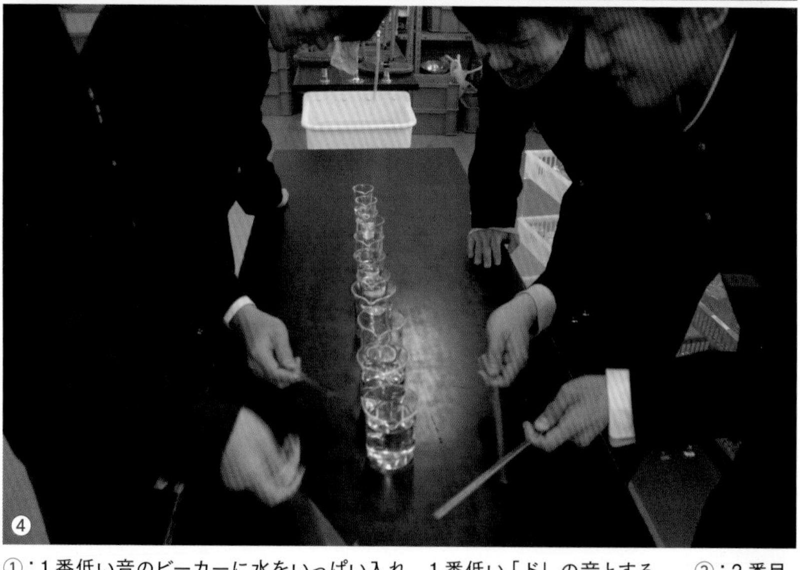

①：1番低い音のビーカーに水をいっぱい入れ、1番低い「ド」の音とする。　②：2番目のビーカーを叩きながら水を入れ、「レ」の音にする。　③：完成したビーカーの楽器。左から順に、ドレミファソラシドレミファ、になっている。これだけ音階があれば、演奏曲目が増える。　④：カエルの歌（カエルの歌がきこえてくるよ。グワッ…）を輪奏する生徒たち。

ビーカーで音階ができる原理

大きな物体はゆったりと、小さな物体は速く振動します。水を入れることでビーカーの大きさを変えた、と考えることができます。

※左から、ドレミファソ。このビーカーの場合、ほとんど水を入れない状態でファの音が出た。

固有振動数で音階を作るいろいろな楽器

同じ素材のもので作ると、音色がそろった楽器になります。

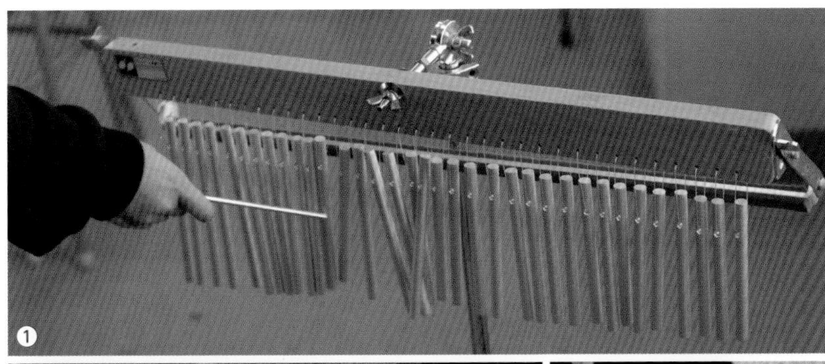

①：ウインドチャイム（左の棒が長い方が低音。つまり、振動数が小さい）。　②：木琴（もっきん）。
③：ウッドブロック（筒の長い、太い、分厚い方が低音）。

アフリカの楽器・カリンバ

ブリキを棒状にしたものを木の板に取りつけて作った単純な楽器。金属の長さによって音の高さ（固有振動数）が変わる。シンプルな構造にこそ、遊び心がある。

主な演奏曲目

A　カエルの歌
B　カエルの歌（輪奏）
C　チューリップ
D　さくらさくら
E　キラキラ星
F　エーデルワイス
G　ミッキーマウスのテーマ曲
H　ちょうちょ

ちょうちょ、ちょうちょ（ソミミ　ファレレ）
菜の葉にとまれ（ドレミファソソソ）
菜の葉に飽いたら（ソミミミファレレレ）
桜にとまれ（ドミソソミミミ）

生徒の感想

- 水を入れると音の高さが変わるのでビックリした。
- ビーカーと同じように、太って重い人は動きにくいから、低い音声になるんだと思う。

5 モノコードと弦楽器

準　備

- モノコード
- いろいろな弦楽器

ビーカーや木琴の音板の振動数は一定ですが、モノコードや弦楽器は弦の長さを変えることで振動数（音程）を変えられます。また、その弦の動きは、オシロスコープで見たような形なので、音が振動であることをイメージとしてつかめます。

弦楽器

弦（音源）の振動は、他の楽器に比べて非常に小さいので、箱（共鳴体）で大きくする。ポイントは、弦は「横方向」に弾く（振動する）が、胴はそれを「縦方向」の振動に変えること。

モノコードで振動数を変える実験

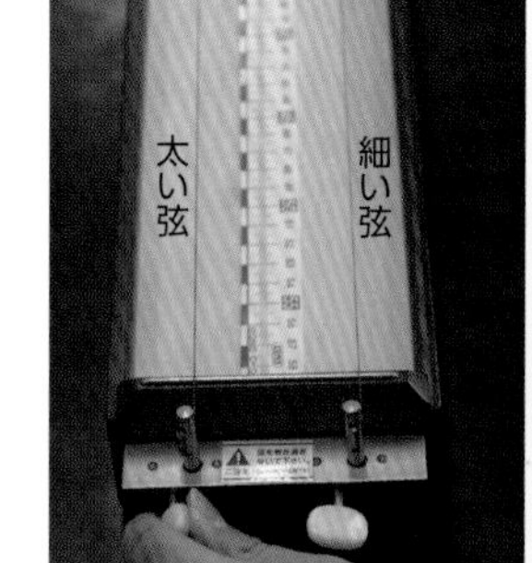

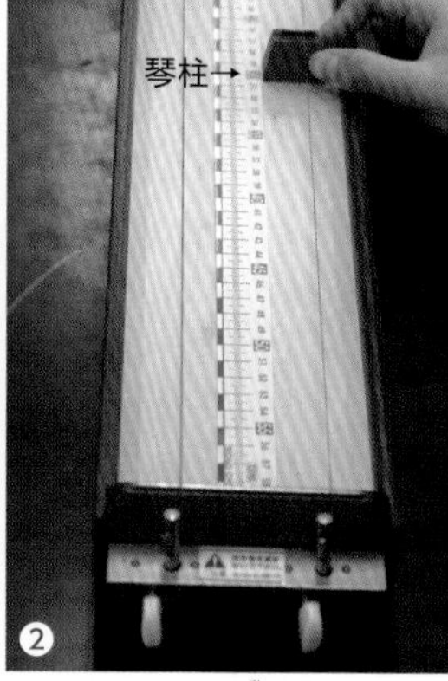

①：モノコードの弦を適当な強さに張り、指で弾く。　②、③：弦の中央に琴柱を置き、同じように弾き、音がどのように変化したか確かめる。

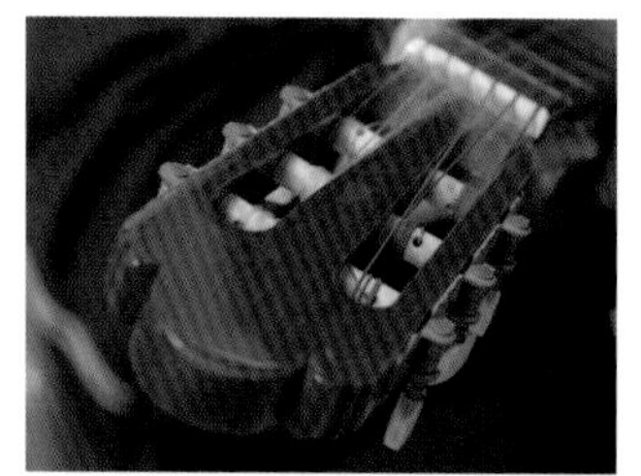

ギターの弦と糸巻き

ギターの種類によって弦の本数や太さが異なる。

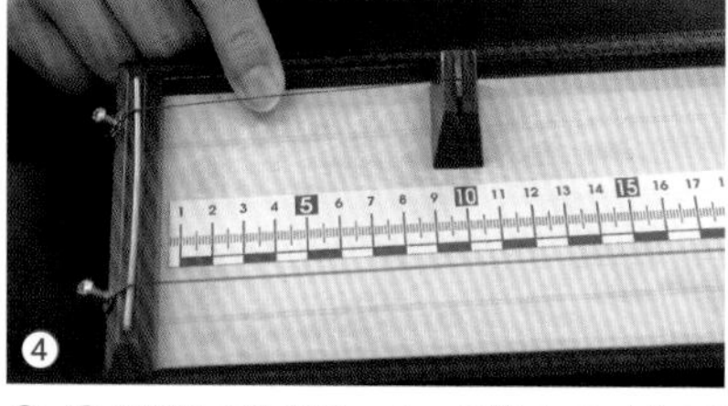

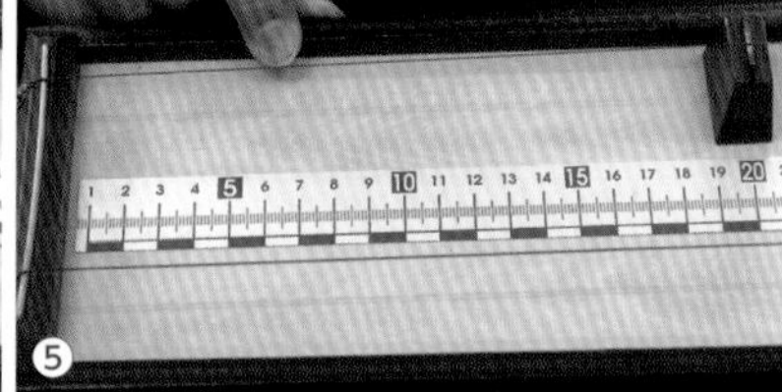

④、⑤：琴柱の位置をいろいろ変えて、音の変化を確かめる。⑤は低音になる。

ギターのネックとフレット

ギターの棹の部分をネック（首）といい、ネックには音程を決めるフレット（金属の突起）がある。フレットは、正確な音程を出すだけでなく、指で押さえるより弦の振動を安定させるはたらきがある。

クラシックギターの弦を振動させる実験

弦と振動数（音の高さ）の関係（p.73）を確かめましょう！

①、②：弦を弾くと、弦が振動していることがよくわかる。振動している範囲は、サドル（自転車の椅子もサドルという）から、フレット（指で押さえる方）まで。太い弦は低音になるが、太い弦でも強く張ったり短くしたりすると高音になる。

バイオリンの構造と音色

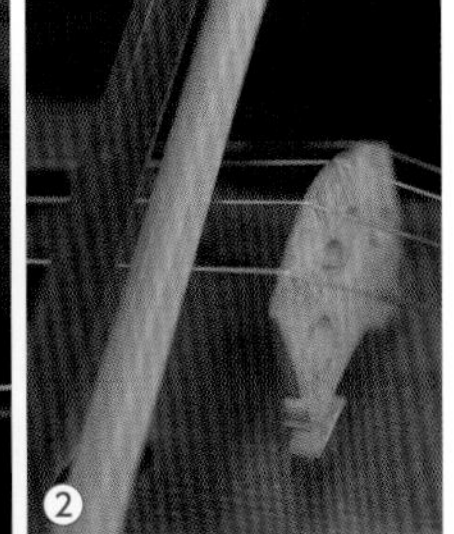
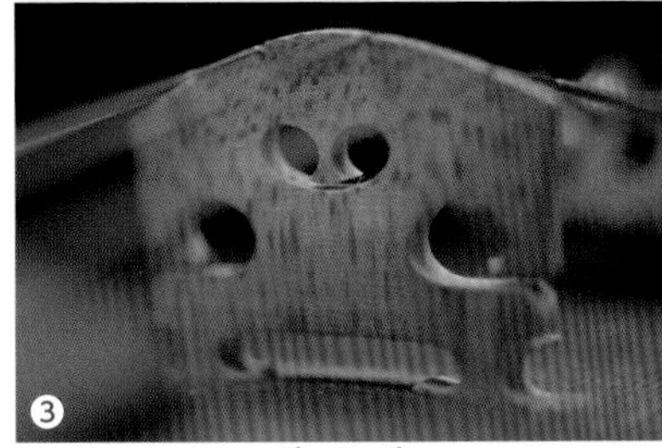
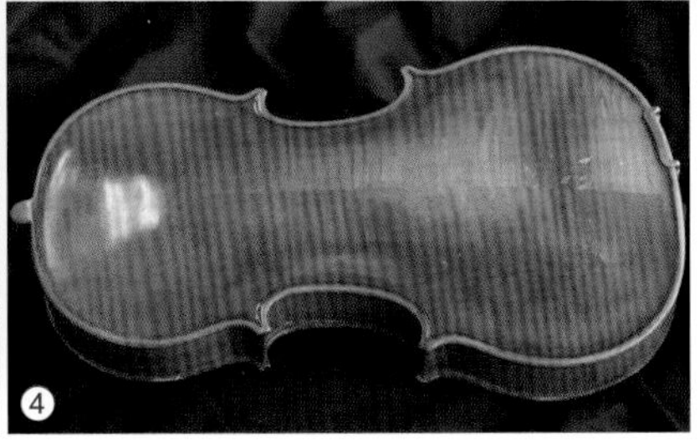

①：E線、A線、D線、G線の４本がある。A線を「ラの音（442Hz）」にしてから、他を完全５度の和音で調弦する（振動数２：３）。　②：ウマの毛を張った弓で擦り、振動させる。　③：駒によって弦の振動を表板に伝える。　④：楽器全体（共鳴箱）が曲面からできており、繊細な音が出るように工夫されている。

音源
音を発生させるもの。

共鳴体
楽器によってさまざまな形をしている。音色を決定する大切な部分。

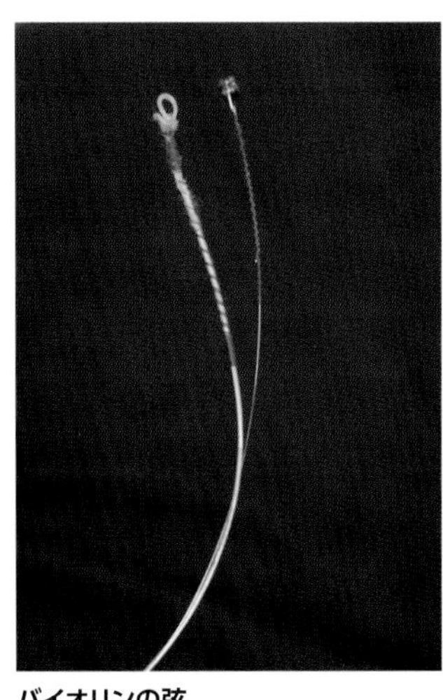

バイオリンの弦
もともとはヒツジの腸からできていたが、最近は音楽のピッチ（音程）が高くなり、金属やナイロンの弦が使われるようになってきた。

弦と振動数（音の高さ）の関係

弦楽器の音の大きさは、弦の弾き方の強さで決まります。音程（振動数）を変える方法は、次の３つです。

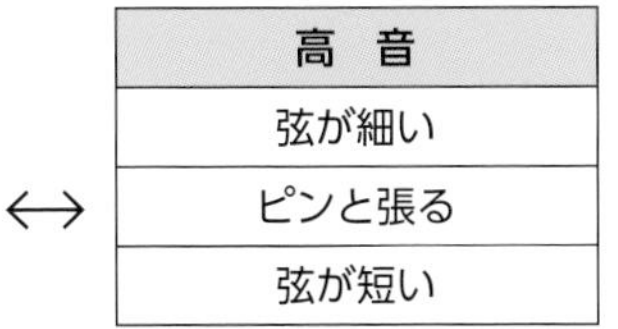

	低　音		高　音
弦の質量	弦が太い		弦が細い
弦の張力	たるませて張る	⟷	ピンと張る
弦を押さえる位置	弦が長い		弦が短い

フラジオレット奏法をする筆者
弦の中央を軽く押さえると、基本振動の２倍の振動音が出る。これをフラジオレット奏法という。基本振動の腹の中央を押さえて節をつくり、波長が1/2の基本振動を２つ作る。

弦の基本振動

波長は揺れている弦の長さの２倍、振幅は揺れ幅の半分なので注意してください。波長（振動数）は行って戻って（１回）、と考えます。

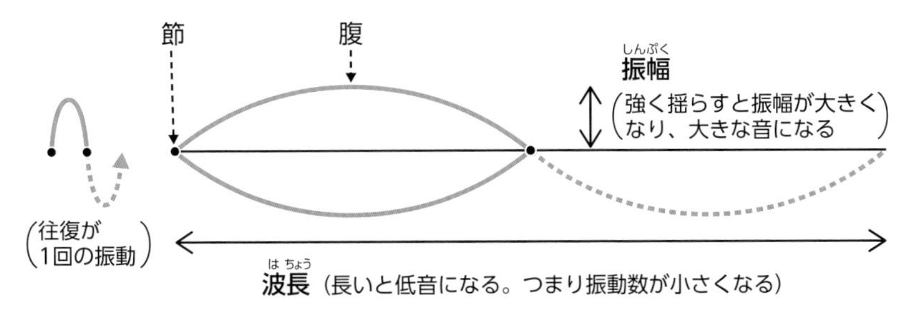

※弦は横揺れだが、空気中を伝わる音（振動）には横揺れの成分はない。つまり、弦の揺れは、共鳴体によって縦揺れに変換され、私たちの耳に届く。また、エレキギターは、弦の横揺れを電磁気の信号として直接ひろう。

生徒の感想

- ギターを弾けるようになりたい。
- モノコードより、いろいろな楽器を触った方が面白いし勉強になる。

6 試験管の笛（閉管）

準　備

- 試験管
  （鉛筆のキャップなど先が閉じている筒でも可）
- 水
- スポイト

音を鳴らすための技

(1) 息を吹き込む角度を変える
(2) 軽く吹き込む
(3) 本文の写真をよく見る

試験管の笛

音　源	試験管の中の空気柱
共鳴体	試験管全体

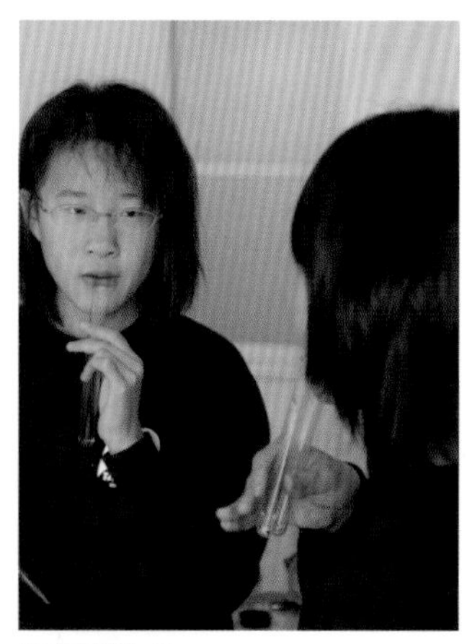

和音を楽しむ
友達と一緒に吹けば、ドミソなどの和音を作ることもできる。

片側が閉じた小さな筒状のもの（閉管）を吹くと良い音が出ます。試験管で音階を作り、曲を演奏してみましょう。自宅にある空き瓶や鉛筆のキャップでもできます。

笛（閉管）の作り方、鳴らし方

息の吹き込み方がよいと、管の中に定常波ができて大きな音が出ます（p.75）。

①：いろいろな長さや大きさの試験管を用意する（筒状の容器なら何でも可能）。　②：準備した筒に息を吹き込み、音を出す。フルートの経験者なら、吹き込む息の圧力を変えて2種類の音を出せる。

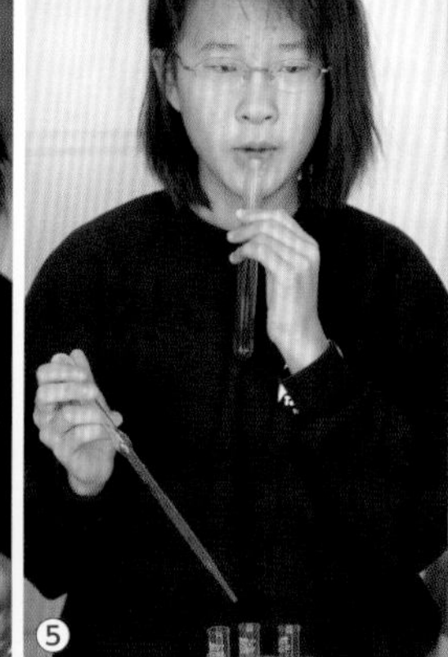

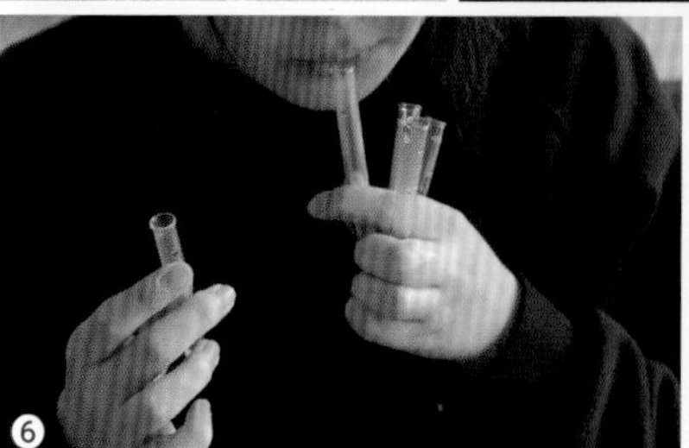

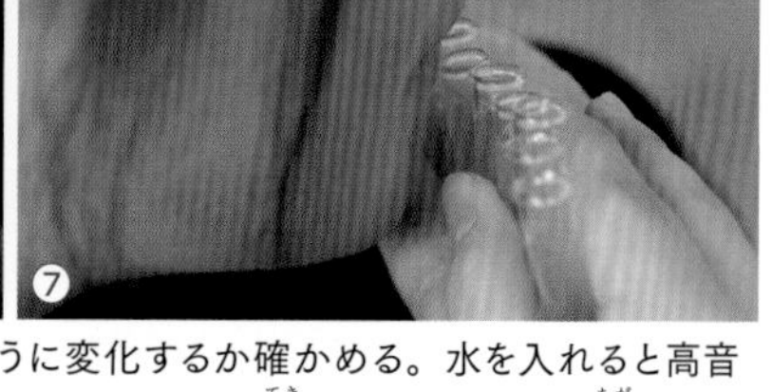

③〜⑤：音が鳴ったら水を入れ、音がどのように変化するか確かめる。水を入れると高音になることはすぐにわかるが、正確な音階を作るためには、1滴ではなく1/2滴の違いまで必要になる。　⑥、⑦：何度も確かめながら音階を作る。

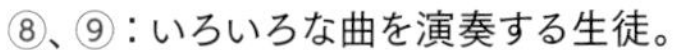
⑧、⑨：いろいろな曲を演奏する生徒。

チューニングメーターで調律

チューニングメーターがあるなら、絶対音階の楽器を作ることができる。

試験管の笛（空気柱：閉管）の原理

試験管に入っている水の量に着目してください。ミとファ、シとドの変化量がわずかなのは、半音だからです。

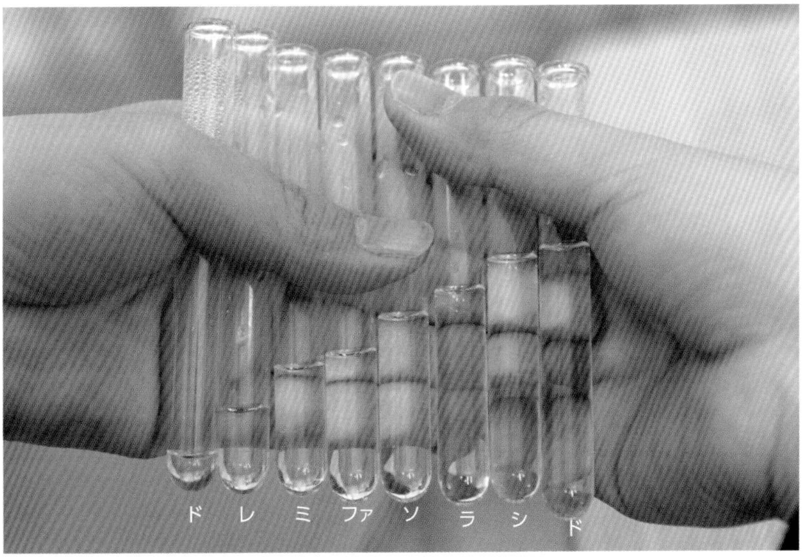

ド　レ　ミ　ファ　ソ　ラ　シ　ド

下は、写真上の模式図です。閉管内で振動しているのは、水面より上の空気柱です。ここに定常波ができると音が出ます。

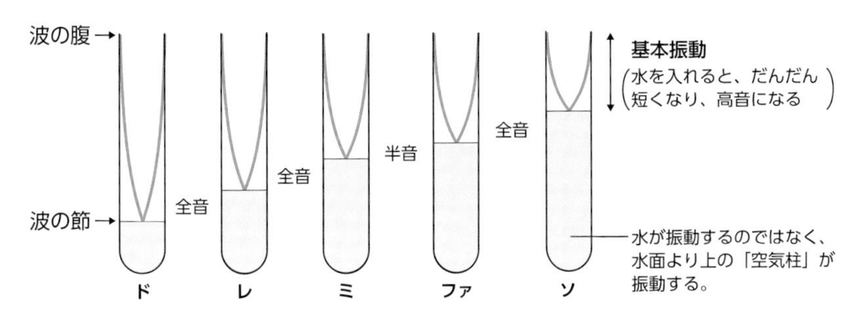

閉管と開管（p.76）の共通点

空気柱から出る音は、空気の縦波（疎密波）。横波ではない。

定常波（standing wave）

波が前へ進まず、その場で振動するようにみえる波。振幅0の点「節」と振幅最大の点「腹」ができる。

生徒の感想

- 時間を忘れてしまいました。
- フルートの先輩は、1本で2種類の音を出せるのでスゴいと思いました。
- ジュースびんでもできるよ！

※左図の節に当たる部分は、空気が疎（薄い）密（濃い）をくり返す。

※厳密には、腹に当たる部分は、開口部分よりも少し外側にある。

7 ストローの笛と管楽器（開管）

びりびりと唇が震えながらストローから激しい音が出るので、1時間は軽く遊べます。5秒連続して音が出るようになったら、音階づくりに挑戦しましょう。このストローの笛は、多くの管楽器と同じ原理です。

準　備

- ストロー（細いもの、柔らかいもの、途中で曲がるものなど）
- はさみ
- セロハンテープ

音を鳴らすための技

(1) 弱く、あるいは、強く吹く
(2) くわえる量を調節する
(3) ストロー全体の長さを変える
(4) つぶす量を変える
(5) 切る長さや幅を変える
(6) ストローの種類を変える

ストローの笛

音　源	切った部分（リード）
共鳴体	ストロー本体

笛（開管）の作り方、鳴らし方

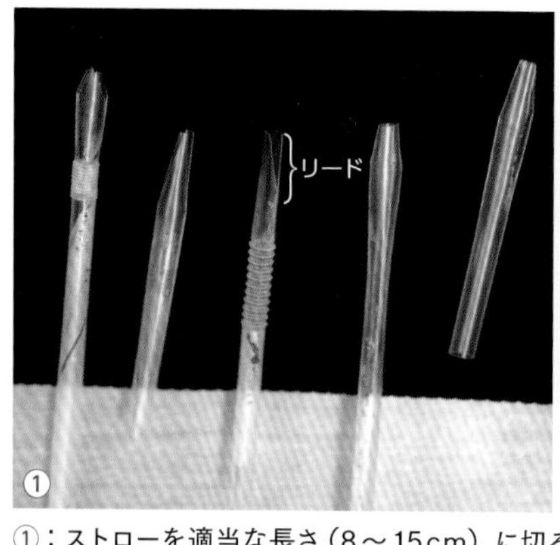

①：ストローを適当な長さ（8～15cm）に切る。そして、一方の先端を2～3cm つぶしてから、写真①のように切ってリードを作る。　②：切った方をくわえて、吹く。

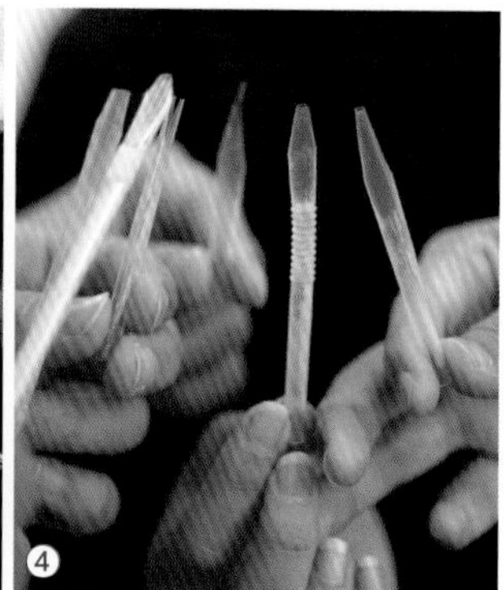

③：音が鳴ったら、鳴らしながらくわえていない方の先端を切る。短くすると高音になることを確かめる。　④：勢ぞろいしたリード。正確に切った方が、安定した振動が得られることは言うまでもない。リードの長さは、2～3cm が適当であるが、ストローの硬さや太さによって変わるので、各自で調節すること。

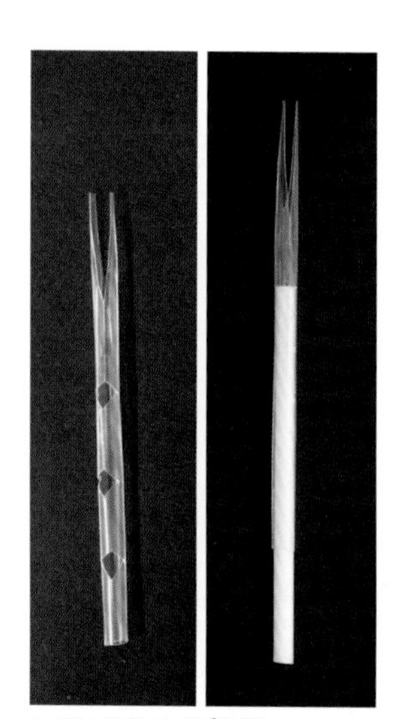

いろいろなタイプの笛

途中で穴をあけたり、太さが違うストローを組み合わせてみる。お勧めは、トロンボーンの構造と似ている右のタイプ。

生徒の感想ノートから

- 私は一発で音が出ました。
- かなり、はまった。
- トロンボーンタイプで「メリーさんの羊」を演奏しました。ゆっくり演奏すると音程が悪いのがばれてしまうから、アップテンポでのりのりで吹くのがポイントです!!　音階は、同じ長さのストローをはめると、5つぐらいできます！

いろいろな木管楽器

木管楽器は、先端にリードと呼ばれる振動する板がついている。この振動音を楽器全体に伝え、楽器にある穴を開閉することで音階を作る。

バリトンサックスの演奏
リードを振動させて演奏する。

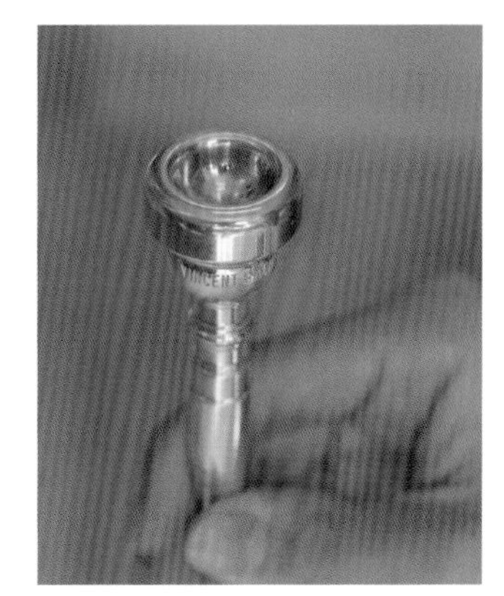

トランペットのマウスピース
リードではなく、自分の唇を振動させる。

長い管のホルン

トロンボーン（金管楽器）
楽器全体の長さを変えることで音程を変える。長いほど、低音になる。

ストローの笛（空気柱：閉管）の原理

空気柱が振動することは閉管と同じです（p.75）。違いは、空気が両端で振動できることです。その結果、空気柱の長さが同じでも波長が1/2、振動数が2倍になり、音が高くなります。

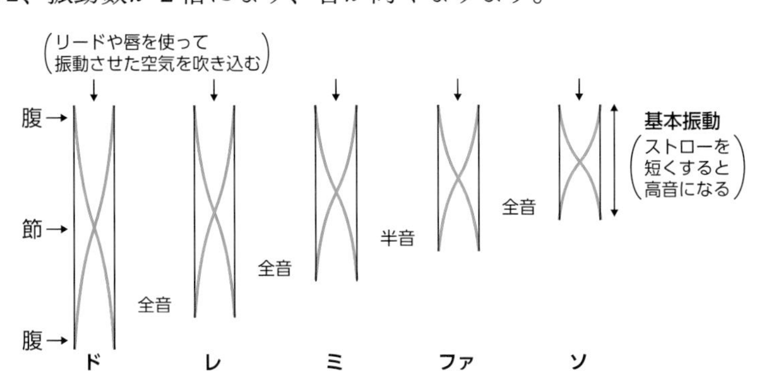

8 音叉の「共鳴」

これまでのまとめとして純粋な音を出す音叉を使って、音が空気中を伝わることを確かめてみましょう。音叉の下についている四角い箱は、共鳴箱といい、音叉の振動を効率よく増幅できるように設計されています。共鳴箱は、弦楽器の胴（p.72）と同じはたらきをします。

準　備

- 音叉（共鳴箱つき）

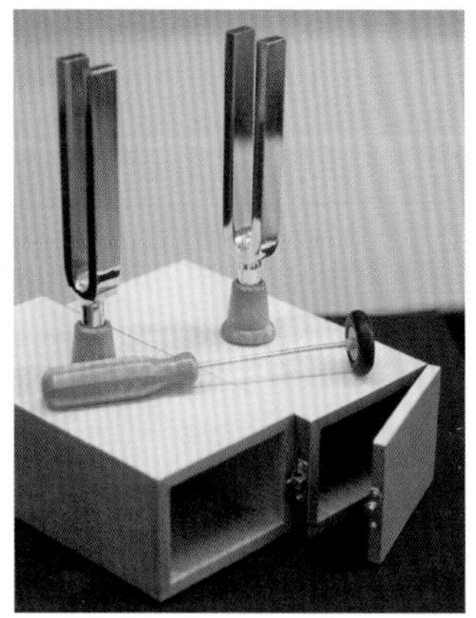

音叉と共鳴箱

この音叉の振動数は440Hz（ラの音）で、オーケストラのチューニングに使う。442Hz、445Hzなどもある。

共鳴

共鳴箱に向かって、ラー（440Hz）と叫ぶと、音叉が共鳴する。ただし、1Hzずれても共鳴しない。どんなに大声で叫んでも無駄。

音叉と共鳴箱の実験

音叉は5m以上離しても、十分に試すことができます。

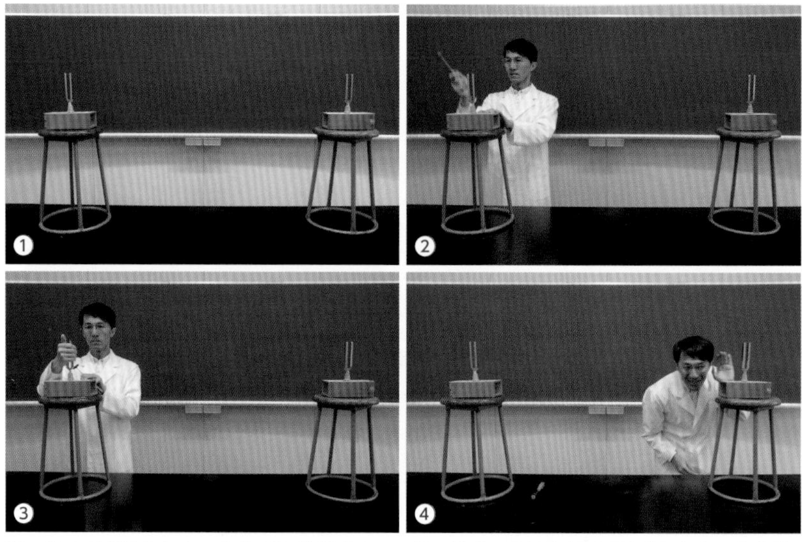

①：2つの音叉を向かい合わせに設置する。　②：片方の音叉を軽く叩く（本当は、共鳴箱を持ち上げて叩く方がよい）。　③：振動させた音叉を止める（本当は、素手で触らない方がよい）。　④：もう一方の音叉が共鳴し、鳴っているか確かめる。

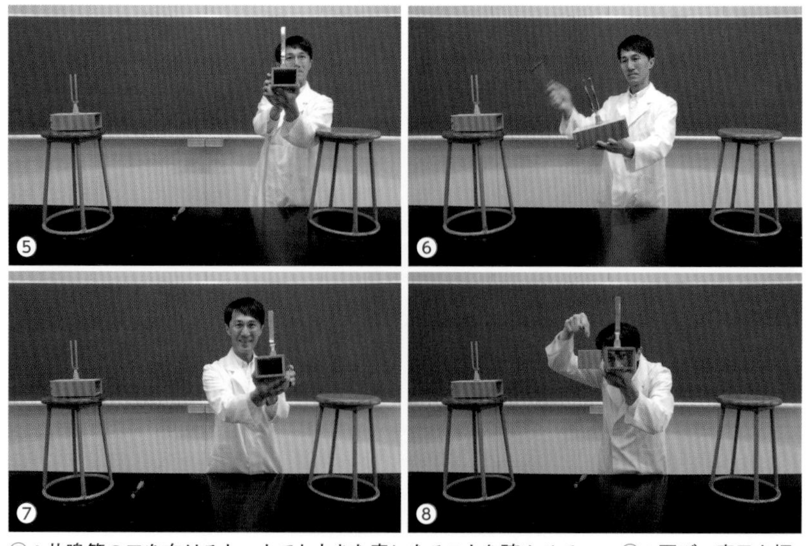

⑤：共鳴箱の口を向けると、とても大きな音になることを確かめる。　⑥：再び、音叉を振動させる。　⑦、⑧：共鳴箱のふたを開けると、音が聴こえなくなる（筆者の顔が見えますか）。

バイオリンの調弦

駒の上に音叉を当てると、楽器全体に音叉の振動が伝わる。

音叉を水の中に入れる実験

音叉を振動させ、水の中に入れてみましょう。水が激しく飛び散り、振動していることがよくわかります。

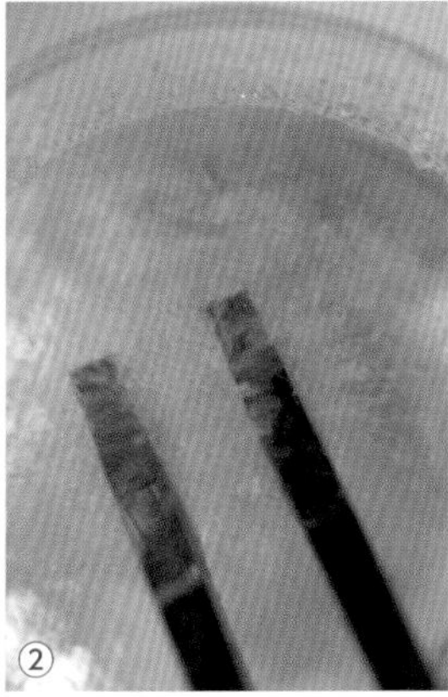

①～③：ビーカーの中に適当な量の水を入れ、そこへ振動した音叉を入れる。
※音叉の振動がすぐに弱くなるのは、音叉の振動エネルギーが一気に水の運動エネルギーに変換されるから。

共振(きょうしん)なべを楽しもう！

共振なべの取(と)っ手(て)を擦(こす)ります。擦り方によって、鍋の同じ位置から水が噴(ふ)き出します。定常波の「腹」にあたる部分です（p.75）。

①：振動防止マットの上に、鍋を置く。手をよく洗い、鍋の取っ手を軽く擦る。噴水の模様4箇所から水が吹き出す。　②：擦り方を変え、音の大きさや音程を変える。写真②は8箇所の腹と節ができている。

音叉が共鳴する順序（①→⑤）

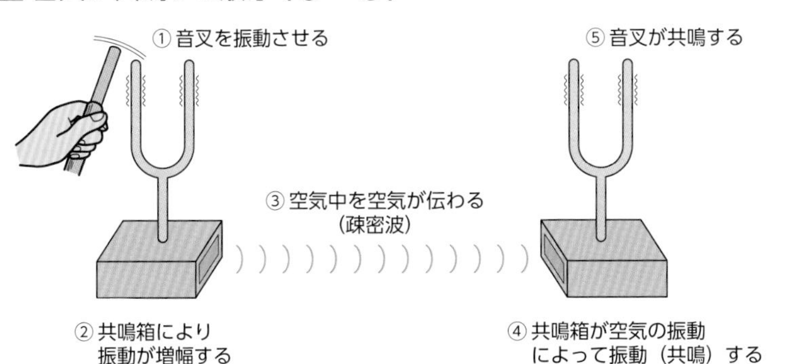

音叉

音　源	音　叉
共鳴体	共鳴箱
振動するもの	空　気

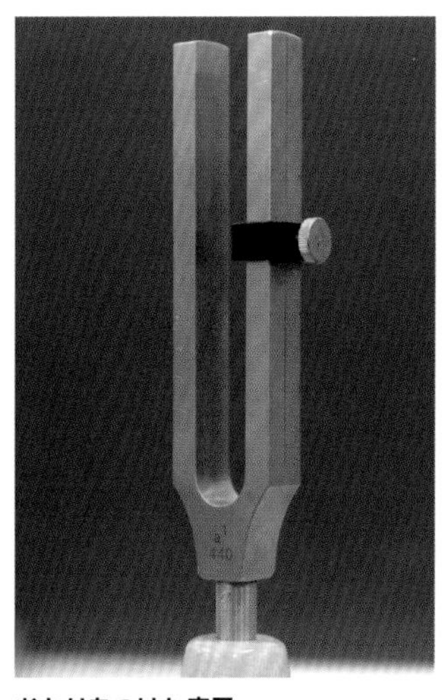

おもりをつけた音叉

音叉におもりをつけると、振動数が小さくなり、低音になる。つける位置によっても振動数（音程）が変わる。また、わずかに振動数が違う音叉を同時に鳴らすと、両者の間に「うなり」が生じる。これは、音の重ね合わせ（波の足し算、引き算）によって説明できる。

ステップアップ

音は糸や空気などの物質を振動させて伝わるが、物質そのものは移動していない。

生徒の感想

- 共鳴箱の穴の方向からは、とても大きな音がする。
- 家でワイングラスを擦ってできるキレイな音は、定常波だった。

9　糸電話で遊ぼう

準　備

- 紙コップ
- 糸
- セロハンテープ

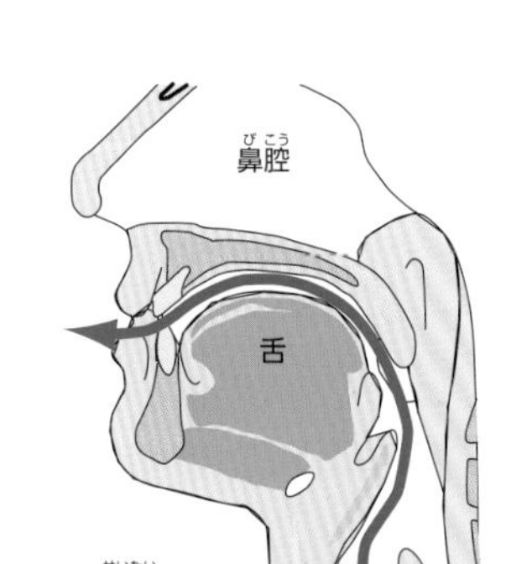

音　源	ヒトの声帯
共鳴体	の　ど
	コップ
振動するもの	コップの底
	糸
	鼓　膜

糸電話で遊ぶための手引き

(1) 糸の長さは20mでも聞こえる。
(2) 糸はピンと張らないと聞こえない。
(3) 糸は途中で触ると聞こえない。
(4) コップの底を触ると聞こえない。
(5) 糸が切れた場合、途中で結び直しても聞こえる。
(6) 糸が絡まると、全員で会話できる。

生徒の感想

- 「しりとり遊び」が楽しい！
- 小学校でもやったが、中学校でやると理屈を考えながらできるので、もっと楽しかった。
- Aさんの秘密の会話が聞けた。
- 糸電話で話をしているとき、糸がかすかに揺れていた。きっと、それで声が聞こえるんだと思う。

小学校で学んだ糸電話を作り、中学レベルの遊びをしましょう。まず、5m離れて会話できるものを作ります。その上で、音源としての自分の声帯、振動を伝える装置としての紙コップ、コップの底の重要性、空気の役わり、糸の振動方向、鼓膜などを1つ1つ分析します。発見と工夫に満ちた実験を楽しんでください。

糸電話の作り方、遊び方

ポイントは、紙コップの底です。底は耳の鼓膜と同じ、行ったり来たりの縦揺れをします。よく振動するようにしましょう。

①、②：紙コップの中心に穴を開け、糸を通して裏から結び目をつくる（鉛筆の先端で、ブスッとやればよい）。　③：結び目をつくるのが難しいときは、適当な物を結びつけたり、セロハンテープで貼ってもよいが、あまり大きくするときれいに振動しなくなる。

④：2人で糸をピンと張って「もしもし」と言う。
⑤：紙コップ2つをつなげて耳と口に当てれば、電話のように会話できる。両耳につけると、とてもよく聞こえる。
⑥：たくさんの人で楽しむ。

糸電話の構造と音が伝わる順序

(1)「もしもし」、とヒトの声帯が振動する。
(2) 声帯の振動が、紙コップの中の空気を振動させる。
(3) コップの底が振動する。
(4) 糸が振動する（縦揺れ）。
(5) 糸の振動が、相手の紙コップの底、紙コップの中の空気、相手の耳の鼓膜の順に伝わる。

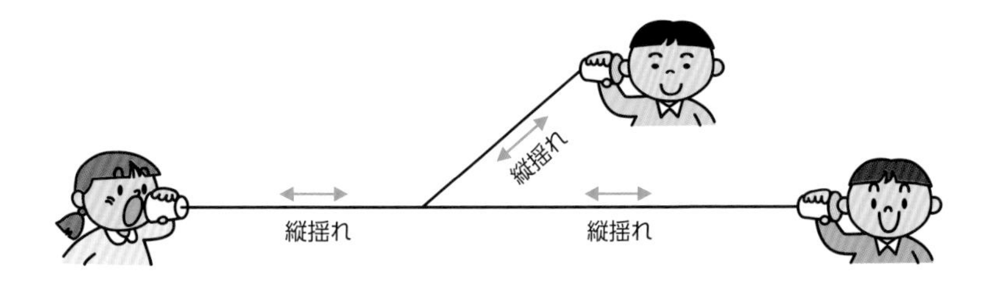

「紙コップの底」と「鼓膜」が振動する様子は、非常によく似ている。

糸電話で縦波を確認しよう！

紙コップの底が振動している様子を観察してください。横ではなく、縦に振動していることがわかると思います。この縦揺れが、そのまま糸へ伝わり、最終的に、ヒトの鼓膜を縦に振動させます。これらはすべて縦揺れであり、このような波を「縦波」、または、「疎密波」といいます。糸を観察すると、横方向ではなく、進行方向に振動していることがわかります。

糸電話に限らず、すべての音は「縦波」として伝わります。教室にあるスピーカーも同じように振動しているはずです。

⑦:ストローの笛（p.76）の音を伝える生徒。

直接聴こえないようにするため、廊下から話をする生徒。

宇宙アニメ映画の真実
音は、空気や糸などの物質がなければ伝わらない。したがって、真空の宇宙空間で宇宙船が爆発しても、音や振動は伝わらない。つまり、激しく爆発した様子は光によって確認できても、音や振動がないので迫力に欠ける。ただし、ばらばらに飛び散った宇宙船の破片が私たちの宇宙船に当たれば、大変な大音響と共に私たちが爆発する可能性がある。

真空鈴の実験装置
ガラス容器に電子鈴を入れ、真空ポンプで空気を抜いていくと、だんだん音が小さくなる。真空になると無音になる。

10 音の速さ、光の速さ

川の堤防や広場など、広く見晴らしが良いところがあれば、是非行いたい実験の１つです。光の場合は一斉に手が挙がりますが、音の場合は、順番に手が挙がっていきます。音が空気中を伝わる速さは1秒間に約340ｍで、マッハ１ともいいます。

音と光の速さを比べる実験

①：後ろ向きになり、4ｍ間隔で一直線上に並ぶ。　②：スターターピストルを鳴らす。

③〜④：音が聴こえたら、黄色の紙をすばやく上げる。この実験後、フラッシュ（光）で手を挙げる実験も行う。実験の様子は、男女交代で見る。

よくある山びこの問題

問題です。A君が建物に向かって「ヤッホー」と叫ぶと、2秒後に声が返ってきました。建物までは340ｍですか、それとも680ｍですか。

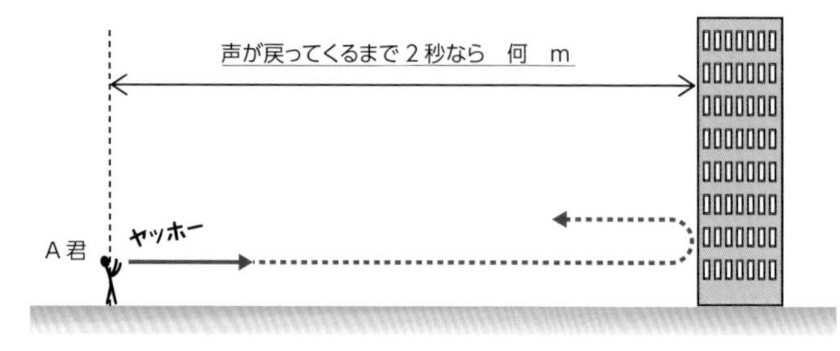

※声が建物まで届くのに１秒、戻ってくるまでに１秒なので、正解は340m。

準　備

- スターターピストル
- 黄色い画用紙 20 枚
- フラッシュ
- メガホン
- 直線 100m の空間

※大きな音が出るので、近所の迷惑にならないように注意すること。

いろいろな媒体（物質）の中を伝わる音の速さ

媒　体	音が伝わる速さ
空　気	マッハ１（音速） 331.5＋0.6×温度 340m/秒
水（25℃）	1500m/秒
氷	3230m/秒
鉄	5950m/秒
ガラス	5440m/秒
真　空	伝わらない

雷の光と音の速さ

雷は、光と音を同時に発生させる。しかし、音は聴こえるまでに時間がかかるので、実際の雷は「ぴかっ」と光ってから、「ゴロゴロゴロ」と音がする。

なお、光ってから音が聞こえるまで３秒以内なら、危険。雷が近いことを意味する。距離＝340m/s×時間（s）。

生徒の感想

- 男子を見たとき、黄色の紙が階段みたいに上がってすごかった。
- 光の場合、全員がそろって手が挙がったのも、ビックリした。
- 今回の実験は約100m。マッハ１は１秒で340ｍだから、約0.3秒のうちに、ぱらぱらぱらぱらっと手が挙がる。
- 音と光の速さは、1 000 000倍も違う!!

11 光と音を対比する

音と光は、波としての性質は共通していますが、本質的に異なります。２つの違いを明確にするため、次表のようにまとめました。

	音	光（電磁波の一種）
波の種類	縦　波	横　波
本　体	力学的な波 （空気や水など媒体の振動）	電磁場 （直交する電場と磁場）
仕　事	する（古典力学で説明できる）	する（しかし、古典力学では説明できない）
エネルギー	あ　る	E ＝プランク定数×振動数
速　さ	•真空中は伝わらない	•真空中はもっとも速く、一定（300 000 000 m／秒）（光速は定義定数。p.9）
	•空気中はおよそ 340 m/ 秒（音速＝マッハ１ともいう）	•空気中は温度（屈折率）のむらで、蜃気楼が生じる
	•水中は空気中の 4.5 倍	•水中は空気中の 70％ぐらい
	•固体の場合は、種類や温度によって変わる（p.82）	•透明体の中は　ゆっくり進み、不透明体へは進入できない
反射、屈折	する（夜、冷たい空気で屈折して遠方の音が聞こえる）	する（波長によって屈折率が違う。p.87）
回折、干渉	す　る	す　る
ドップラー効果	あ　る	あ　る
媒　体 （伝えるための物質）	必　要 （媒体の密度が高いほど速い）	不　要 （真空中がもっとも速い）
周波数や波長による分類	•超音波（高すぎる音） •音（ヒトが聞ける音） •超低周波（低すぎる音）	•γ線・X 線（レントゲン線）、紫外線、光（可視光線）、赤外線、電波（マイクロ波、テレビ波、ラジオ波）（家庭用の電気）
大きさ	•振幅で表す（p.69）	•光度（p.8）
ヒトの感覚	•音色（p.69）	•色（可視光線。p.84、p.87）

波とは

空間（長さ）と時間の２つが、同時に変化する現象。

波の種類

縦　波 疎密波 （圧縮と膨張）	横　波
•波が進む方向と振動する方向が同じ	•進行方向と振動方向が垂直
•固体、液体、気体の中を伝わる	•固体（電磁波は真空）の中を伝わる
•ギターの弦から出た空気の揺れ	•ギターの弦の揺れ
•地震の初期微動（P 波。6 km/ 秒）	•地震の主要動（S 波。4 km/ 秒）

※地震の詳細は本書のシリーズ書籍『中学理科の地学』参照。

ドップラー効果

音源（光源）が動くことで、周波数「音の高さ、色」が変わる現象。近づいてくると、振動数が大きい「高い音、青い色」になる。

光と放射線の区別

p.84、p.105 参照。

花火大会の光と音の競演を楽しもう！

光と音の理解を深めると、楽しみが大きく膨らみます。

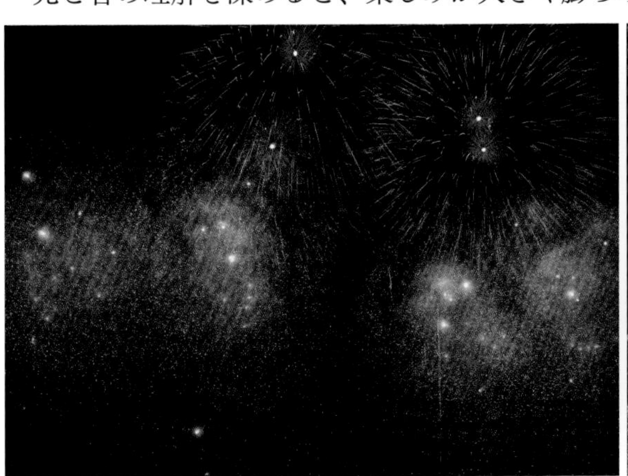

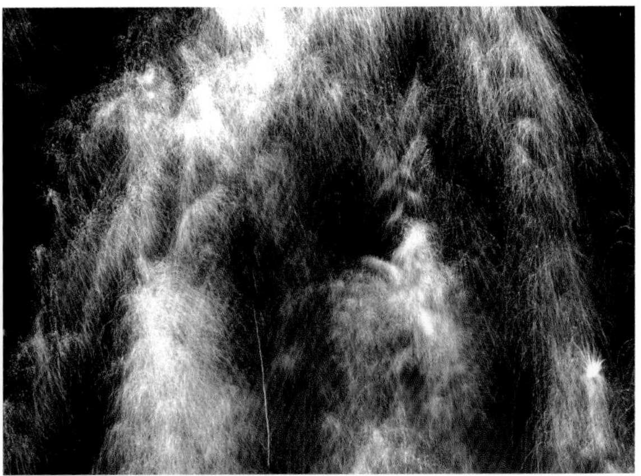

第5章　目で見る　光

光は電磁波の１種で、電磁波はテレビの電波、熱（赤外線）や紫外線などを含む電磁場の振動です。この章の構成は、光を紹介してから、物体が見える、という基本的な現象を調べます。そして、光がもつ性質について実験し、光をコントロールする基本的な道具の１つとして、レンズを調べます。なお、第7章「電界と磁界」は、電流と磁石がつくる世界（電磁波）の不思議について触れます。

ヒトの瞳と虹彩
黒目の中心にある暗黒の部分を瞳、その周りの茶色い部分（周りの風景を反射している）を虹彩という。瞳が暗黒なのは、外光が完全にレンズの眼球内に取り込まれ、その光が網膜上に焦点を結んでいるから。さらに、網膜の感覚細胞は光エネルギーを電気信号に変え、視神経は脳へ電気信号を送る。ここまでは物理や化学の現象として説明できる。その先の「何を見ているのか判断すること」は違う学問になる。

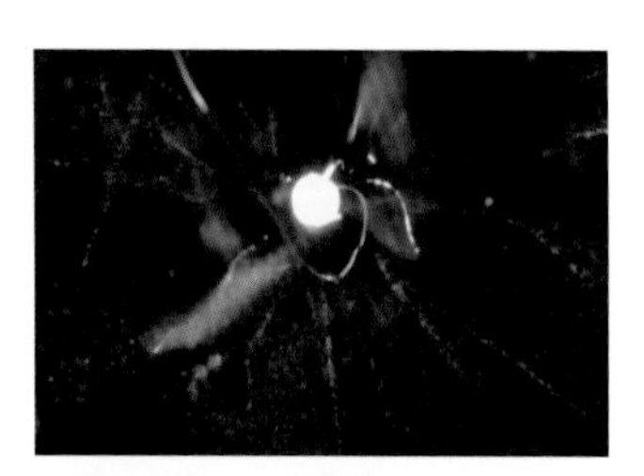

霧箱で観察した放射線
霧箱を使うと、γ線がはじき出した光電子によって放射線を間接的に観察できる。

霧箱で放射線を観察しよう
YouTube チャンネル
『中学理科の Mr.Taka』

1　光とは何か

光は、人間が目という感覚器官によって感じることができる電磁波です。電磁波は、次の表のように、波が振動する回数（振動数）によって分類されます。このうち、人間の目に見えるものを光（可視光線）といいます。

■ 振動数による電磁波の分類

名　称	周波数（ヘルツ。1 秒間に何回振動するか）
ガンマ線（γ線）	3 000 000 000 000 000 000
エックス線（X線）	30 000 000 000 000 000
紫外線	3 000 000 000 000 000
光（可視光線）	30 000 000 000 000
赤外線（熱）	3 000 000 000 000
電　波	（電子レンジ、テレビ波、ラジオ波）30 000 ～
家庭用電気	（空気中を伝わらない）50 ～ 60

※振動数（周波数）は第4章「音」の p.68 で調べたが、光の場合、周波数（波が振動する回数）は、強弱よりも重要な分類基準になる。また、光と音はまったく違うものであることは、p.83 で表にまとめた。

太陽光線に含まれる電磁波は、ガンマ線から赤外線までです。そのうちガンマ線、エックス線、紫外線などの短い波は、大気中のオゾンなどに吸収され、ほとんど地上まで届きません。もし、地上に降り注ぐなら、ほぼすべての生物は強いエネルギーで死滅します。現在の地球上の生物は、光（可視光線）と赤外線（熱線）を利用して生活していますが、これが一般にいう「光」です。

2 光源と反射光

太陽、懐中電灯、テレビ、ホタルイカなど自分で光るものを光源といいます。一方、私たちが日常生活で見ている光のほとんどは、光源からの光を反射した反射光です。机も椅子も壁も自分では光っていません。その証拠に、カーテンを閉めて電気を消してみましょう。ほら、真っ暗で、この本も読めなくなりました。何かが見えるということは、光源の直接光か反射光があるということです。

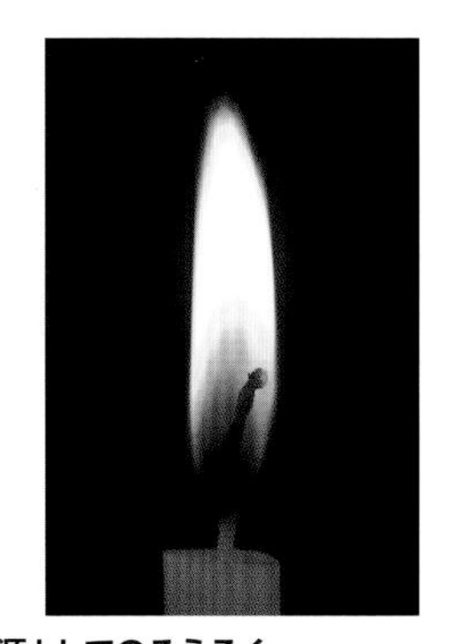

光源としてのろうそく
わずか200年前の日本では、ろうそくの光が貴重な光源だった。

私たちが見ている2種類の光

直接光	• 光源からの光（太陽、ろうそく、液晶画面、ホタルイカ）
反射光	• 光源の光を反射した光（月、ヒト、本）

この光に満ちあふれる写真の中に光源はない。水面に光輝くのは太陽の反射光であり、近くの風景も遠くの風景も、すべて太陽という巨大な光源の反射光である。なお、空が青く見えるのは青い光を乱反射しているからであり、海藻が緑に見えるのは、葉緑体が緑色の光を利用せず反射しているから。

光の強さを調べるルクス計
日常生活の光の強さはルクスで表すが、国際単位系では cd（p.8）。

噴水にプロジェクターの光を乱反射させる映像ショー

光からみた物質や物体の分類

光を透過させる物体を透明体といい、100％透過させる場合はその物体を見ることができません。

透明体（光を透過させる）		• 次の3つの状態に分けられる →気体（空気）、液体（水、油）、固体（ガラス、プラスチック） • 透明体どうしの境界面で、光は直進・屈折・反射する
不透明体（光を表面で反射する）	反　射	• 金属や鏡（p.90）など、表面がつるつるのもの ※周りの色を反射するので、物体そのものの色はわかり難い。
	乱反射	• 紙、机、土など、表面がざらざらなもの ※ふつうに物体が見えるのは、表面で乱反射しているから（p.89）。 ※空が青いのは、青い光が乱反射（散乱）しているから。

3 太陽光をプリズムで分散させる

私たちの地球に降り注ぐ太陽光線を分散させてみましょう。分散した光は、「虹」のようになります。ここでは専用の三角プリズムを使い、とても美しい純粋な光の色を直接観察しましょう。

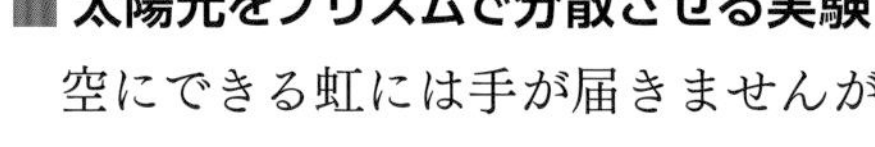

太陽光をプリズムで分散させる実験

空にできる虹には手が届きませんが、プリズムでつくる虹は手に当てて暖かさや色を直接感じることができます。

①：三角プリズムを直射日光が当たる場所に置く。このとき、プリズムの周囲に「白い壁があること」、「できるだけ暗いこと」が美しく分散させる条件。理科室で暗幕がある場合は、暗幕を閉め切り、ほんの少し開けたすき間から入れた直射日光を使うと効果的。　②：プリズムの角度を調節して、白い壁に虹（太陽光のスペクトル）をつくる。

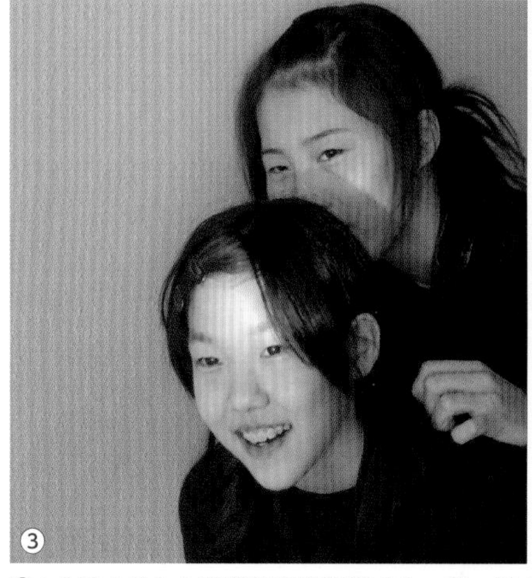

③：分散させた太陽光を直接観察する。赤い光なら赤、紫の光なら紫の色が観察できる（目を傷めるので、観察は先生の指示に従う）。　④：今回実験したプリズム、太陽光線、分散した光の位置を示した写真（廊下のできるだけ暗い部分を探して、分散した光を当てたもの）。

準　備

- 太陽光線
- カーテン
- 三角プリズム

⚠ 注意　目の損傷

- プリズムで分散した光線も大きなエネルギーをもつのでごく短時間でも注意する。

白色光

太陽や蛍光灯のように、いろいろな色が混合している光を白色光という。

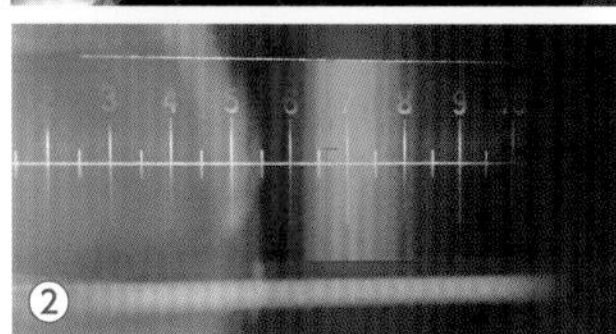

簡易分光器で光源の種類を調べる

①：分光器を覗くと、スリットからの光が回折・干渉して分光する。太陽光と蛍光灯では、明るくなる波長が違う。タブレットディスプレイではLED3色の輝線が見える。なお、分光する原理はプリズムや透明体による屈折と異なる。

②：スマートフォンで撮影した太陽光のスペクトル。数字は、光の波長を求めるためのもの。

生徒の感想

- 虹ができて奇麗だった。
- こんなに近くで虹色を見たのは初めてだったし、直接見られたので感動した。

光がプリズムで分散されるしくみ

光は、空気中からガラスへ入るとき、また、その逆のときに曲がる性質があります。これを光の屈折といいます。屈折する角度は、色の種類によって違うので、下図のように分散します。赤色は少し、青色は多めに、それぞれ２回ずつ屈折します。その中間の光線も同じように屈折し、連続した美しい虹をつくります。

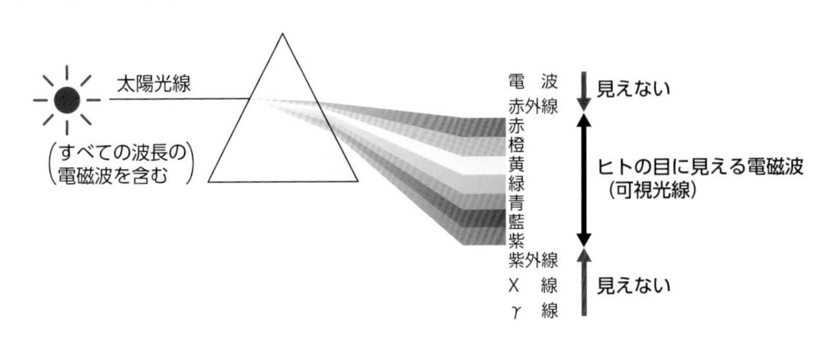

太陽に含まれる紫外線
地球上空のオゾン層は、紫外線を吸収する。日焼け止めクリームには紫外線を吸収する物質が入っている。

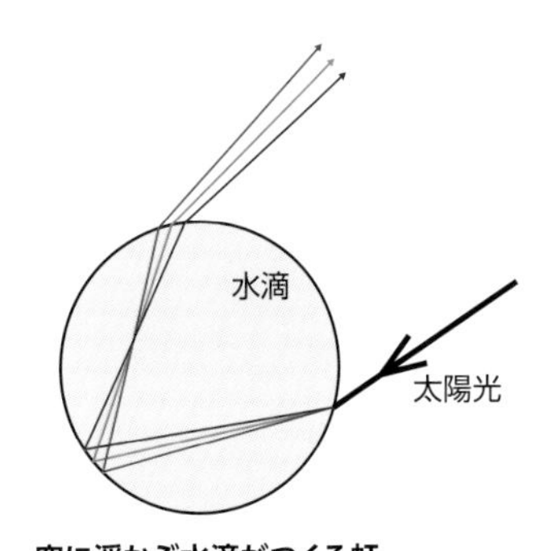

空に浮かぶ水滴がつくる虹
光は、水滴に入るときと出るとき、合計２回屈折する。

虹は、水の粒で光が屈折したもの

虹は、急な雨上がり、太陽光線が水の粒によって屈折、分散されてできる。背景となる空が暗いほどよく観察できる。

似ているようで違う色

光の３原色		色の３原色
赤	↔	マゼンタ
なし	↔	イエロー
緑	↔	なし
青	↔	シアン

光の3原色と色の３原色

逆に、光は混合することもできます。混ぜるほど明るくなり、赤と緑で黄色になります。光の３原色で全ての色が作れます。なお、混ぜるほど暗くなる絵の具のような色の３原色とは逆です。

光と色の３原色の関係

光の３原色		色の３原色
青＋赤	→	マゼンタ
赤＋緑	→	イエロー
緑＋青	→	シアン
赤	←	マゼンタ＋イエロー
緑	←	イエロー＋シアン
青	←	シアン＋マゼンタ

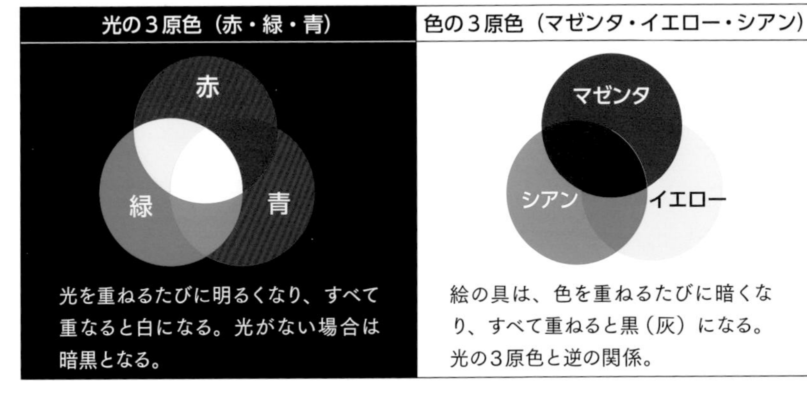

光を重ねるたびに明るくなり、すべて重なると白になる。光がない場合は暗黒となる。

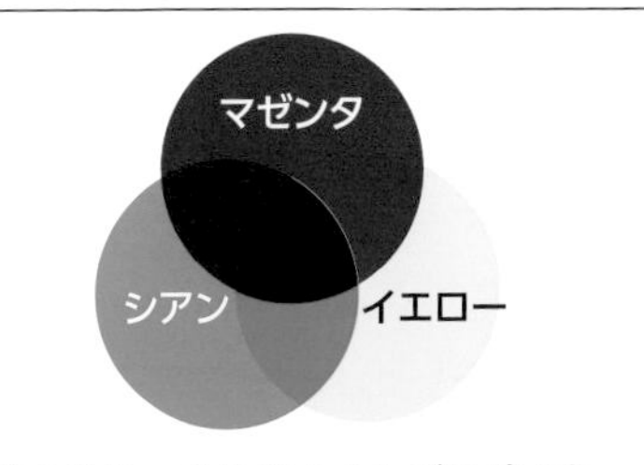

絵の具は、色を重ねるたびに暗くなり、すべて重ねると黒（灰）になる。光の3原色と逆の関係。

ステージ衣装の色
舞台で１番役立つ色……それは白。青を点灯すれば、衣装とステージ全体が青に染まる。主役の衣装だけを変えるなら、スポットライトで色を混ぜる。白はすべての色を反射する。

4 直進する光

準　備

- レーザーポインター
- ガラス（直方体）

⚠注意　失明

- レーザー光線は、種類によって1秒間目に入っただけで失明する危険性がある。絶対に人に向けない（横からの光も危険）。

ガラスという物体

ガラスは透明だが、光を100%透過させているわけではない。そのエネルギーを吸収する（p.95）。

直進する光がつくる影

影ができるのは、光が直進するから。影は光が当たっていない部分であり、物体が光をさえぎった部分である。光が途中で曲がるなら、明確な影はできない。

直進できない光

ブラックホールのような巨大な質量の近くでは、万有引力によって光の直進性が失われる。

レーザーポインターの赤、青色LEDの青、蛍光灯の白など、光にはいろいろな種類（波長）があります。しかし、ここからの実験で調べる光は、1種類の可視光線として扱います。

光の直進性を調べる実験

光は直進します。真空、透明体の中でも同じです。目に見えない電磁波も直進性をもち、X線のように物体を貫通してしまう高エネルギーの波もあります。

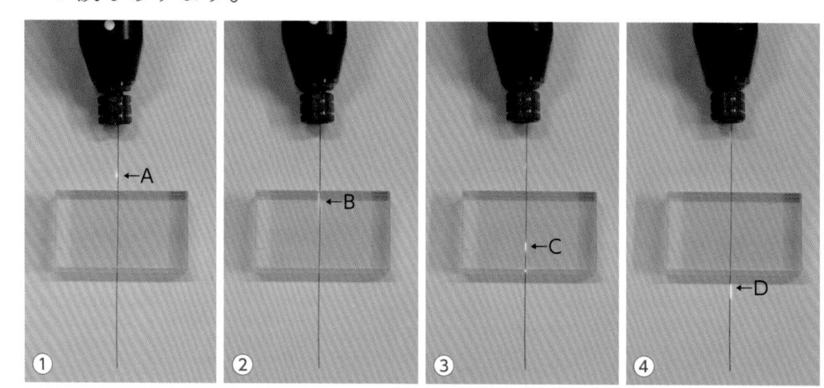

①：白い紙に1本の直線を書き、その直線と直角になるようにガラスを置く。そして、レーザーポインターの光で点Aを照らす。　②〜④：レーザーポインターの照射角度を変え、点Bから点Dへ進ませるように動かす。

いろいろな透明体の中を直進する白色光

光は直進しますが、空気（透明体）からガラス（透明体）へ入るとき、あるいは、その逆方向へ進むとき、屈折します（p.92）。しかし、これらの実験で忘れてはいけないことは、それぞれの透明体の内部では直進していることです。曲がってはいません。

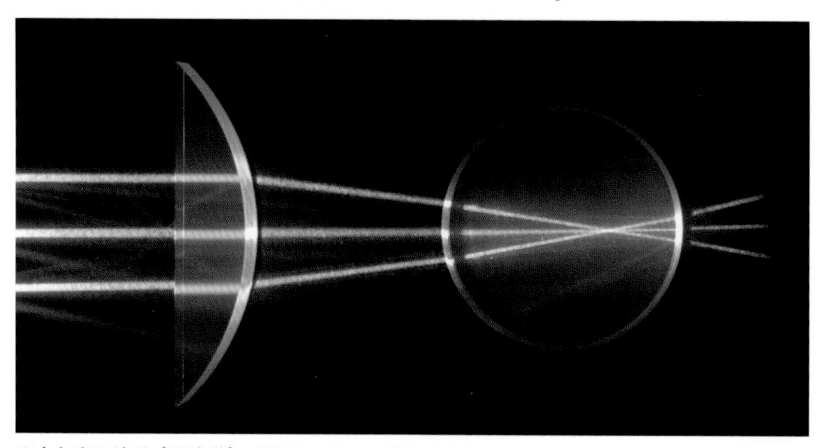

※白色光は波長（周波数）が異なる赤から紫までの光を混ぜたもの。

5 反射の法則

光は、光を反射する物体に当たると、同じ角度で反射します。当たり前に感じる実験ですが、鏡を使って実験してみましょう。

準　備

- レーザーポインター
- 鏡（表面がつるつるなもの）
- 分度器

平面鏡を使った光の反射実験

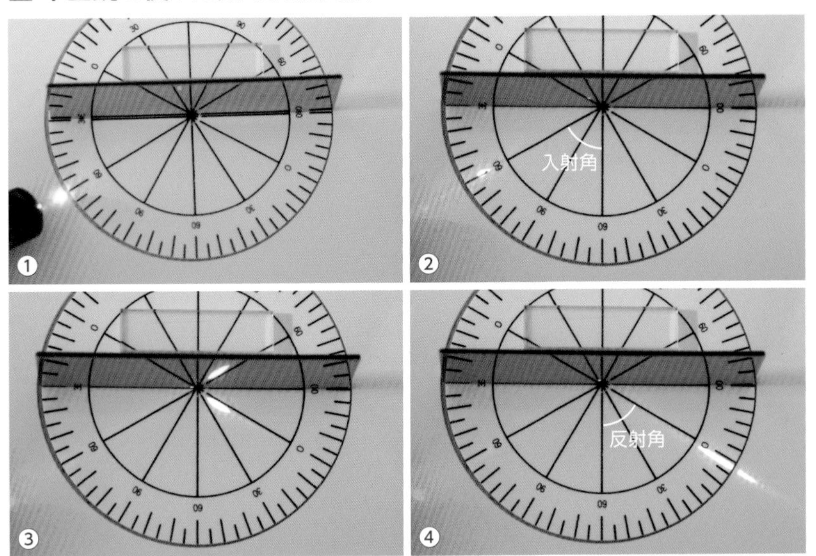

①〜④：レーザーポインターの光を直進するように動かし、入射角と反射角を調べる。

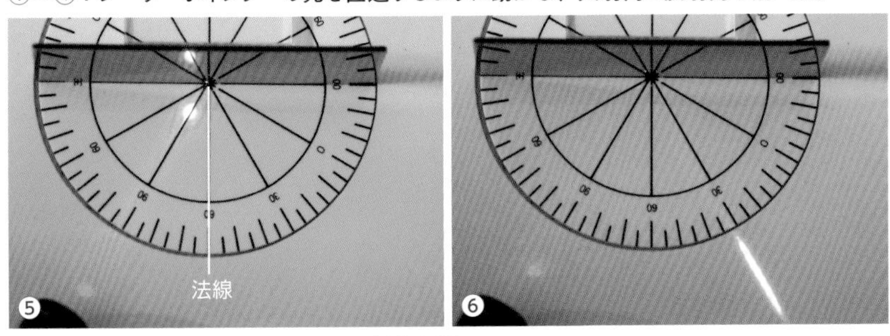

⑤、⑥：入射角を変え、それぞれの反射角を調べる。

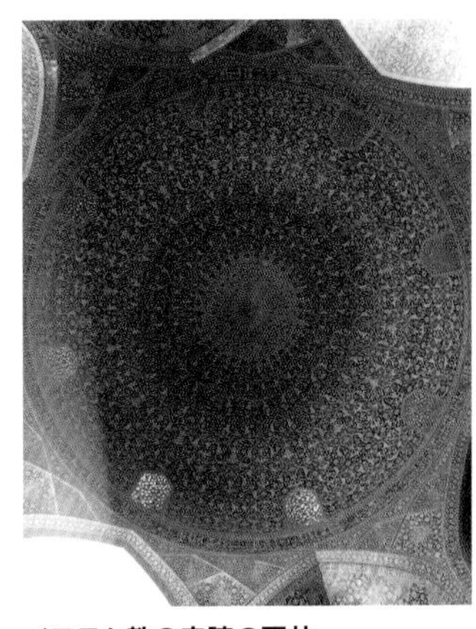

イスラム教の寺院の天井

光だけでなく、音にも反射の法則が成り立つ。この寺院の天井の高さは30mもあるが、その真下に立つと、自分の声が大きく反響（はんきょう）して戻（もど）ってくる。同じような仕組みは、日本の有名な寺院にもある。

数学：法線（ほうせん）

ある面に対して、垂直な線を法線という。法線は凸面（とつめん）でも凹面（おうめん）でも得ることができる。

反射の法則：入射角＝反射角

入射角と反射角は、鏡に垂直な線（法線）と光がつくる角度です。鏡と光がつくる角度ではありません。

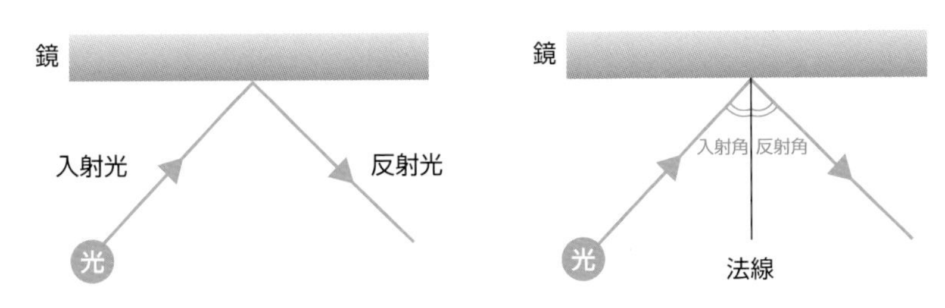

※上の写真（平面鏡を使った実験）はイラストと対応している。

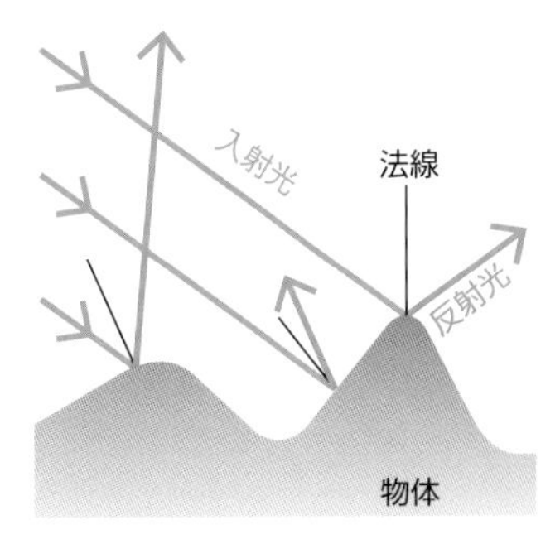

乱反射（物体が見える理由）

表面に凹凸がある物体は、各点（てん）で「反射の法則」が成り立つ。全体として見たときに「乱反射」といい、光らない物体が見える原因となる。

6 鏡に映った像

鏡をのぞくと、鏡の奥に自分が見えます。実際にはないものが、そこにあるように見えるものを像といい、その種類は2つです。1つは壁に映った実像（p.98）、もう1つはどこにもない虚像（p.100）です。

鏡で自分を見てみよう！

鏡の奥には何もありません！　鏡は光を反射しているだけで、結像していません。虚像です。それを十分に意識してから鏡をのぞいてください。人形を使ってもＯＫです。

鏡に向かって、左右の手を挙げてみる。左右が逆転しているように見える。

結果の考察（鏡による像＝虚像）

虚像と実像の見分け方は、像の向きです。正立像なら虚像、倒立像なら実像です。鏡は正立しているので、虚像です（p.100）。なお、左右逆になっているように見えますが、幾何学的に逆転しているのは前後（奥行き）です。像は、鏡を面とする「対称の位置」にできます。つまり、鏡に近いもの（自分から遠いもの）ほど近くに見えます。欄外の水面による反射も同じです。

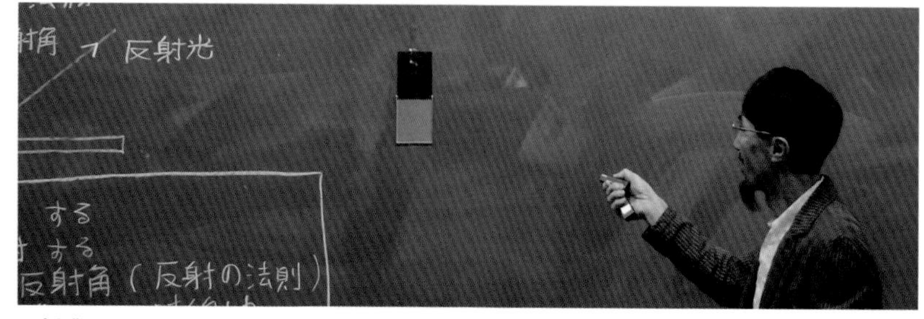

※授業では、黒板に貼り付けた鏡にレーザーポインターの光を当て、その反射光が壁に当たる位置を考えさせた。3次元空間における反射。

水面による反射

鏡による反射と同じ原理で、虚像（倒立像ではない）が映る。水流や風などで水面が乱れると映らない。p.89の乱反射は、物体そのもの（上の写真では水）を見るための反射なので区別すること。

数学：幾何学

図形や空間に関する数学の分野。三角形や円、ピタゴラスの定理、グラフの座標など。

鏡文字

上下はそのままで左右を反転させた文字。鏡に映すと正しく見える。例えば、バックミラーで見ることを前提にした救急車の文字。

数学：面対称

三角錐の頂点を通る垂直な面で切ると、大きさや形が同じＡとＢができる。

対称面

A　B

鏡に、自分が映る範囲を調べよう！

小さな手鏡を用意してください。そして、自分の顔が映る範囲を調べます。距離を変えれば、自分の顔全体を見ることができるでしょうか？　顔に定規を当てれば、より正確に実験できます。

①：手鏡に自分の顔を映す。　②：片目で、映る範囲を調べる。正確に調べるなら、顔と鏡を平行にして、顔に定規を当てる。顔の手前や奥はダメで、定規も鏡と平行にしないと誤差が出る。また、鏡の距離を変え、範囲が変わるかどうかも調べる。

水面に映ったメダカ（全反射）
水槽の水面近くの魚は、水面が鏡のようにほぼ完全に姿を映す（虚像）。

自分が映る範囲の考察

定規を当てて測ると10cm × 5cmの鏡なら、20cm × 10cmの範囲が映せることがわかりました。2倍です。また、映る範囲は距離と関係ないこともわかりました。これは見る人と見るものが同じ距離にある場合に成立します。例えば、目の近くに鏡を置いて遠いものを見ると、とても広い範囲を見ることができます。

さて、この結果をもとに、全身を映す鏡を考えてみましょう。ポイントは、目の高さです。下端は目と足先の 1/2、上端は目と頭頂の 1/2 の高さに設置します。作図は二等辺三角形の要領です。

生徒の感想

- 鏡の中は反転した不思議な世界。
- 全身を映す鏡は意外に小さい。
- 鏡で遠くを見るとたくさん映るけれど、自分を映せる範囲は決まっている（鏡の縦横ともに2倍）。

「全身を映す鏡」の作図

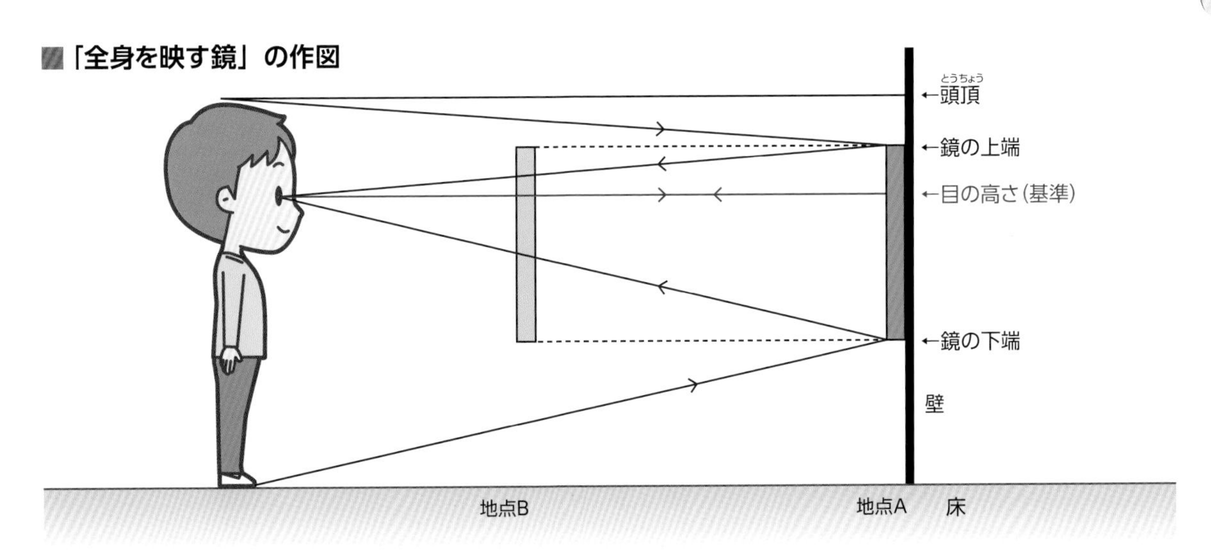

※鏡との距離は関係ない。上図の場合、地点AでもBでも鏡を設置する高さは同じ。もちろん、大きさも同じ。

7 屈折する光

光は違う物質の中へ入るとき、その境界でかくっと屈折します。例えば、空気と水、プラスチックとガラスの境界です。境界面における曲がる割合（屈折率）は、物質の種類によって決まっています。

準　備

- 直方体のガラス
- レーザーポインター
- 定規
- 分度器、筆記用具

正確さを増すポイント（反射と反射率）

光は透明なガラスでも、その境界で反射する。反射光の大きさ（反射率）は、透明体の種類による。

主な物質の屈折率

物質	屈折率
水	1.33
アクリル	1.49
ガラス	1.51

屈折率の違いは、p.93の砂場の中（進みやすさの違い）として説明できる。

空気とガラスの中を進む光を調べる実験

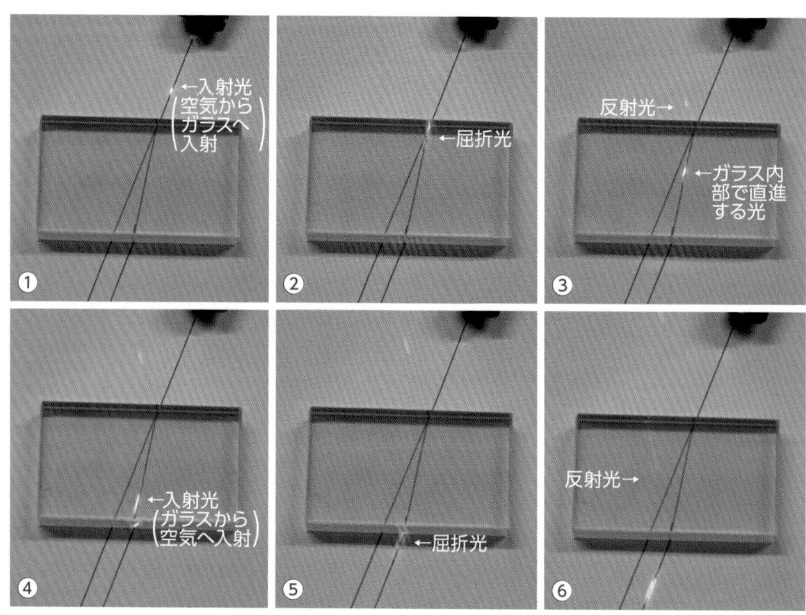

①～⑥：紙に1本の直線を書き、ガラスを置く。斜めからレーザーポインターの光を入射する（この実験では、屈折した光の道筋もあらかじめ鉛筆で書かれている）。屈折光（②）、ガラス内部で直進する光（③）、そして、ガラスから空気へ入る入射光（④）と屈折光（⑤）と反射光（⑥）を確認する。

空気の温度差で屈折する音

音も屈折する。例えば、地表が冷たく上空が暖かい逆転現象の夜は、地上の音が屈折し、上空へ逃げにくくなる。その結果、遠い場所の音が聞こえる。

実験結果のまとめ

- 透明体の中は直進する。
- 透明体どうしの境界で屈折する（一部は反射する）。

空気中　→　ガラス	ガラス　→　空気中
入射角　>　屈折角	屈折角　>　入射角

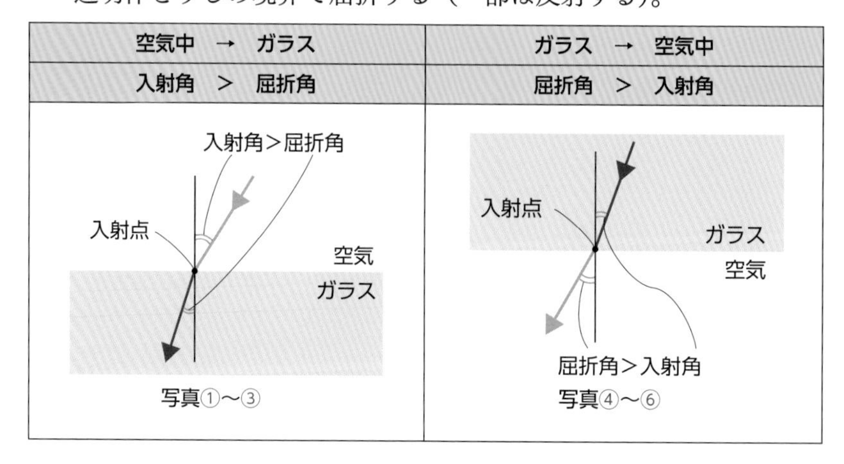

生徒の感想

- 光が曲がるのを初めて見て、感動です！

光の屈折を楽しもう！

①、②：ガラスの奥に物体を置く。ガラスをゆっくり回転させ、ガラスの中を通過した光が屈折して「ずれる」様子を調べる。※この実験は p.92 に対応している。　③：水を入れると、中の物体が浮き上がって見える。　④：丸い容器内の物体が見えない。

屈折した風景を楽しむ生徒

角度によって、横や後ろを見ることができる。その原因はガラス内部で起こる全反射（p.94）。

光の屈折を光の速さで説明する

光の屈折は、光の速さが変化することから説明できます。光速（こうそく）は真空中で最大ですが（p.8）、空気中で少し遅く、ガラスの中ではさらに遅くなり、砂場の中を走っているような状態になります。

下図は、光を「左右の車輪が独立して動く車」に例えました。車は、左右同じなら直進します。しかし、角度をつけて砂場に入る瞬間、車輪の回転速度が変わります。先に入った車輪が遅くなり、かくっと曲がります。出るときは、先に出た方がぐっと進みます。

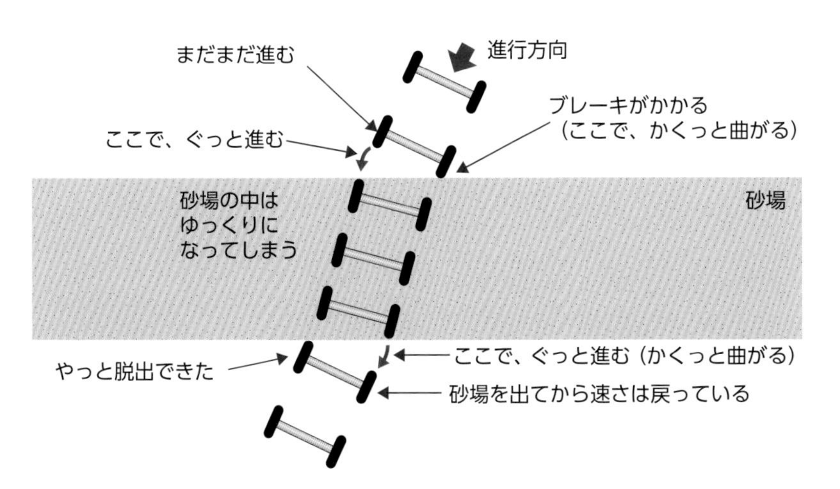

※砂場から出るときは、遅くなった車輪が先に動き始める。また、遅くなる割合と速くなる割合は等しいので、空気中の光（ガラスに入る前、出た後）は平行になる。

直進する光の両輪

上写真のように、光が垂直に入った場合、光は屈折しない（p.88の実験、入射角＝屈折角＝0）。しかし、ガラス内を進む光の速さは遅くなっている。

8 屈折から全反射へ

光は入射角0の場合、次の物体へ真っ直ぐに入ります。しかし、入射角＜屈折角（ガラスから空気へ p.92、砂場から抜け出す p.93 など）の場合は、屈折角が90°を超える点（入射角の限界）があります。その角度を臨界角といい、物質によってその大きさが決まっています（欄外）。ある物体から出られなくなった光は内部で100%反射するので、この現象を全反射といいます。

準　備

- ガラス（半円形）
- レーザーポインター
- 定規、分度器

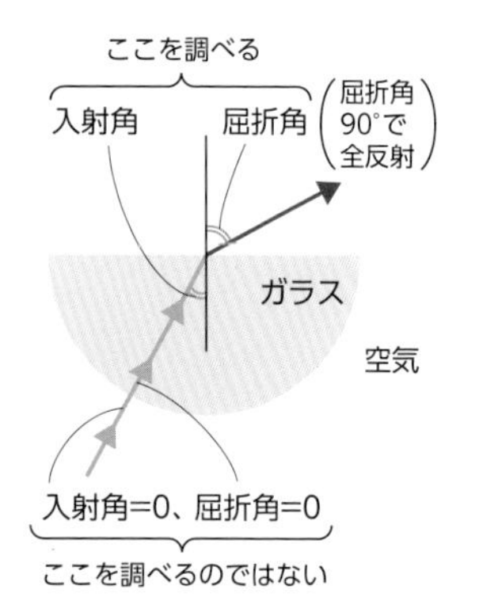

この実験で調べる入射光

レーザー光線が半円ガラスに入射する角度は0。直進する。この実験は、半円ガラスの中心で、ガラスから空気中へ入射する光を調べる。

半円ガラスを使った全反射（ガラス→空気）の実験

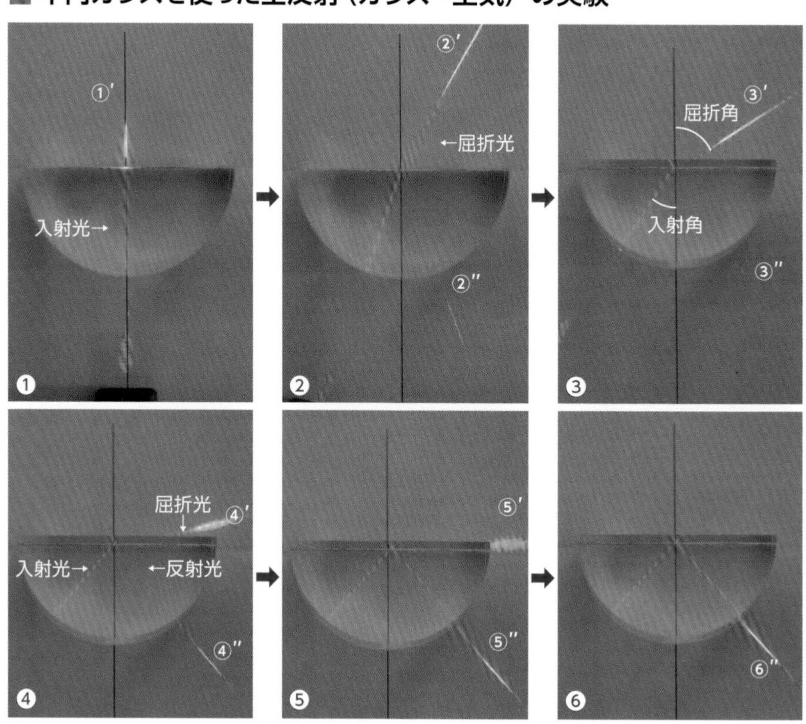

①：半円形のガラスを置き、図のように真下からレーザー光線を入れる（このとき、半円ガラスの中心部を狙う）。　②、③：光線を入れる位置を変え、光線がガラスから空気中へ入射するときに屈折する角度を確認する（入射角＜屈折角）。　④：入射角を大きくすると、屈折角が大きくなると同時に、反射する光線の量が大きくなる。　⑤：限界に近い状態（臨界角）。　⑥：屈折角が大きくなり過ぎて、光が空気中に出られない状態（全反射）。

授業での演示装置

円形容器の下半分に水を入れ、下から光を照射する。

いろいろな物質の臨界角

水	48.5°
ガラス	41.8°
ダイヤモンド	24.5°

※水、ガラス、ダイヤモンド内部の光のうち、臨界角を超えたものは内部で反射し続ける。

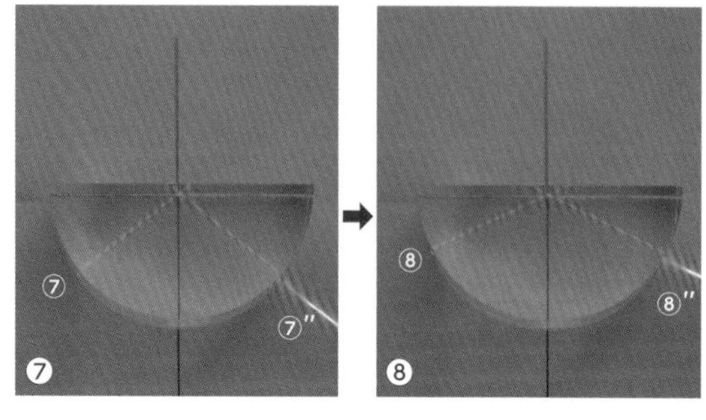

⑦、⑧：完全に全反射している状態。臨界角を超えると鏡と同じように反射する。

p.94の写真①～⑧の入射光、屈折光、反射光

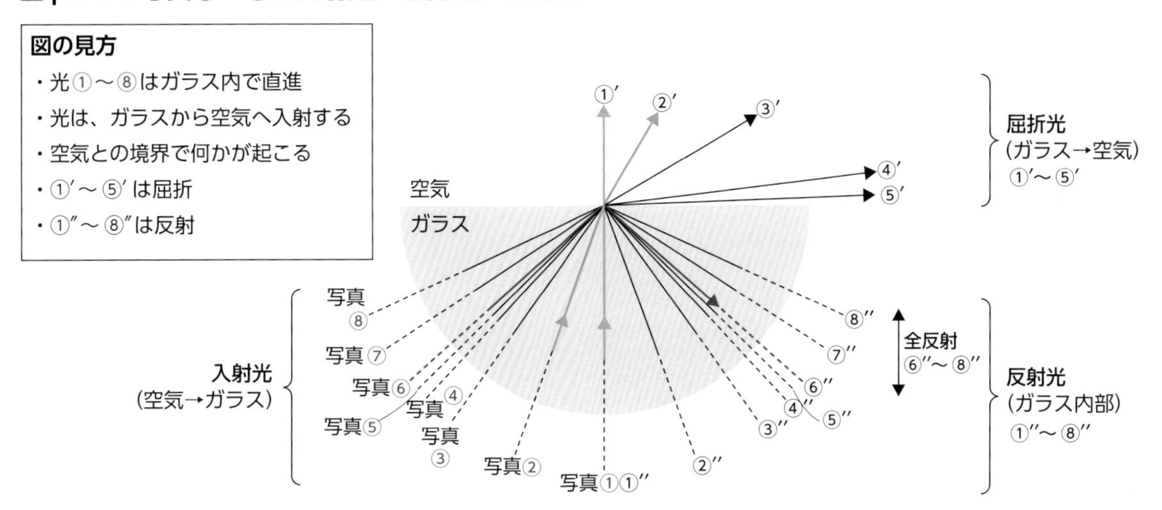

全反射しない光（空気→ガラス）の実験

空気中からガラスへ入射する光は、全反射しません。入射角＞屈折角だからです。その理由は光速の変化からも説明できます（p.93）。

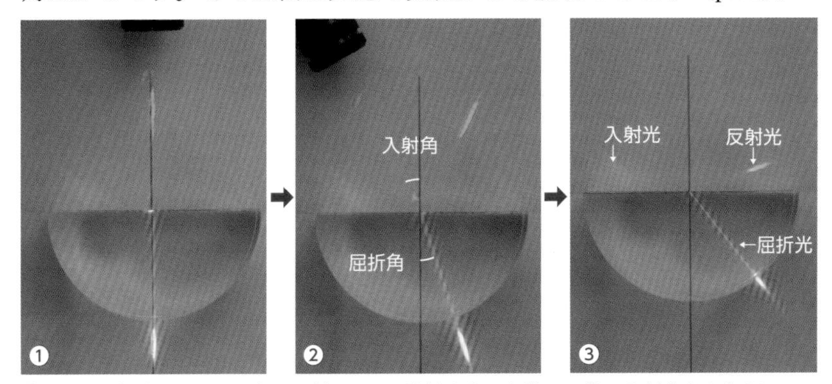

①：光を空気中からガラス内へ入射させる。法線上なら直進。　②：入射角を大きくしていく。　③：入射角約80°のとき、屈折角約40°。反射光は反射の法則にしたがう。

反射光の光量

鏡や金属など不透明体の反射率は100％なので、光量は100％。一方、透明体の反射光の光量は入射角による。

屈折光の光量

屈折光の光量は入射角による。一般的なガラスでは、入射角0°～50°で96％、それ以上は急激に減少し、60°で0％（全反射）。

生徒の感想

- 全反射は鏡の反射と同じ！
- 光ファイバーの中の光は永遠に囚われの身。脱出には、入射角を0に近づけるか、ファイバー素材より光が進みにくい物質をくっつける。

アクリルの中で全反射を繰り返す光

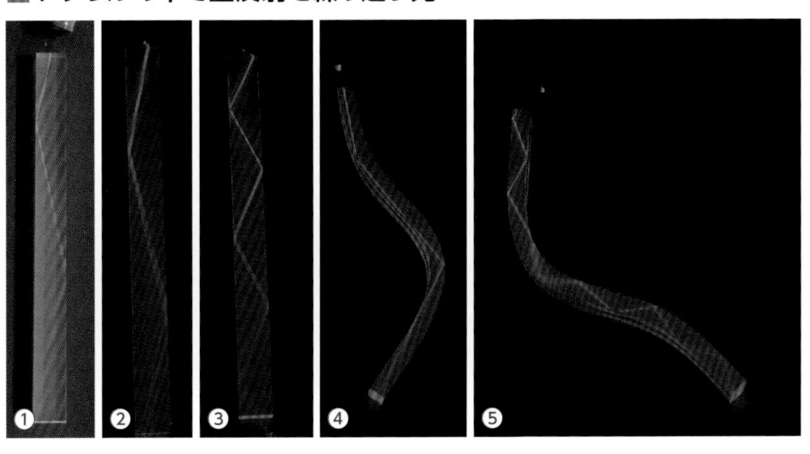

①～⑤：アクリル（プラスチック）内部に入った光は、空気中に出ることができない。また、光量が減少する原因は屈折ではなく、アクリルという物質が吸収するから。

9 凸レンズで紙を燃やす

みなさんは凸レンズを使って紙を燃やしたことがありますか。正確な位置にレンズを置けば、あっという間に煙が出て、紙が燃え始めます。最適な位置と角度は、自分で見つけてください。直径5cmほどのレンズでも大丈夫です。

凸レンズで紙を燃やす実験

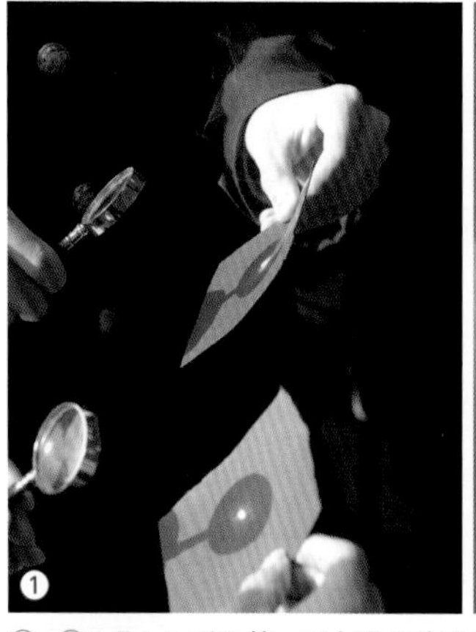

①、②：凸レンズを使って太陽の光を集め、紙を焼く。直射日光を使うようにする。

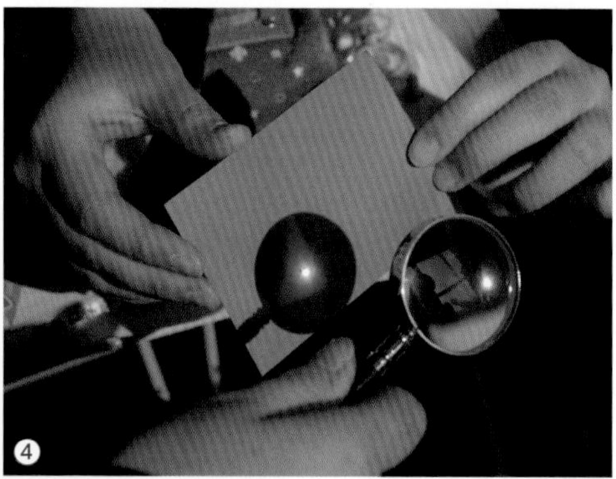

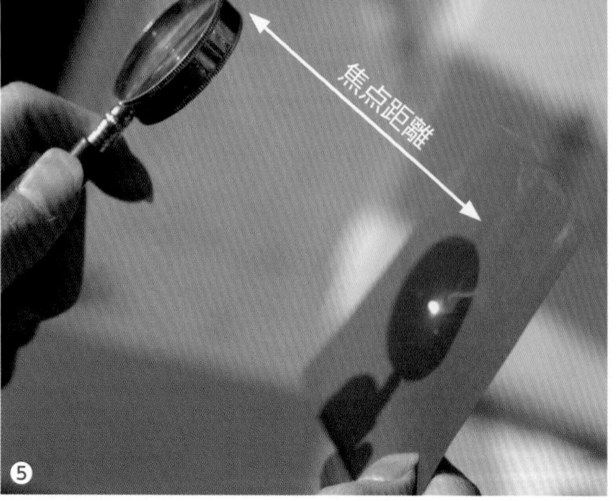

③：いろいろな紙の色で燃える速さを比べる。

④：すばやく燃やすためには、友達と協力して紙とレンズを平行にし、さらに、それらと太陽光線が垂直（90°）になるようにする。また、レンズの大きさを変えてみる。

⑤：真横から紙とレンズの距離を測定すれば、それがレンズの焦点距離となる（p.97下を参照）。

準　備

- 凸レンズ（虫メガネ）
- いろいろな色画用紙

⚠注意　失明、火傷、火災

- 太陽を直接見ると失明。
- 集めた光が肌にあたると火傷。
- 紙が燃えて火災。

焦　点

焦がす点という意味で、凸レンズが太陽のような平行光線を1点に集める点。複数の光線を集める、と考えよう！

天井の蛍光灯を映す

蛍光灯の真下でピントの合う位置を探す。その距離を測れば、およその焦点距離がわかる。なお、凸レンズが厚いほど焦点距離は短い。

光量を最大にする工夫

紙を2つに折り曲げ、太陽光と垂直になるように置く。上の写真は、床の影の方向から、ずれていることがわかる。

焦点の作図方法

次に、太陽と同じような平行光線を出す光源装置を使って、凸レンズが光を集めることを実験で確認しましょう。

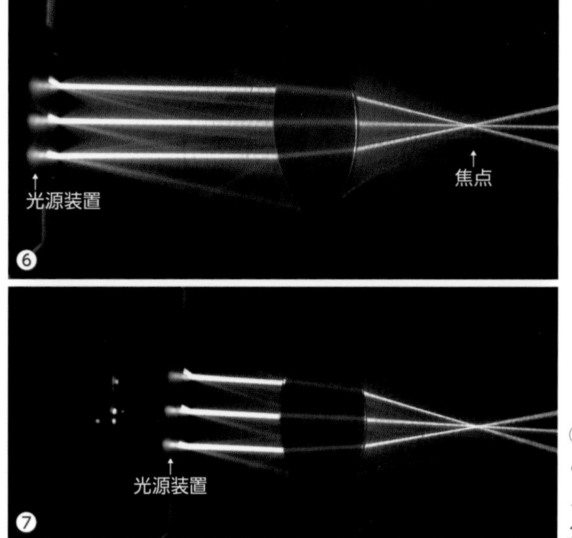

⑥、⑦：光源装置とレンズの距離を変えても、レンズから見た焦点の位置や焦点距離は変わらない。

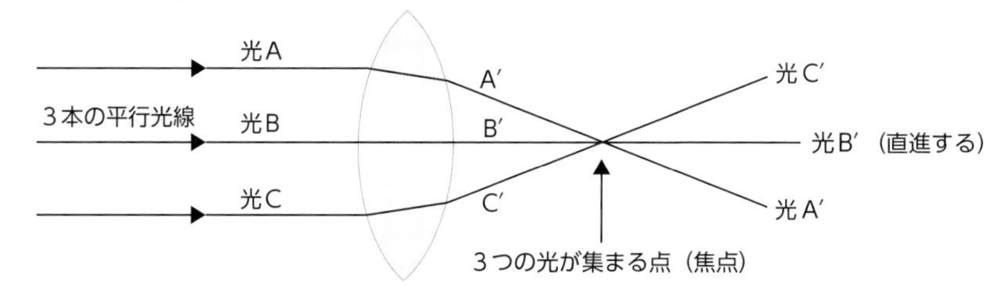

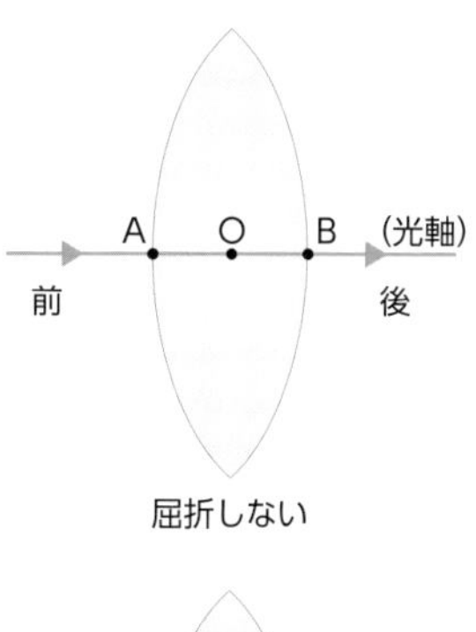

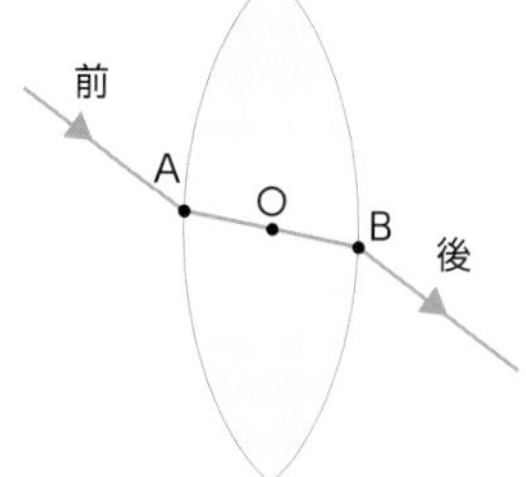

凸レンズの中心を通る光

凸レンズに入る光のうち、直進するのは光軸と一致するものだけ。その他は2回、点Aと点Bで屈折する。ただし、中心を通る光は入るものと出るものが平行になるので、直進するものとして作図する（p.101）。

凸レンズの焦点を簡単に示す方法

凸レンズを通る光は２回屈折しますが、作図ではレンズの中心で１回屈折するように書きます。下図はp.96の写真⑤の模式図です。

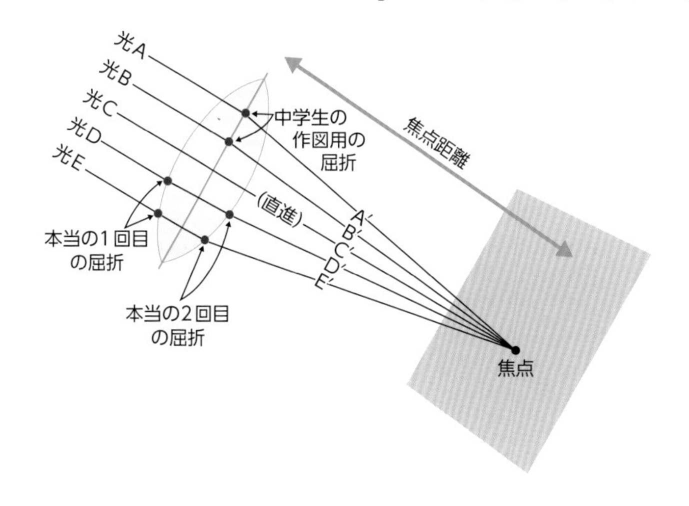

生徒の感想

- 紙を燃やすのは初めてだった。
- 僕は３秒あれば燃やせる！
- 大きなレンズを使うと、すぐ燃えた。
- レンズの焦点距離は、紙が燃えるときのレンズと紙の距離だった。大発見!!

第5章

10 散歩しながら実像をつくろう

準　備

- 凸レンズ（虫メガネ）

※大きなレンズの方が、明るい像を映すことができる。

面白くて病みつきになったらごめんなさい。それほど面白い実験です。凸レンズを持って散歩し、白い壁に窓際の風景を映してみましょう。この遊び（実験）はレンズの焦点距離、レンズと光線の角度の関係、左右が逆になった倒立像（p.101、103）など、凸レンズの予習にも総復習にも最適です。

レンズがつくる2つの像

倒立像（実　像）	スクリーンに映る像（物体と逆方向）
正立像（虚　像）	レンズを通して見える像（物体と同じ方向）

※詳細はp.100。

特別支援学級の生徒と一緒に活動

①、②：実像をみんなで作って楽しむ。感動の共有は理科や実験の真髄。

生徒の感想

- ピントが合うと、はっきりした像が出てきた。
- 白い壁じゃないと、奇麗な色が出ない。

実像＝倒立像を作る方法

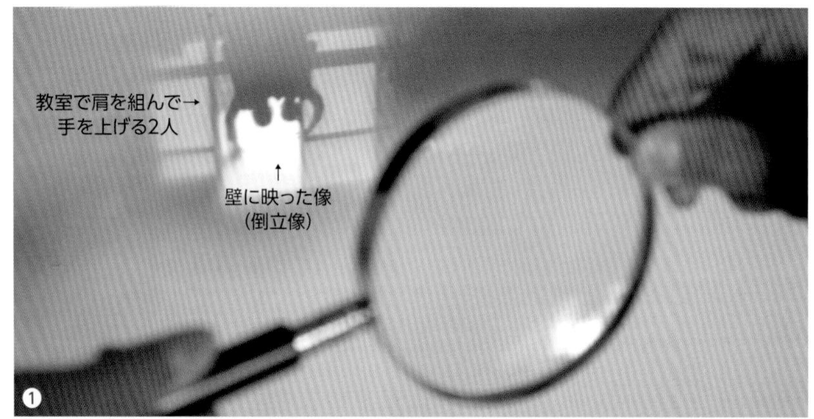

①：壁とレンズの距離は、凸レンズの焦点距離とほぼ同じ※になる。また、光源（風景など）に対して正確に垂直になるように持つと、像のピントが正確になる。　②：レンズ上には、レンズに反射した像が映っている。壁に映った像は、凸レンズによって屈折してできた実像＝倒立像。　③、④：その他、いろいろな場所で試してみる。

※風景が十分に遠く、平行光線に近ければ焦点距離と考えてよい（実際はほぼ同じ）。

レンズを半分隠したときにできる像

レンズの一部を隠してみましょう。手でおおったり、ハート形にくりぬいた型紙で隠したり。結果は、レンズに入る光が減るだけなので、像の形は変わらず、像全体が暗くなるだけです。

①：光学台にろうそく３本を立て、レンズの反対側に実像を作る。　②：レンズの下半分を指でおおう。像が暗くなっただけ、であることを確認する。

光学台
長さの目盛りがついているレールに、移動式のスクリーン、レンズ、光源がついている。それら3つの距離を変えることで、スクリーン上にできる像（実像、倒立像）の大きさ、像ができる距離などを調べることができる（p.102）。

半分に切った凸レンズ、円形ガラスを使った実験

凸レンズでなくても、透明体の曲がり具合（曲率（きょくりつ））が同じなら、平行光線は1つの点に集まります。

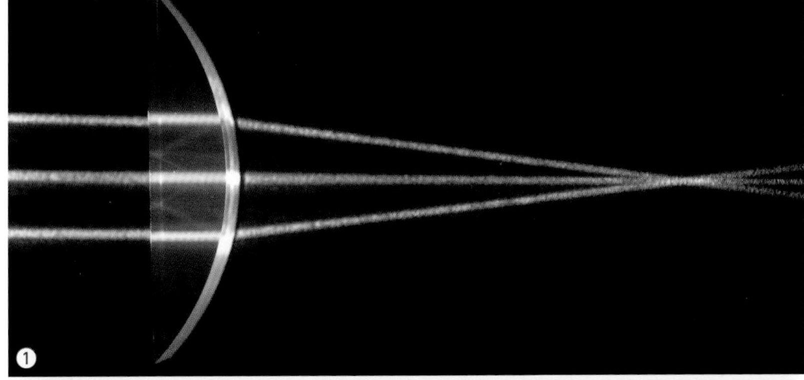

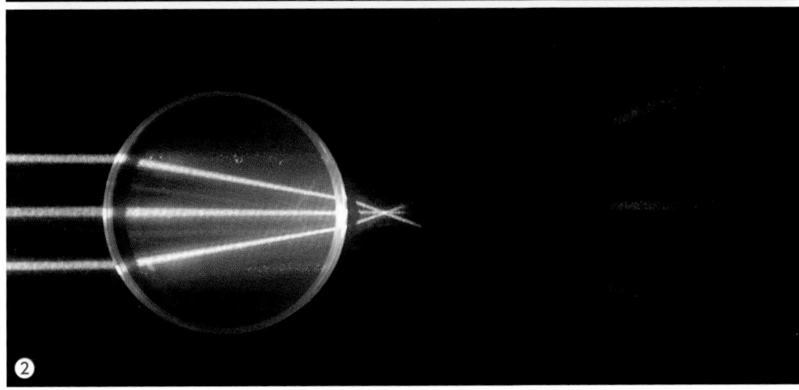

①：平行光線3本は、ガラスに対して垂直になっているので直進。しかし、空気へ入射するときは、境界面で屈折する。　②：円は凸レンズを変形させたもの、と考えることができる。レンズと同様に、ガラスやペットボトル容器は光を１点に集めて火災を起こす危険がある。

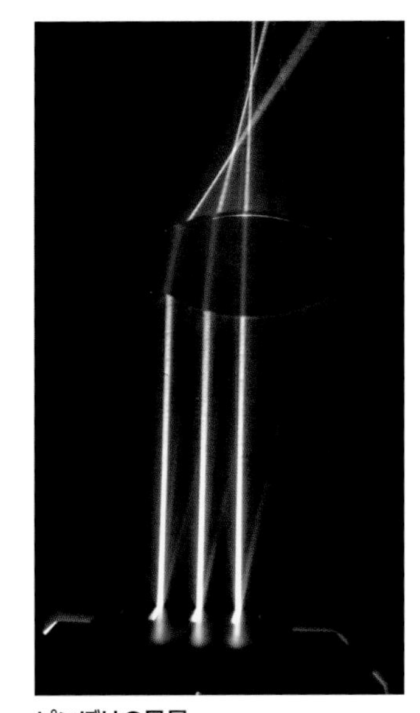

ピンぼけの風景
上の写真では３本の光が１つの点に集まっていない。これを風景の光と考えれば、ピンぼけになる原因を説明できる。

11 凸レンズがつくる虚像と実像

準　備

- 凸レンズ（虫メガネ）
- 友達

みなさん、筆者の目が見えますか（下図②）。凸レンズを離していくと、だんだん大きくなるのがわかりますか。それらは虚像です。さらに、離していくと逆さまになりますよね。それが実像です。実像は逆さまの倒立像です。

筆者から見たみなさん

写真番号	見え方
①	• 普通に見える
②	• 少し大きく見える →虚像＝正位像
③	• かなり大きく見えるが、ピンぼけしている
④	• ピントが合わない
⑤	• まったく見えない
⑥	• ピントが少し合う
⑦	• 逆さまになって見える →実像＝倒立像
⑧	• 像が小さくなる（ここまで来ると、かなりはっきり見えてくる）

みなさんからの見え方と筆者からの見え方は、ほとんど同じ。違いはレンズからの距離。みなさんは凸レンズからの距離が遠い（3m～2.2m）、筆者は近い（数cm～80cm）。つまり、この写真はカメラの受光板に映った実像で、ヒトの網膜に映っている像と同じ。なお、距離と像の関係については、p.102で調べる。

※写真③～⑧は p.103 の模式図と対応

凸レンズの見え方
YouTube チャンネル
『中学理科の Mr.Taka』

凸レンズによる 2 つの像

①：凸レンズを用意する。 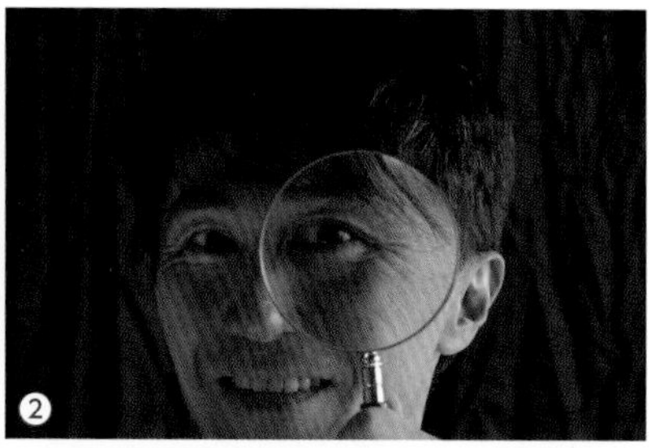　②：凸レンズを目の近くに置く。

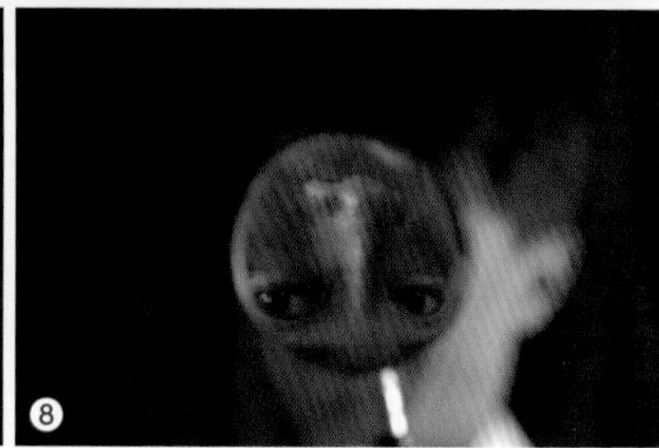

③～④：レンズと目の距離を離していくと、次第にレンズの奥の物体が大きくなっていく。このとき見えている像を虚像（正立像：②～④）という。　⑤：レンズの焦点距離になると、まったくピントが合わない。　⑥～⑧：さらに遠ざけていくと、今度は逆に、レンズの奥の物体が小さくなっていく。この像を実像（倒立像）という。
※この実験は遠視用メガネ（凸レンズ）でもできる。近視用（凹レンズ）は不可。

虚像は目の中で焦点を結ばない

凸レンズがつくる像には、虚像と実像の２種類があります。虚像は、写真②〜④のように、凸レンズと物体の距離が近いときにできる像で、下図のように、凸レンズの向こう側で結像（けつぞう）します。

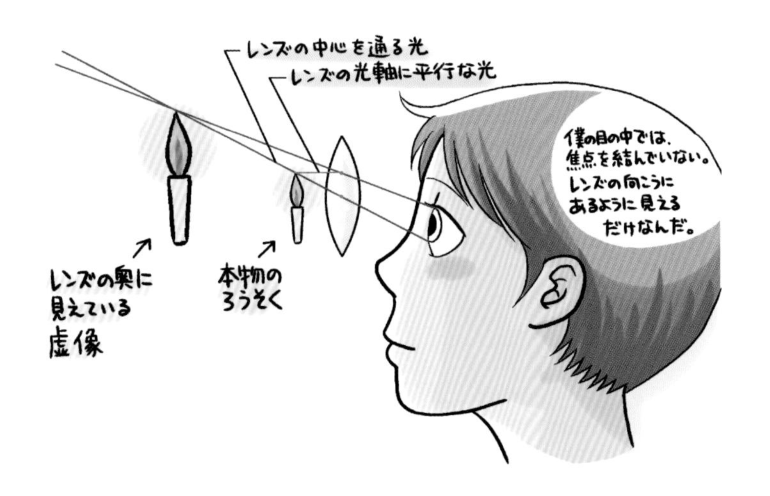

ルーペを使って観察する生徒
生物を観察するときに虫眼鏡やルーペを使って拡大した像は、虚像。

単純に考える方法
物体の像は、（ろうそくの先端など）ある１点を選んで考える。その１点からの光は四方八方へ出ているので、次の２つを選ぶ。
(1) レンズの中心を通る光
(2) レンズの光軸（こうじく）（p.97）に平行な光

実像は目の中の網膜（スクリーン）にできる像と同じ

実像は、写真⑥〜⑧のように凸レンズと物体が遠いときにできます。実像が倒立するのは、物体からの光がレンズの反対側にできるからです（下図）。実像ができる原理は、私たちの眼球レンズ（凸レンズ）が網膜（もうまく）（スクリーン）に結像させることと同じです。

結像と物点（ぶってん）と像点（ぞうてん）
物体からは無数の光(直接光や反射光)が出ているが、私たちが物体を見られるのは、眼球レンズによって無数の光を１点に集めて像をつくるから(結像)。また、物体の各点を物点、物点が結像した点を像点という。

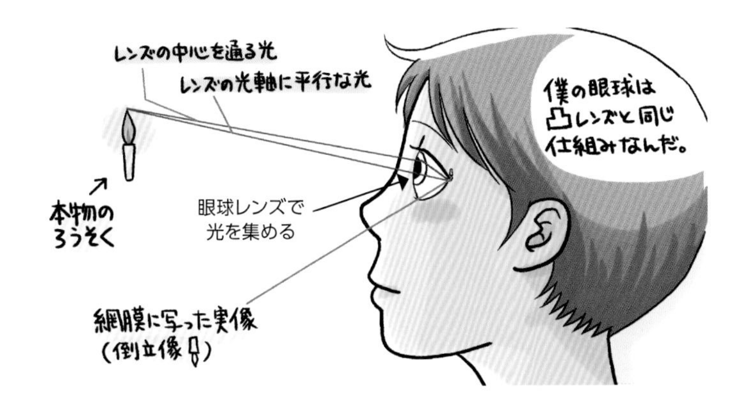

生徒の感想
- 自由研究でピンホールカメラを作ったことがあります。
- 調べたら人の脳は、網膜に映った上下左右逆転した像を瞬時に計算し直していてすごい。

凸レンズによる像のまとめ

虚　像	正立像（せいりつぞう）	• 物体からの光は拡散したまま ※鏡の奥にみえる像、凸レンズの奥に見える像 ※スクリーン、および、網膜で結像していない
実　像	倒立像（とうりつぞう）	• 物体からの光が集まった像 ※スクリーン、および、網膜で結像している

※平面鏡は曲面がなく光を収束（しゅうそく）できないので、鏡が映し出しているものは虚像。

12 焦点距離と2つの像

準　備

- 光学台
- ろうそく

⚠注意　火傷、火災

- ろうそくの炎に注意する。

ろうそくを載せた光学台

ろうそくを使えば、実像が倒立像であることは一目瞭然(いちもくりょうぜん)。

作図上のポイント

(1) 焦点距離の2倍が基準になる。
(2) 焦点距離では、すべての光が平行光線になり、像ができない。
(3) 四方八方に飛び出した光のうち、レンズを通らなかった光は、像をつくるためには使われない。逆に、レンズを通った光は、すべて1つの点に集まる。

生徒の感想

- レンズの位置によって、ろうそくの大きさが変わった。
- 教室の壁におばけろうそくが揺れた。

光学台を使って、凸レンズの位置を変えて像のでき方を調べます。物体（光源）の光は四方八方に出ていますが、次の3つに絞ります。

(1) レンズの光軸と平行な光　（右ページ図のオレンジ色）
(2) レンズの中心を通る光　（右ページ図の赤色）
(3) レンズの焦点を通る光　（右ページ図の破線。1箇所のみ）

(1)と(2)と(3)は1点で交わります（結像）。しかし、作図は2本で十分なので、(1)と(2)の交点が結像する位置です。

凸レンズによる像を調べる実験

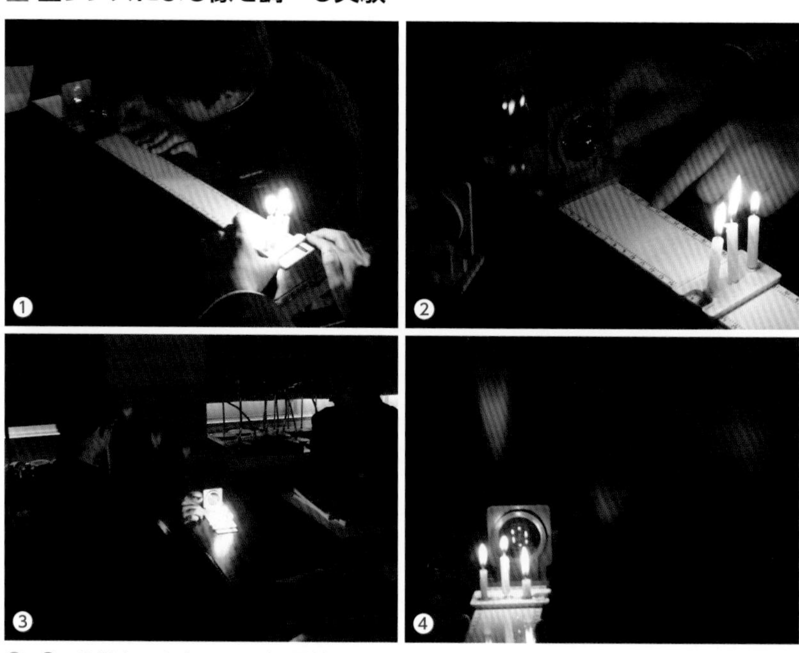

①、②：光学台の中央にレンズ、両端にスクリーンとろうそくを置く。基準の位置は、焦点距離の2倍。同じ大きさの倒立像（実像）ができることを確認する。　③、④：位置を変え、像の大きさと結像する距離を調べる。

実験結果：スクリーンに映る実像（焦点距離8cm）

光源と凸レンズの距離		実像の大きさ
30cm	遠くなる	小さくなる
20cm	↑	↑
16cm　p.100 写真⑧	焦点距離の2倍	光源と同じ大きさ
12cm　p.100 写真⑦	↓	↓
10cm　p.100 写真⑥	近くなる	大きくなる
8cm	焦点距離	できない

ろうそくを焦点距離より近くに置くと、実像はできません。ただし、レンズからろうそくをのぞくと、p.103のような虚像が見えます。

凸レンズがつくる像（模式図６段階）

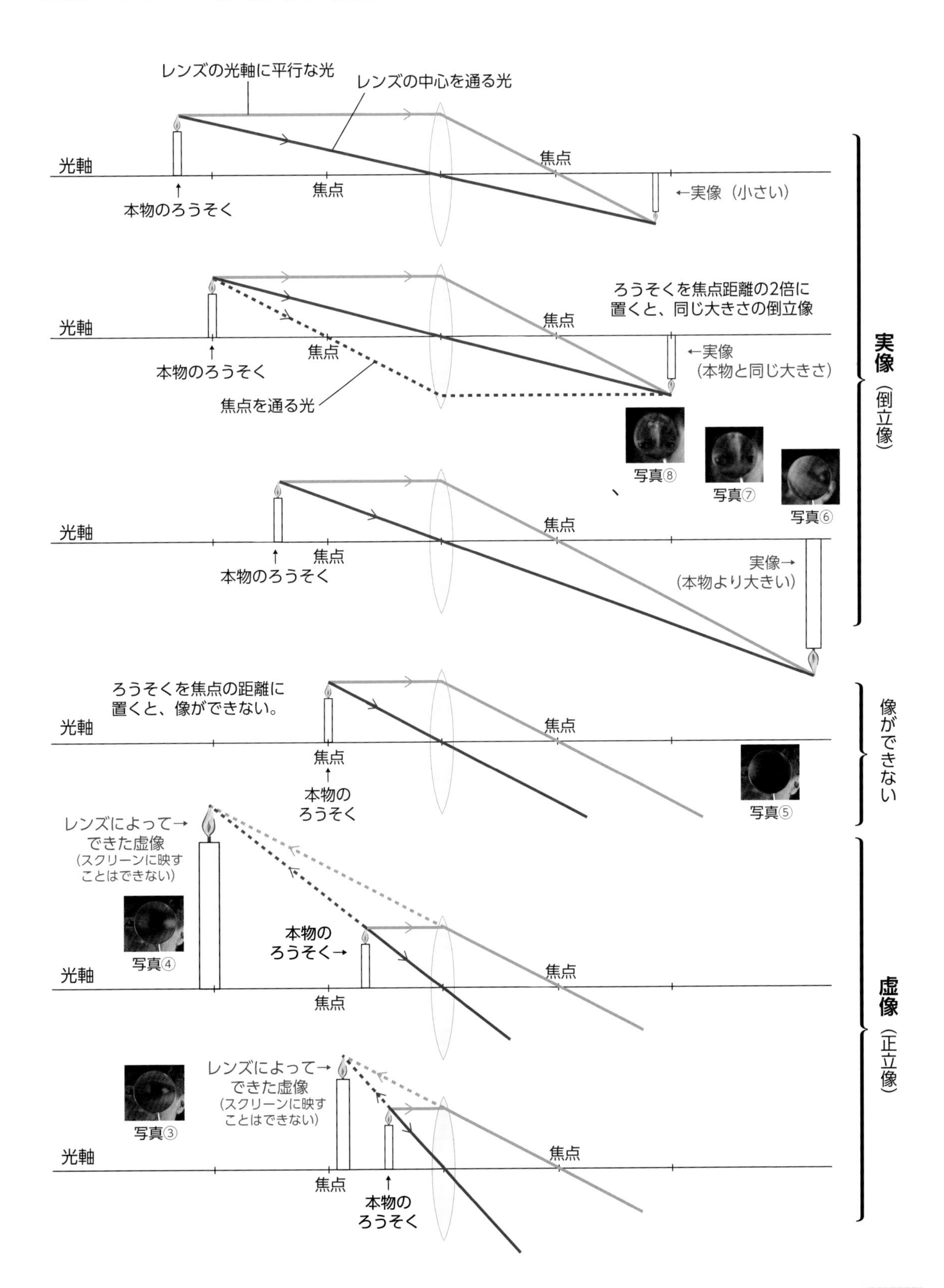

13 美しい光線

準　備

- 光源装置
- いろいろな透明体
- 凸レンズ
- 暗幕

これまでの学習のまとめとして、光の性質を考えながら、いろいろな位置から光を当て、変化する光線を楽しんでください。美しい光線を作るためには、光の直進性、屈折、全反射の考えが必要になります。

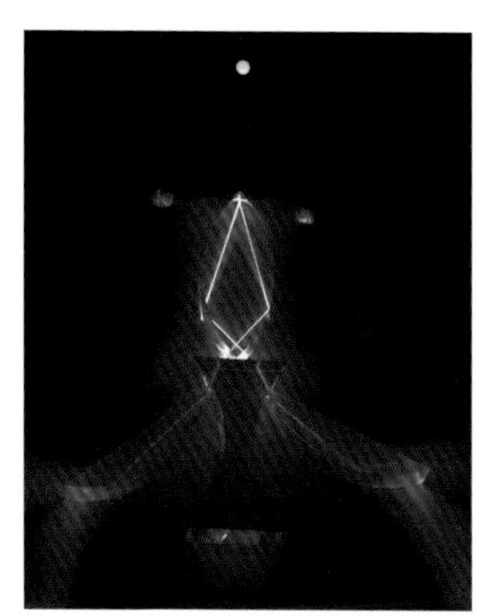

生徒による一押し作品

「どうです。きれいでしょ。レーザーポインターは1つしか使っていません」。

生徒の感想

- 光を入れる角度が大切だった。
- 光は複数に分かれるように見えるけれど、よく調べるとちゃんとした規則に従って屈折したり、反射したりしているだけだった。また、実際は単純に反射するだけでなく、屈折する割合が連続して変わっていく。
- 美しいものができるのは、ピンポイントだった。

透明ガラスを使った実験

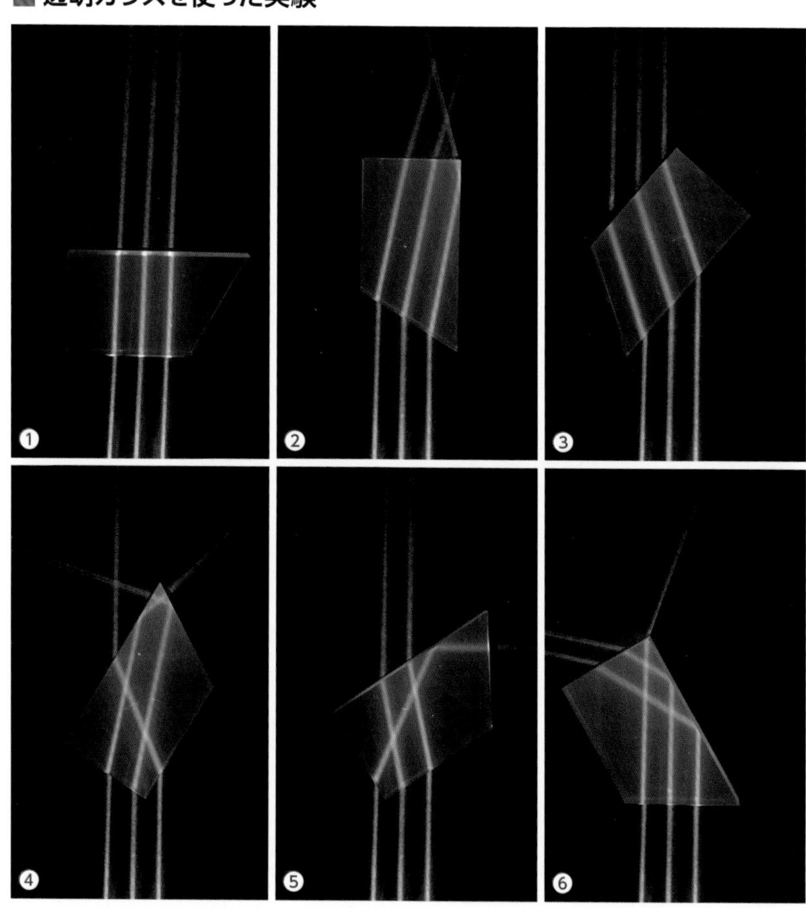

①：平行な白色光3本を透明ガラスに入射する。　②〜⑥：ガラスだけを動かす。複雑に見えるが、屈折しているのは「空気→ガラス」、「ガラス→空気」の2箇所（p.92）。全反射はガラス内（p.94）。

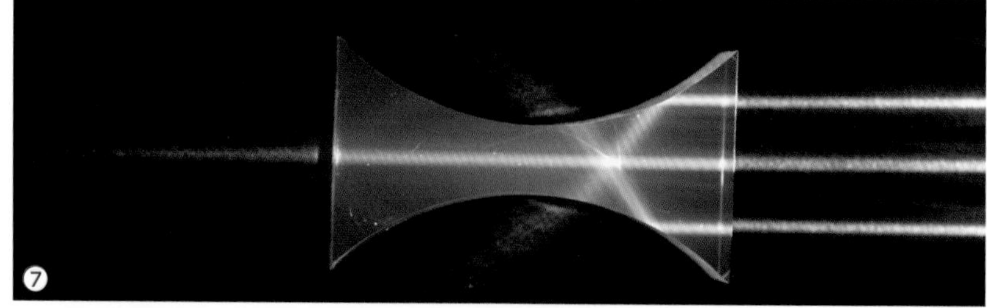

⑦：光を右側から入射すると、中心の光は直進、両端の光はガラス内を直進した後、ガラス内部で全反射し、その後、空気中へ飛び出している。よく見ると、光が分散して虹色が見られる（p.86）。

14 見えない放射線

放射線は見ることができない、大きなエネルギーをもつものです。種類はいろいろありますが（欄外）、日常的に自然界で接する放射線は無害なレベルのものがほとんどです。現存する生物は自然界にある放射線の中で進化してきたものです。しかし、人工的な放射線はコントロールが難しく、人類はもとより地球生命を壊滅させる危険性をはらみます。2023年現在、2011年の福島原発事故現場の地下溶融物（デブリ）は全貌不明で、処理完了計画は延期の連続です。

霧箱による放射線の観察

霧箱は α 線、β 線などの放射線を間接的に観察できる装置です。

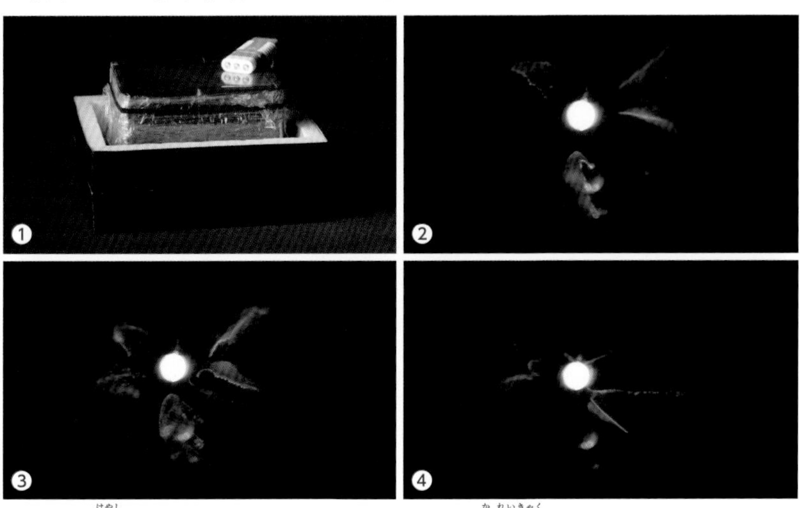

①：霧箱（林式）にエタノールを入れ、ドライアイスで過冷却の気体をつくる。 ②〜④：放射線源（ラジウムセラミックボール）を入れ、光を当てて放射線の飛跡を観察する。

放射線の利用

高エネルギーの放射線は、長所と短所がはっきりしています。日常生活で受けるような放射線は問題ないことがほとんどですが、人工的なものは健康診断であっても、放射線を身体に受ける被曝は注意するべきです。理科の実験でも同じです。

長所	短所
・レントゲン撮影（CT スキャン） ・医療診断、手荷物検査 ・物質の特性の向上 ・品種改良、食品保存 ・年代測定 ・原子力発電（最近は廃棄物や廃炉問題で長所が減りつつある）	・万年単位の地球汚染 ・DNA の破壊（生物の死） ・原発の核燃料廃棄物 ・原子力爆弾（無差別兵器） ※被曝には内部被曝と外部被曝があり、その安全基準の確立は難しい（国や地域の事情によって異なる）。

※放射線の能力を測定する単位は３つ（p.10）。

レントゲン（ドイツの物理学者）
紙や布を透過する目にみえないX線の発見によりノーベル賞を受賞。

簡易放射線検知器
放射線は五感で感じられないが、死に至る高エネルギーをもつ場合もある。この検知器の単位は、μ Sv/時。1時間当たりの人体に与える悪影響を計算した値（p.10）。

放射線の種類
放射線は、高エネルギーの粒子（α 線、β 線、中性子線、陽子線など）と電磁波（γ 線と X 線など）の総称。また、放射線を出す物質を放射性物質、その能力を放射能という。

主な放射性物質の半減期
（自然崩壊で放射線を出さなくなる量が1/2 になるまでの期間）

物質	半減期
ウラン238	45億年
カリウム40	13億年
セシウム137	30.2年
セシウム134	2.1年
ヨウ素131	8日
ラドン220	55.6秒

生徒の感想
・放射線は諸刃の剣。

第6章 電子で調べる 電気

この章は、私たちの生活に欠かせない電気の基本的な現象や法則を調べます。電気の正体は、－(マイナス)の電気を帯びた電子という小さな粒(つぶ)で、この本では電子を小さな緑色の粒⊖として表現します。その流れを電流といい、電流は「水の流れ」として考えるとわかりやすくなります。電圧は「水の勢い」、抵抗(ていこう)は「流れを妨(さまた)げるもの」になります。なお、電子の流れを「動電気」、じっとして動かない電子を「静電気 (p.124)」ということがあります。

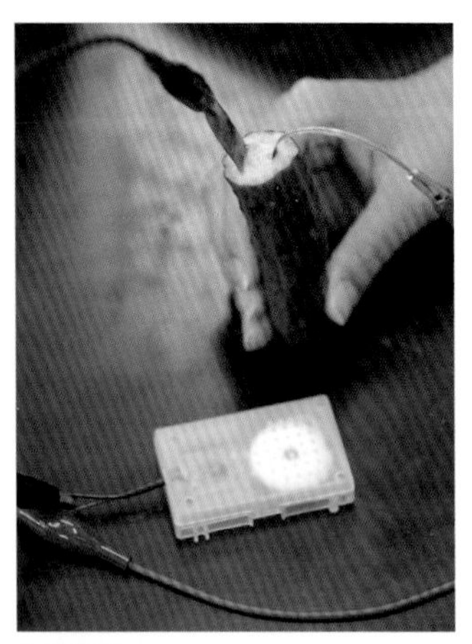

化学電池

キュウリに銅とマグネシウムを差し込むと電流が発生し、電子オルゴールを鳴らす。物質から電子を取り出したり、原子がイオン（電気を帯びた原子）になることは、本書のシリーズ書籍『中学理科の化学』で調べる。

1 物質の素材としての電子

すべての物質は、目に見えない小さな粒からできています。粒にはいろいろな種類がありますが、－の電気を帯びた電子は最も重要な粒の1つです。この電子がすべての物質に含(ふく)まれていることは、2種類の異なる物質を擦(こす)り合わせる実験でわかります。

準　備

- ストロー
- セーター
- ネオン管

ストローとセーターの間で電子を移動させる実験

ストローをセーターで摩擦し、そのストローをネオン管に接触させると、一瞬光ります。これは、セーターにあった電子⊖が摩擦エネルギーによってストローに移動したこと、ネオン管を通過した電子によって光エネルギーが放出されたことを示します。

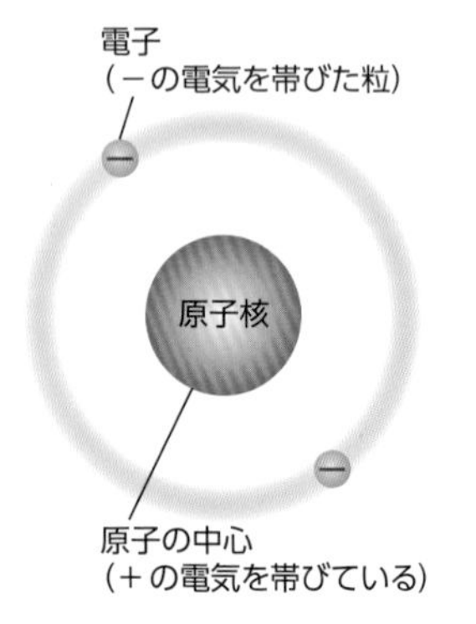

原子の基本構造

すべての物質は原子（原子核と電子）からできている。その電子が流れる現象を電流という。

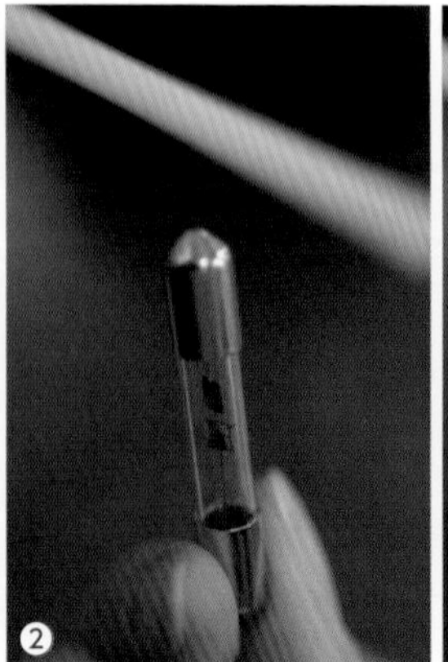
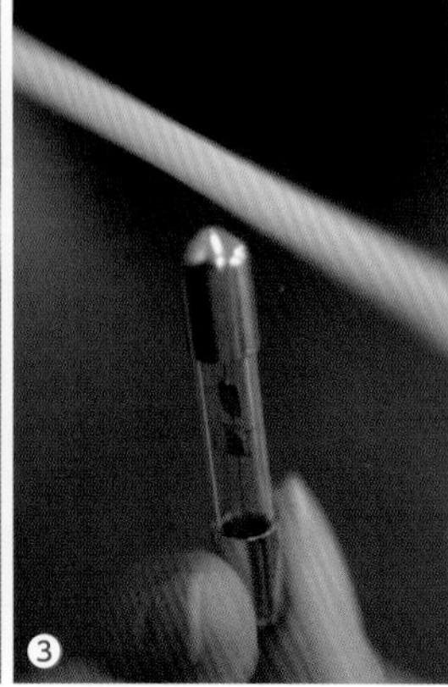

①：ストローでセーターを擦る。　②、③：擦ったストローにネオン管を接触させ、ネオン管を点灯させる（ネオン管の一方を素手でもつ）。

※①で作った電気を静電気というが、詳しい実験は第7章「電界と磁界」で行う。

2 豆電球を点灯させる

あっ、光った！　これからいろいろな電気の実験をしますが、授業では、豆電球1個を点灯させたときにもっとも大きな歓声が上がりました。最近の家電製品は高度なはたらきをしますが、内部構造が見えないので親近感がわきません。それに引きかえ、この実験は、まさに自分が配線して電流を流したんだ！　という充実感を味わえます。

さあ、1879年、エジソンが人類で初めて電流による明かりを作ったときと同じような感動を味わってください。

白熱電球（豆電球）に電圧をかける実験

①：豆電球のフィラメント。　②：白熱電球のフィラメント。　③～⑥：白熱電球を電源装置につなぎ、少しずつ電圧を上げていったときの様子。白熱した光を出していることがわかる。

⑦：実験後の理科室（顕微鏡はフィラメント点検に使用。黒板には応用実験用回路図）。

準　備

- 豆電球
- ソケット（リード線つき）
- 乾電池（1.5V）

⚠注意 火傷

- 変換効率の悪い電球ほど大量の熱エネルギーを出して熱くなる。

白熱電球（100 V 60 W）

内部の作りは豆電球とほぼ同じ。豆電球の中にある細い金属線をフィラメントといい、これに電流を流すと光る。

よくある失敗

- 豆電球が切れている
- 豆電球が緩んでいる
- 乾電池が弱い
- ソケット内部の断線
- クリップ内部の断線
- 接触不良
- 乾電池を2個にしたとき、同じ極どうしをつなげる（＋と＋、－と－）

生徒の感想

- 豆電球が光った！
- ルーペでフィラメントを見たら、くるくるしていてかわいかった。
- 乾電池をたくさんつないだら、豆電球が切れちゃった。

3 空気中を飛ぶ電子（放電）

雷のように電子⊖を空気中に飛ばして観察しましょう。放電、という現象です。ただし、空気は絶縁性が高く、1cm飛ばすために家庭用の電圧（100V）の数100倍の力で押し出す必要があります。そこで、授業では誘導コイルという装置で電圧を数万Vまで上げます。危険なので、先生による演示実験です。また、空気を抜いた管で放電させる真空放電も行います。

準　備

- 誘導コイル
- リード線
- クルックス管

⚠注意　被曝

- クルックス管は放射線を発生するので被曝に注意。
- クルックス管に近づき過ぎない。
- 実験時間を短くする。

雷（放電）
大気中の雨粒どうしが激しく擦れて帯電し、大地に放電する現象。

放射線と電子
放射線の1つに、高エネルギーの粒子「β線」がある。これは電子⊖と同じだが、核崩壊によってできたもの。

クルックス管によるγ線
理科室のクルックス管による実験は、有害なX線やγ線などの放射線も発生させる。γ線は分厚い鉛の壁でなければ遮断できない（人体を通過する）。（写真：YouTube 中学理科のMr.Taka）

誘導コイルを使った放電

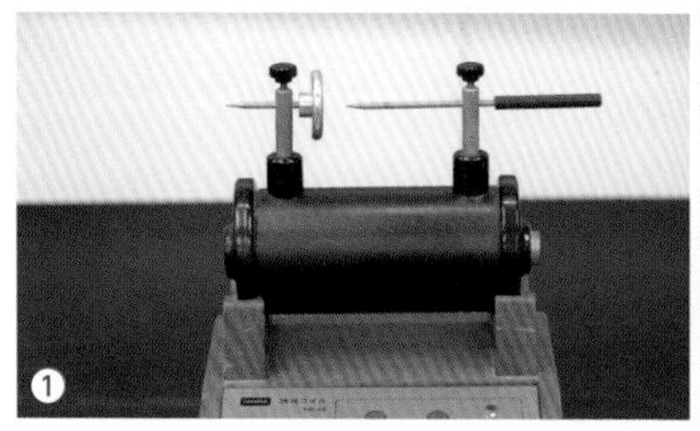

①、②：誘導コイルをセットし、空気中を飛ぶ電子を観察する。

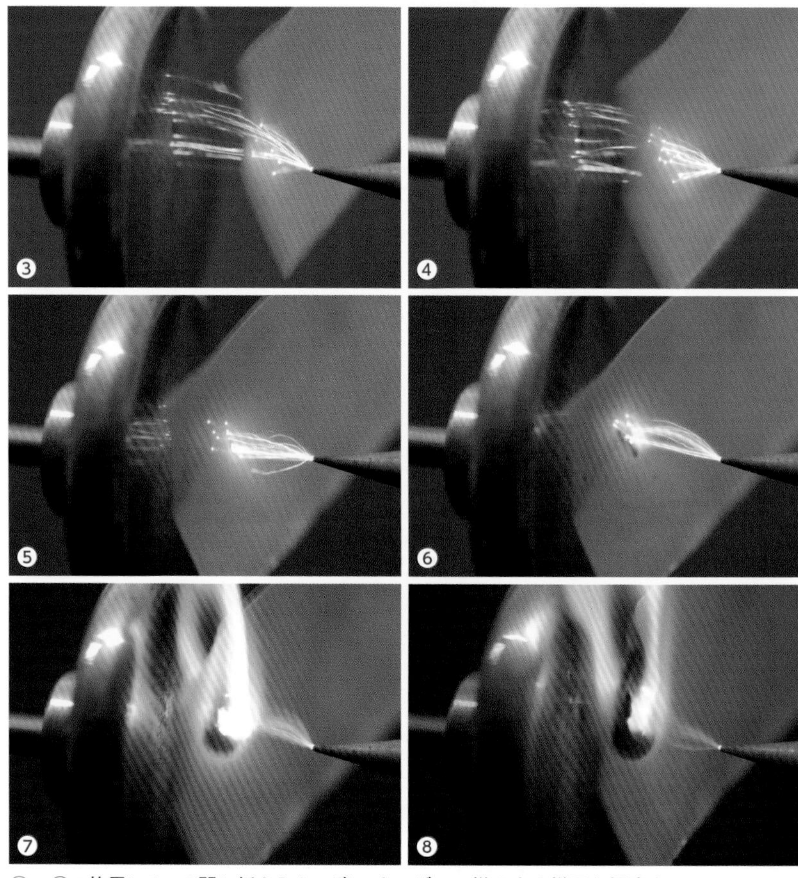

③〜⑧：放電している間に紙を入れ、高エネルギーで燃え出す様子を観察する。

スリット付きクルックス管による陰極線の観察

電流が陰極線（－の電気を帯びた電子⊖の流れ、電子線）であることは、蛍光物質を使ったクルックス管で調べられます。

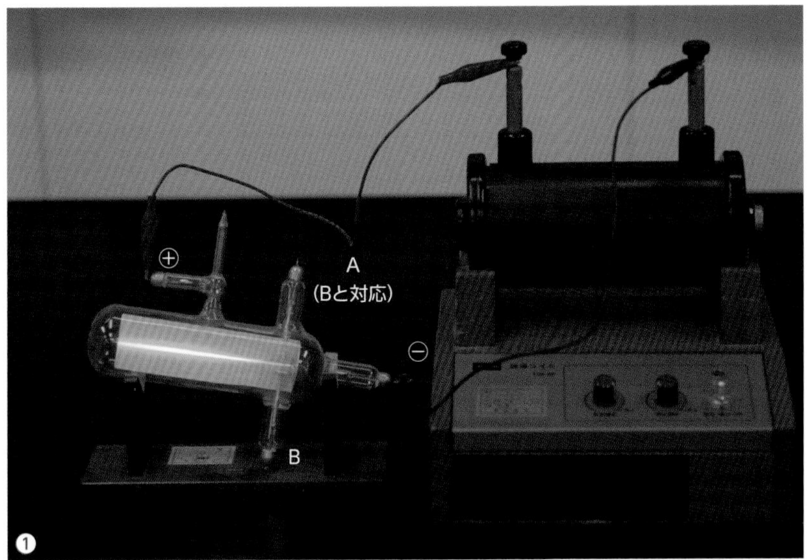

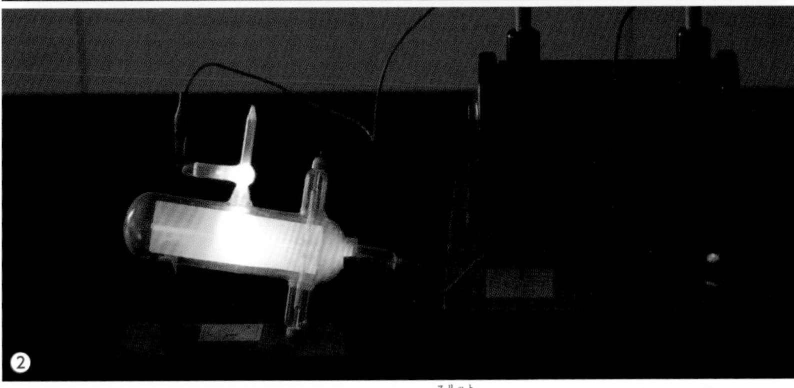

①：クルックス管の左端に－極をつなぐと、左端の隙間から飛び出した光（陰極線）が観察できる。さらに、Aに＋極、Bに－極をつなぐと陰極線が上に曲がる。これは、陰極線がA（＋）と引き合うこと、つまり、－の電気を帯びていることを示す。　②：スイッチを切り替え、＋－を逆にすると、電子の流れが観察できなくなる。

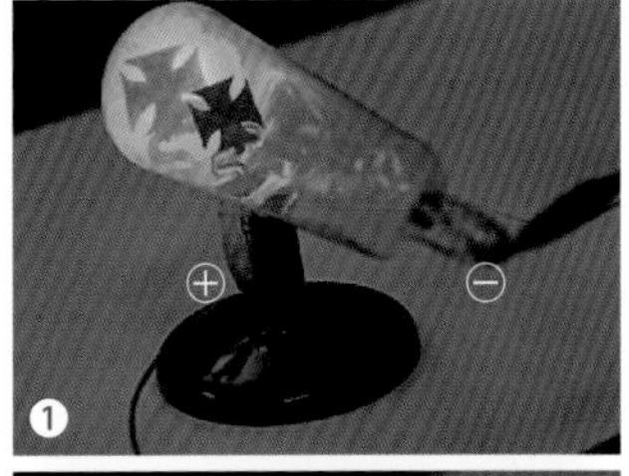

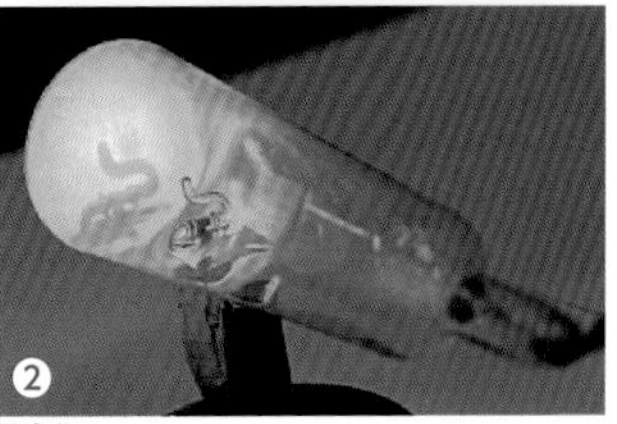

十字板入りクルックス管の実験

①：手前を－、金属製十字板を＋にすると、十字の影ができる。　②十字を倒した影。電源の＋－を変えると影はできない。

感電について

電子数が多いと危険だが、少なければビリッと感じても大丈夫。冬に起きやすい静電気と同じ（低電流・高電圧）。

生徒の感想

- 誘導コイルの＋－を逆にすると、電子の飛び方の様子が変わった。

誘導コイルによる放電の仕組み

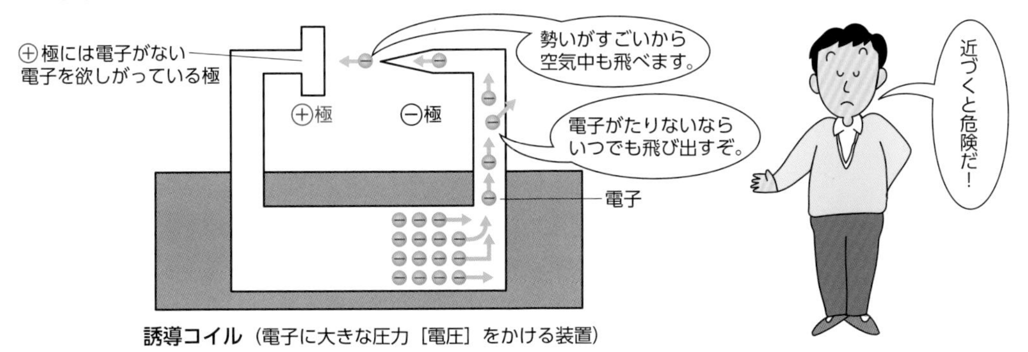

誘導コイル（電子に大きな圧力［電圧］をかける装置）

羽根車つきクルックス管

羽根車つきクルックス管を観察しましょう。この羽根車は、電気的な作用ではなく、物理的な作用によって動きます。部屋の電気を消すと、－極から＋極へ動く様子がとても美しく観察できます。

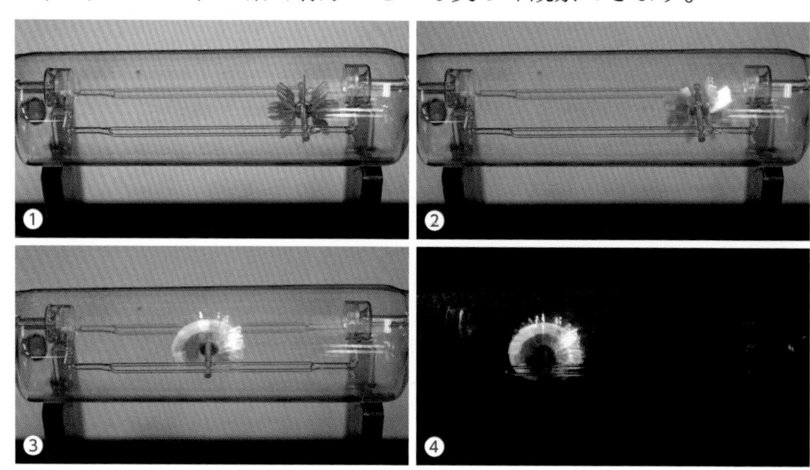

①：羽根車つきクルックス管を水平にセットする。　②：電源を入れる（左側を＋極、右側を－極とした）。羽根車やガラス管が光るのは、蛍光塗料による。　③：羽根車に電子が当たり加速する。　④：電気を消すと羽根車の右側（－側）がよく光る。

放電管による真空放電の実験

下の放電管は、真空の度合いを変えたクロス真空計です。左から順に空気が薄くなっていきます。左端は50hPa、右端は4Paです。なお、完全な真空よりも、わずかに空気や不活性ガス（Ne（ネオン）、Ar（アルゴン）など）がある方が美しく放電します。

①：数万Vの高電圧をかける準備をする。　②：電圧をかけ、真空度の違いによる放電状態の変化を観察する。

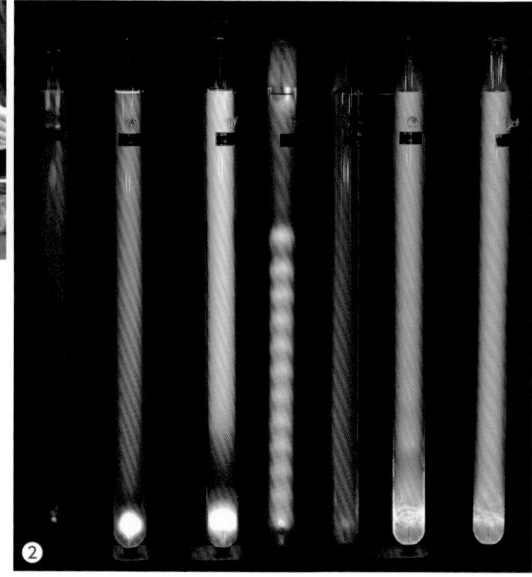

クルックス管

電子は動かない
（クルックス管の中にも電子がある）

スイッチ OFF の状態

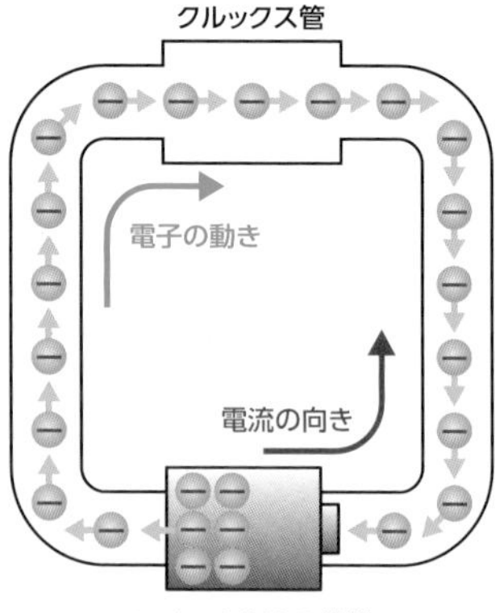

スイッチ ON の状態

電子の動き、電流の向き

電子は－であるが、「電流は＋から－へ」と定義されている。

※金属や導体は自由電子で溢（あふ）れている。そこに圧力（電圧）がかかると一斉に動く（流れる）。

生徒の感想

- 電気を消して観察したから、めちゃくちゃきれいだった。夜空をかける馬車みたい。
- ＋－を逆にすると、反対側に勢いよく回り出したので、すごく性能がいい装置だと思った。
- 真ん中の放電管がきれいだった。

4 電子にかかる圧力「電圧」

海外旅行のとき、日本の家電製品を持ち込んだことはありますか。欧州諸国の電圧は220～240Vなので、うっかり日本製品（100V）を使うと高電圧で壊れてしまうことがあります。国によって一般家庭に供給されている**電圧（電子を押し出す力）**が違うからです。

下図を見てください。電子⊖は水の勢いに例えることができます。海外は深いところに穴がある水槽、日本は浅いところに穴がある水槽です。穴の大きさは同じでも、勢いが違うことがポイントです。

このページで使う単位
- V　（電圧）
- Hz　（周波数）

※電圧の単位「ボルト」は、イタリアの科学者ボルタの名前にちなんでつけられた。

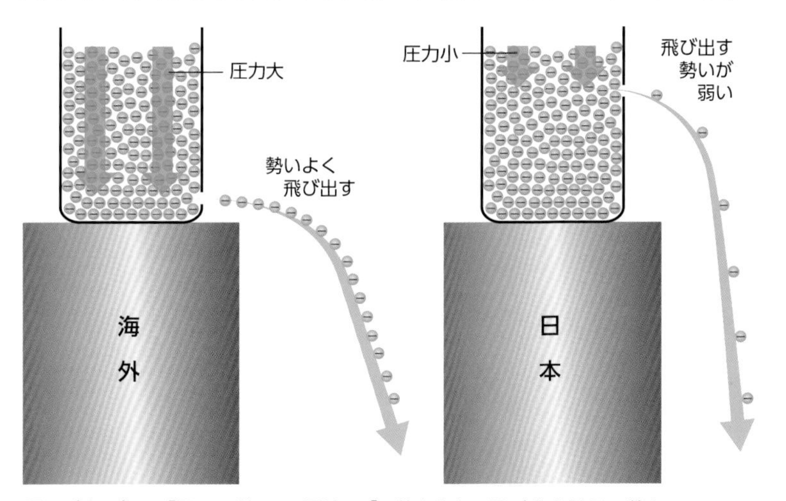

※電圧（水圧）は「電子の勢い」、電流は「1秒あたりに飛び出す電子の数」。

電圧と水圧は比較できる
p.35では、水圧を「水が飛び出す勢い」として調べた。

世界各国の電圧

世界各国の電流や電圧を比較すると、日本の特異性が際立っています。日本の電圧は世界最低の100Vで、周波数も2種類あります。

周波数（ヘルツ）	電圧（ボルト）	主な国
60	240/230	フィリピン
	240/120	カナダ
	220	ペルー
	120	ベネズエラ、アメリカ合衆国
50	250/240	オーストラリア
	240/230/220	インド
	230	オーストリア、スイス、スウェーデン、ノルウェー、ポルトガル、タンザニア
	230/127	ドイツ、フランス、ベルギー
	220/125	イタリア
	220/110	ブルガリア、中国
60/50	100	日本　※1.5Vの乾電池なら66個になる。

交流電流計
電子の流れ方は、直流と交流の2種類がある（p.141）。本文で紹介した世界各国の電流は、すべて交流（＋－が交互に変わる電流）であり、1秒間に何回変わるかを周波数という。

5 乾電池という電源

豆電球の明るさは、乾電池のつなぎ方によって変わります。さて、次のA、Bのうち、明るいのはどちらでしょう。予想を立ててから、乾電池を使った実験結果を見てください。

準　備

- 乾電池
- 豆電球

※ LED豆電球を使えば、＋－まで調べることができる。

⚠ 注意　発火、爆発

- ショートさせない。
- 電源や電池の＋と－をつながない。

ショート（ショート回路）

電源の＋と－を直接つなぐことをショートという。短絡。大量の電子が流れ、発熱したり発火したりする。大変に危険。理論上、電圧は0、電流は無限大になる。なお、電磁石や電熱線はショート回路の一種。

予想問題　明るいのはA、Bのどっち？

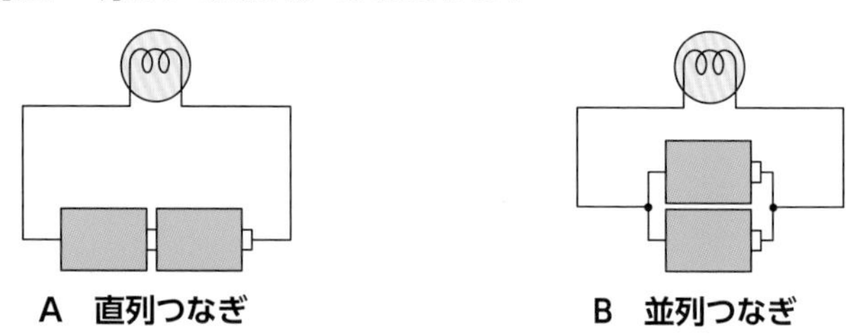

ヒント１：A、Bともに直列回路。
ヒント２：**Aは細長い**乾電池１個、**Bは太い**乾電池１個として考える。
ヒント３：何Vの電池になったのか考える。

いろいろな乾電池

このタイプは世界共通1.5Vなので、多くの国々で安心して購入し使うことができる。大きい方から順に単1、単2、単3乾電池。この他にも、大きさや電圧の違うものがある。

乾電池のつなぎ方を変える実験、その結果

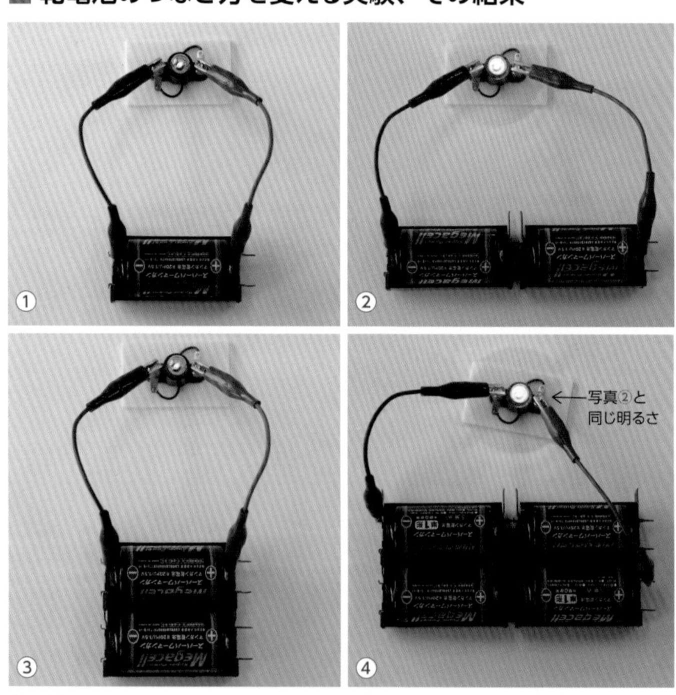

①：乾電池１個の明るさを確認する。　②：乾電池２個を直列つなぎ（A）。　③：乾電池２個の並列つなぎ（B）。　④：乾電池４個を直列、および、並列につないだもの。

電源とは

電流を流すはたらき（電圧）をもち続けるもの、と考えることができる。静電気の移動は一瞬で終わる（p.106）。

生徒の感想

- 乾電池を６個もつなげば、ものスゴく明るくなると思っていた。

明るいのはAです。Bは１個分の明るさですが、Aより２倍長く点灯します。乾電池を組み合わせたものは回路（p.114）ではなく、つなぎ方を変えて作った１つの電源として考えるのです。

6 電圧計の使い方

電圧計の使い方の練習として、乾電池の電圧を測りましょう。古い乾電池を正確に測定すると、意外な発見があるかも。

電圧計の端子の選び方、つなぎ方

初めに、＋端子（赤）をつなぎます。赤は1つなので間違わないでしょう。－端子（黒）は3つ。3V、15V、300Vです。見当がつかない場合は、電圧計が壊れないように300Vから試します。

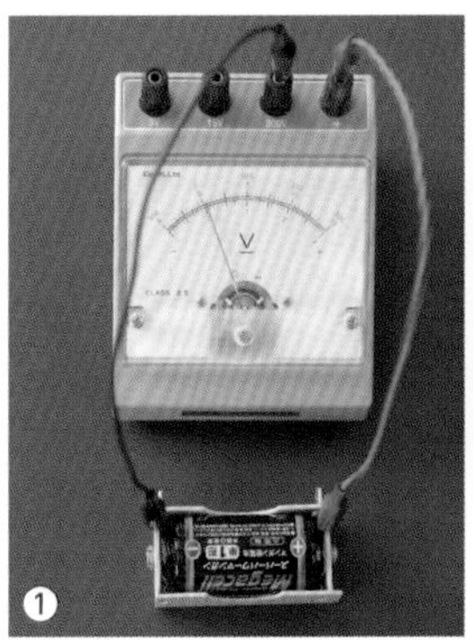

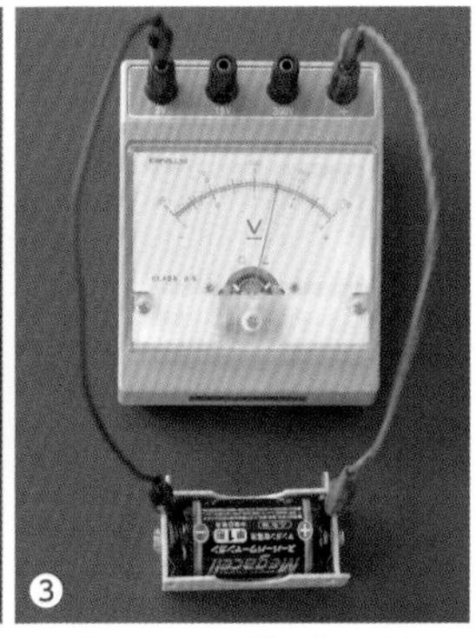

①、②：300V端子につなぎ、針が振れない場合は15V端子に変える。 ③：②の値が3Vより小さい場合、3V端子に変える。それでも動かない場合、接触不良がないか調べる。

目盛りの読み方

ちょうど良い端子を選んだら、目盛りの1/10の値まで、目分量（めぶんりょう）で読みます。上の写真①～③と下の写真④～⑥は対応しています。

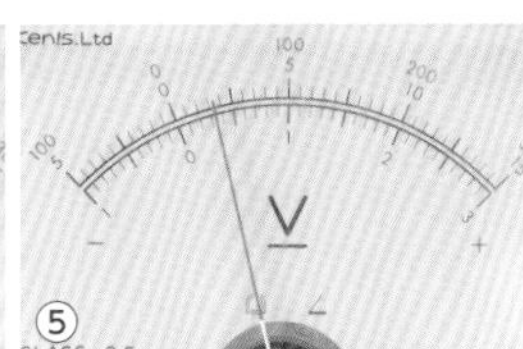

④：5V（300V 端子）。 ⑤：1.7V（15V 端子）。 ⑥：1.52V（3V 端子）。

有効数字、データの見方・使い方

写真④～⑥のうち、最も正確に読めるのは⑥です。針がしっかり動いているからです。次に、⑥を目分量で「1.52V」と読んだ場合、小数点第2位の0.02は、目盛りと針による数値なので有効数字といいます（有効数字は3桁）。しかし、それは誤差を含む「使えない数字」です。同じように、⑤の0.7は使えないので、1.7を四捨五入して2Vになります。④の5は有効数字ですが、使えません。

まとめとして、④～⑥は、同じものを同じ計測器で測定したものであることを思い出しましょう。p.12も読み直してください。

準 備

- 直流電圧計
- 乾電池
- リード線

この実験で使う単位

- V （電圧）

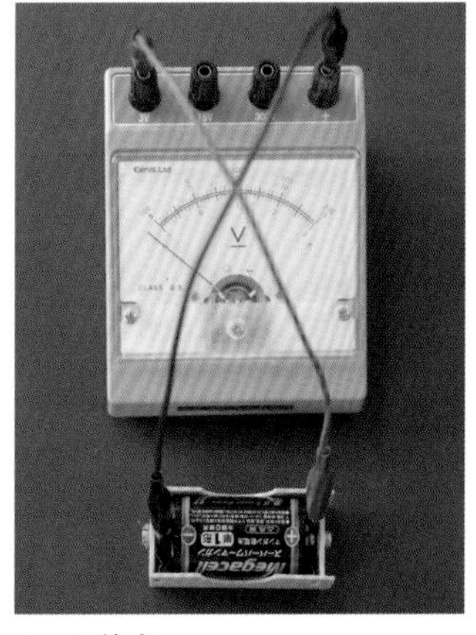

＋－に注意

＋－を間違えると電圧計が壊れる。＋は赤、と決めておくと良い。

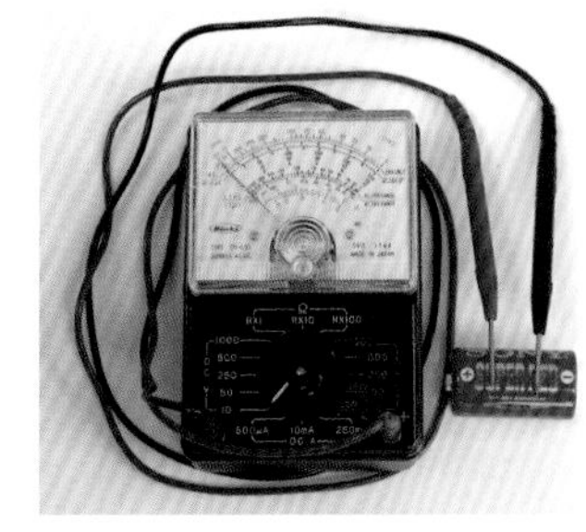

テスター

電圧、電流、抵抗を測定できる。基本的なつなぎ方、目盛りの読み方は、この本で習得しておこう。

ワンポイント

携帯電話やデジカメの**バッテリー残量**は、電子の圧力ではなく、**電子そのものの量**を表す（p.149）。

7 直列回路と並列回路

乾電池１個で、豆電球２個の直列回路と並列回路を作り、どちらが明るいか調べてみましょう。授業中の予想では、約半数の生徒が間違えていました。みなさんは、どちらが明るいと思いますか。

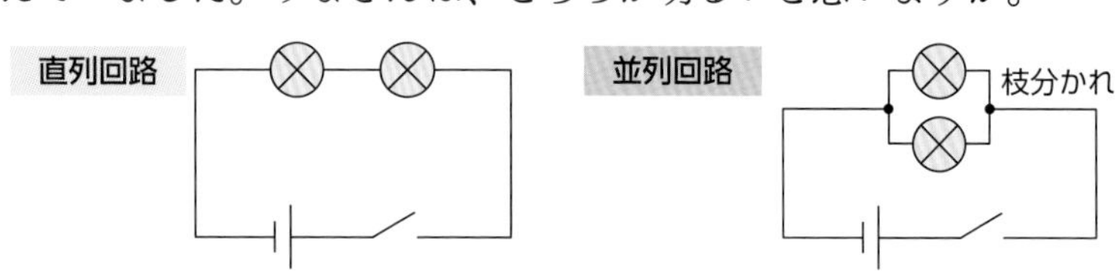

直列回路と並列回路の明るさ

下の実験結果から、並列回路の方が明るいことがわかります。

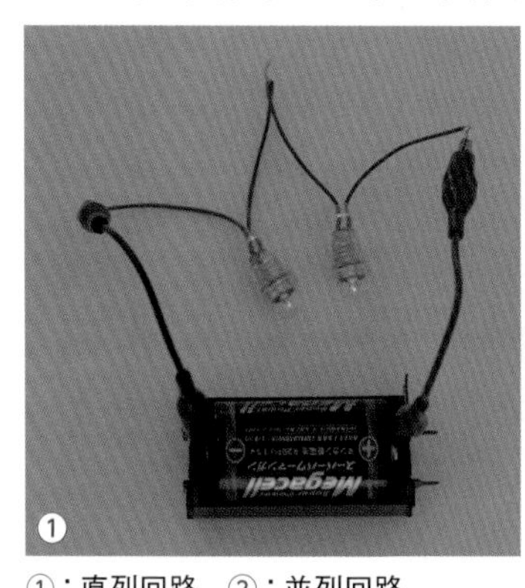
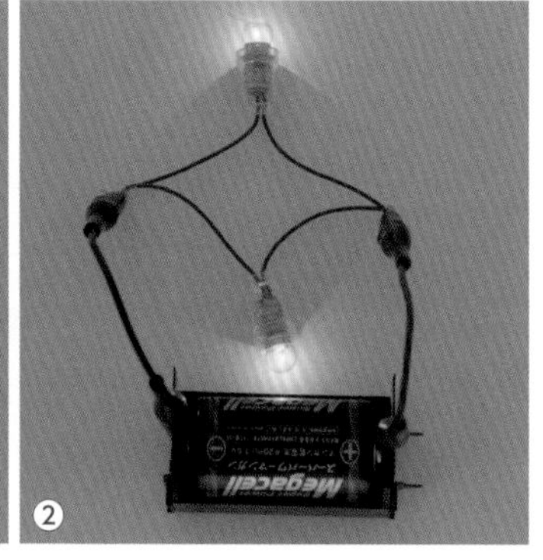

①：直列回路　②：並列回路

さらに、並列回路の明るさを調べるために豆電球を増やしましょう。

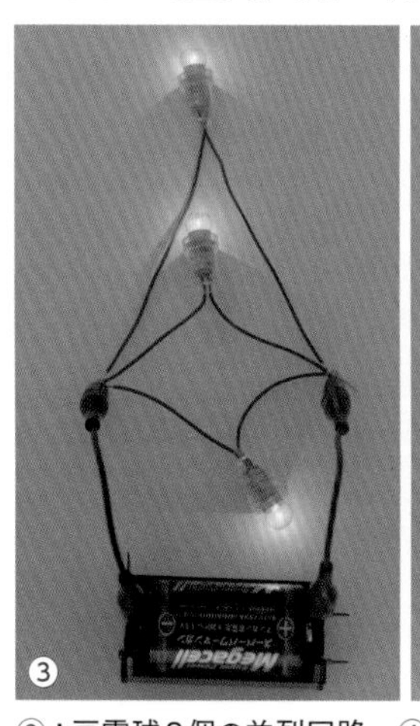
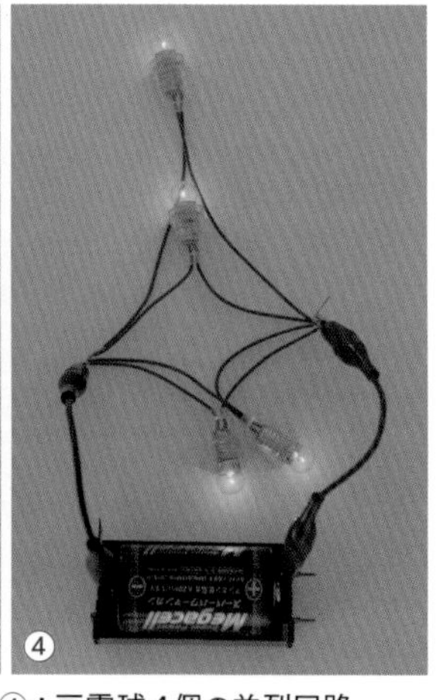

③：豆電球３個の並列回路　④：豆電球４個の並列回路

②〜④の明るさがほとんど変わらないことから、乾電池は、並列回路の豆電球に対して、同じ量だけ仕事していることがわかります。この詳しい考え方は、p.118 にあります（キルヒホッフの法則）。

準　備

- 豆電球
- 乾電池

回路

電子が流れる、ひとつながりの電流の道筋を回路という。

直列回路	・全体が１つの輪になっている回路
並列回路	・途中で枝分かれしている回路

電気用図記号

電源（直流）	─┤├─ 長い方が＋極
スイッチ	─╱ ─
電球（ランプ）	⊗
負荷（抵抗）（電熱線）	─□─
電流計	Ⓐ
電圧計	Ⓥ
交わる導線	─┼─ 三路は省略可
交わらない導線	─┼─

※回路図は、途中で切れない。
※記号は日本工業規格（ＪＩＳ）。
※技術科と違う場合もある。

考え方のポイント

つなぎ方を変えたものに着目する。この実験は豆電球のつなぎ方を変えたので、直列にすると電流が流れ難くなり暗くなる。これに対し乾電池を直列にすると、電圧が高くなり明るくなる。

生徒の感想

- 完全に予想と逆だった！
- 豆電球が暖かくなった。
- 並列回路は明るいけれど、電池が速く消耗すると思う。

8 回路にかかる電圧

自由に回路を作り、豆電球にかかる電圧の大きさを測定してみましょう。ある豆電球を緩めると（電流を遮断(しゃだん)すると）、他の明るさが面白いように変わり、およその電圧が推測できます。なお、明るさは電圧と電流の両方で決まるので、この実験の目的は電子⊖の勢い（電圧）のイメージ作りです。

豆電球の実験は要注意

豆電球は、発熱したり抵抗値が変化したり誤差が大きい。例えば、①の理論値は2Vと1V。

実験の様子と豆電球の明るさ

下の写真①〜⑥は、回路全体が約3Vです。豆電球は誤差が大きいので、数値はおよその値です。

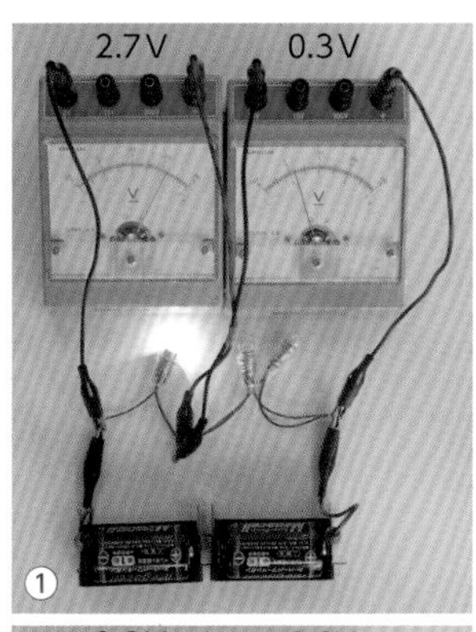

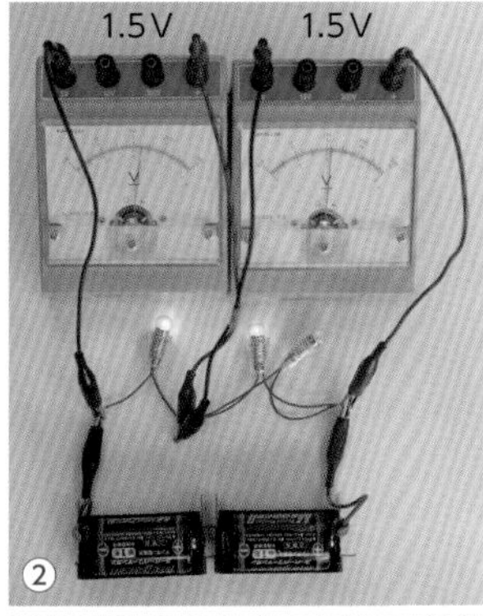

①：すべての豆電球に電流が流れている場合（右の２つは、わずかに点灯している）。
②：１つだけ緩めた場合（緩めたものは完全に消えている）。

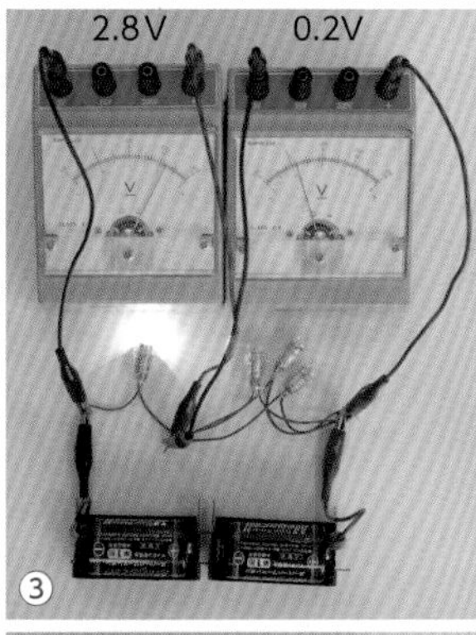

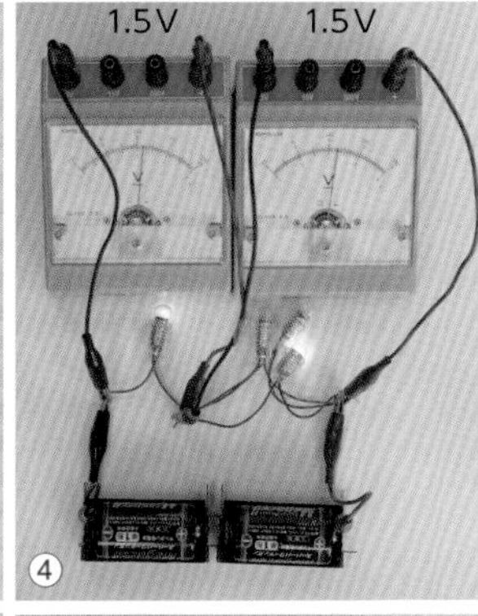

③：すべての豆電球に電流が流れている場合（右の３つは、写真①よりも弱く点灯している）。
④：右の３つのうち、２つを緩めた場合。

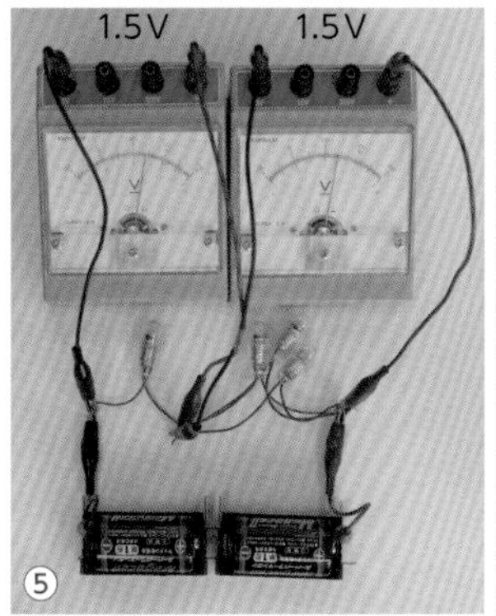

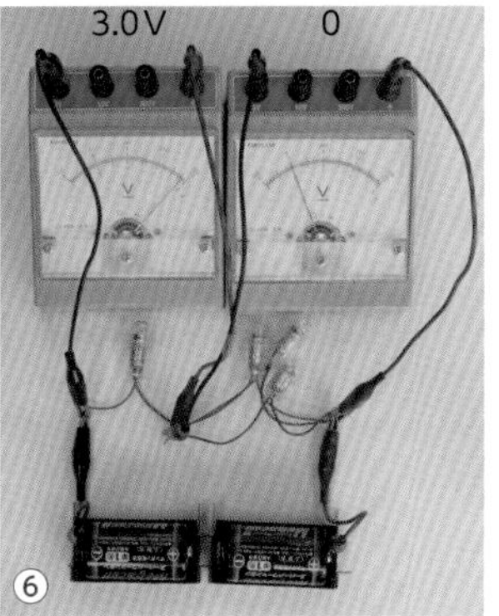

⑤：すべての豆電球を緩めた場合。
⑥：左の１つだけがつながっている場合。

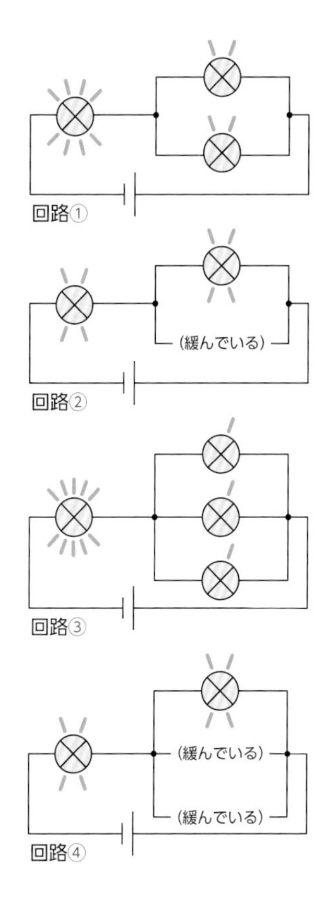

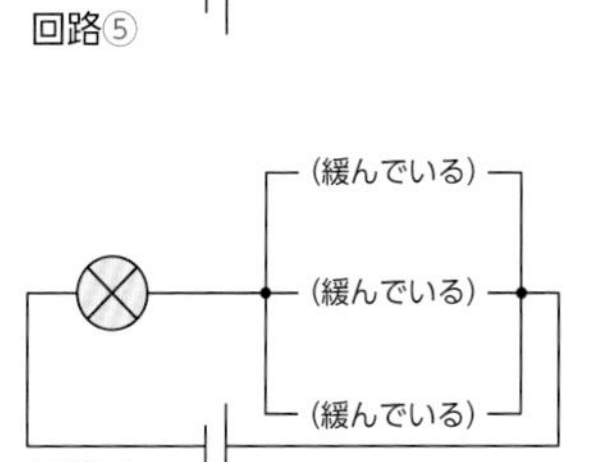

9 電子が流れる量「電流」

同じ電圧でも、電流をあまり使わない省エネ装置と、どんどん使う無駄遣い装置があります。省エネは、1秒間に流れる電子㊀の量が少ないので、乾電池1個でも長く使えます。携帯電話が長時間使えるようになったのは、消費する電流（A）が少なくなったからです。

電流計のつなぎ方

電流計は、測りたい部分の回路を切断して、そこに挟みます。1つの輪、回路に組み込むのです。これに対して、電圧計は回路を切らずに、測る部分の両端につなげます（p.113、p.120）。

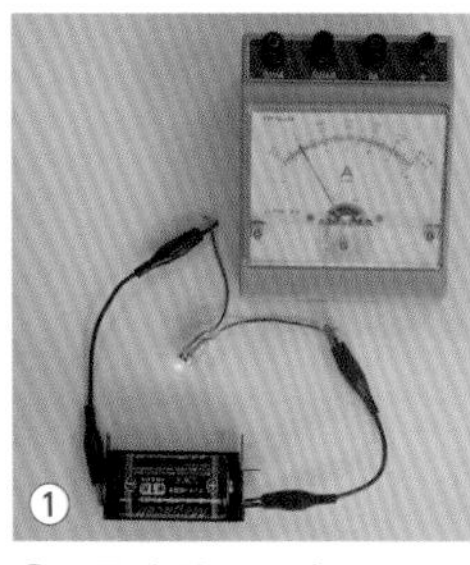

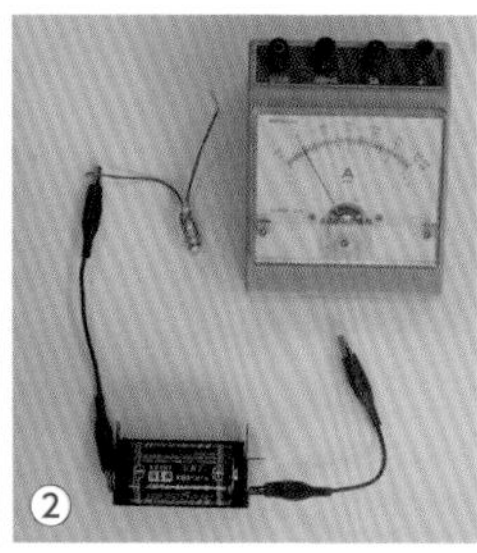

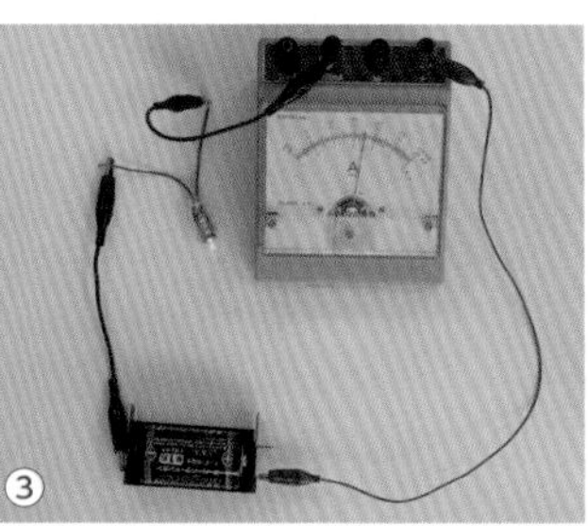

①：電流計を用意する。　②：測りたい部分を切断する。　③：その部分に電流計を挟み、電流計の値を読む。端子は、電圧計と同じように大きい方から（5A、500mA、50mA）試し、針が振り切れないようにする（p.113）。また、50mAより小さな電流を測定する場合は検流計（p.140）を使う。

目盛りの読み方

上の写真③は、500mA端子を使っているので、252mAになります。目盛りの1/10までを有効数字として読みます（p.113）。

※5A端子につないでいるなら2.52A、50mA端子なら25.2mA。つなぐ端子によって読み方が変わる。

電流計の使い方
YouTube チャンネル
『中学理科のMr.Taka』

電流計を使った生徒のまとめ

- 豆電球に入る前と出た後の電流は、同じ大きさだった。
- 豆電球を増やすと、全体の電流が減った（下図）。

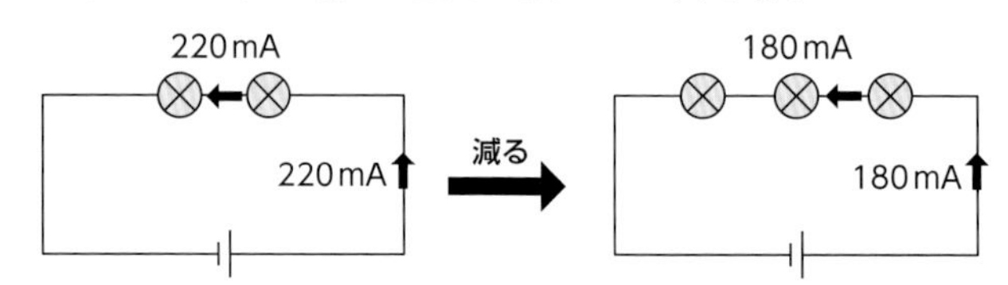

準　備

- 直流電流計
- 豆電球
- 乾電池

このページで使う単位

- A　　　　（電流）

※電流の単位「アンペア」は、フランスの科学者アンペールの名前にちなんでつけられた。

数学：mの復習

m（ミリ）は1/1000を表す	
2500mA	＝2.5A
1000mA	**＝1A**
250mA	＝0.25A
25mA	＝0.025A
2.5mA	＝0.0025A
1mA	**＝0.001A**

電流とは

電流は、1秒間に流れる電子の数。その数は1つの回路ならどの点でも同じ。ちなみに、1Aは桁外れに大きな数。
1A ≒ 6×10^{18} 個 / 秒

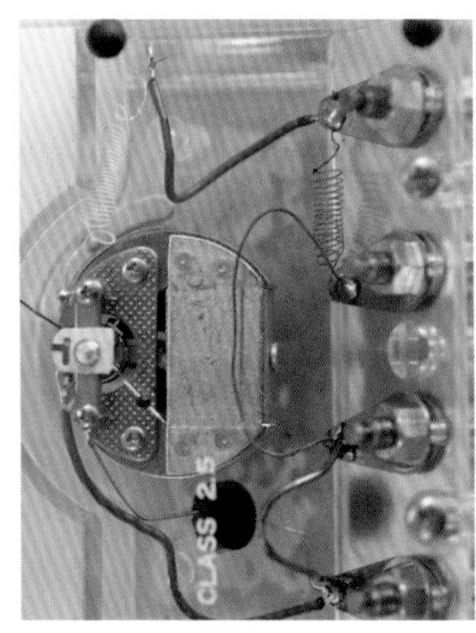

電流計の内部構造

電流計の－端子の裏には、太さの違う抵抗（p.120）がついている。大電流の測定には、電流を流れにくくするため、細くて長い導線（1番右上のばね状のもの）を使う。

豆電球の明るさで電流をイメージする

p.115 と同じように、直列つなぎと並列つなぎを合わせた回路を作り、豆電球を順に緩めてみましょう。明るさが大きく変わります。電流を測定する場合は、回路を切断して電流計を挟みます。ただし、誤差が大きいので、イメージトレーニングとして楽しんでください。1秒間に流れる電子⊖の数（量）＝電流、です。

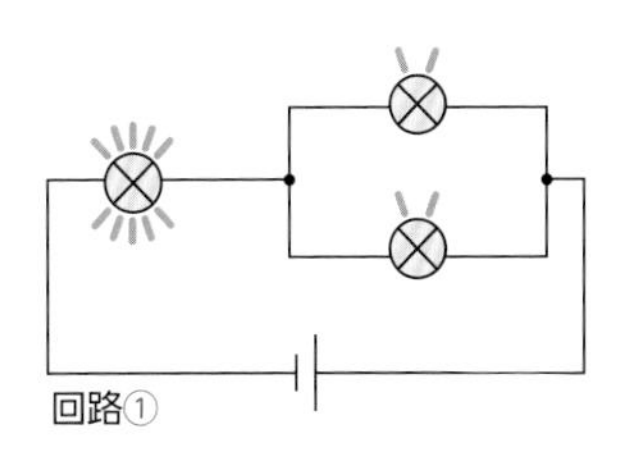

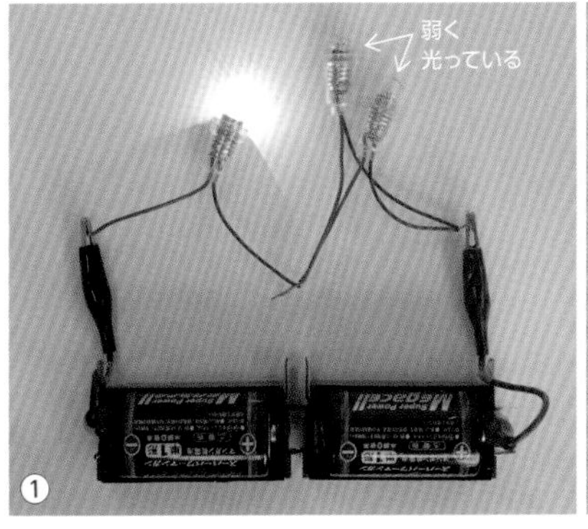

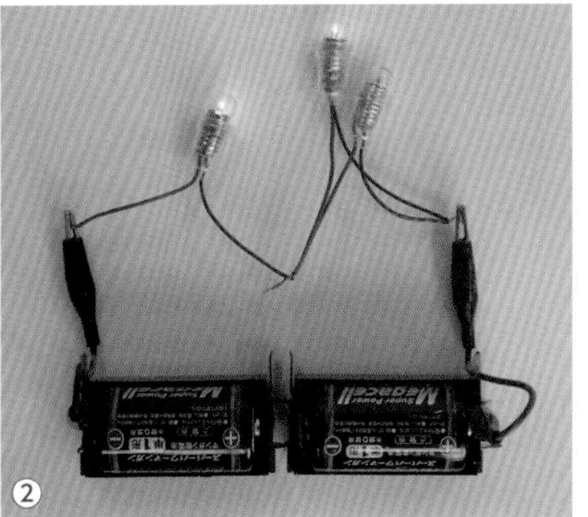

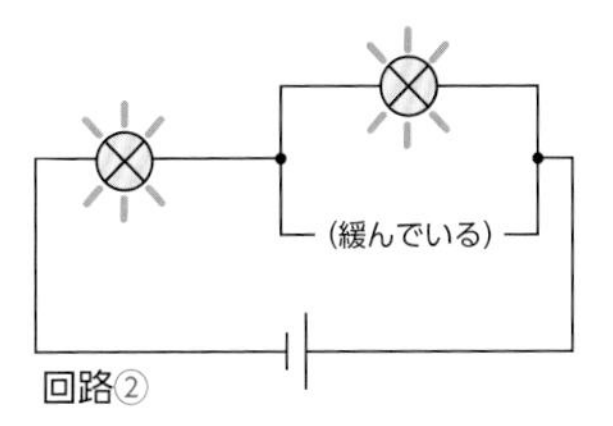

①：すべてに電流が流れている場合。　②：1 つだけ緩めた場合（豆電球 2 個の直列回路と同じ回路になるので、2 つは同じ明るさになる）。

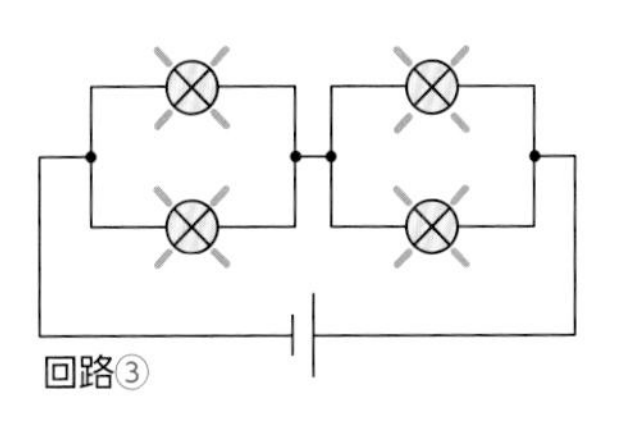

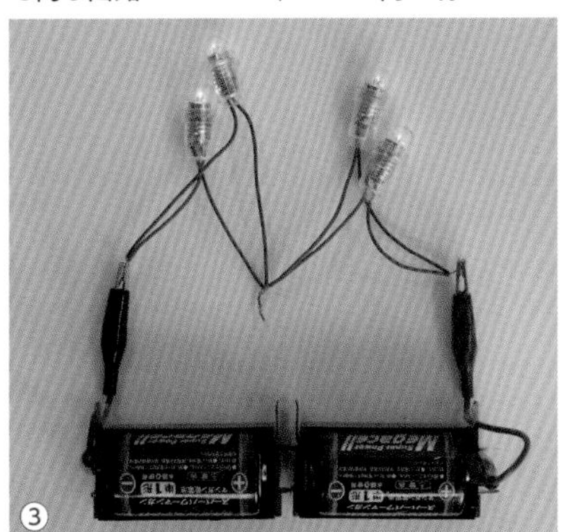

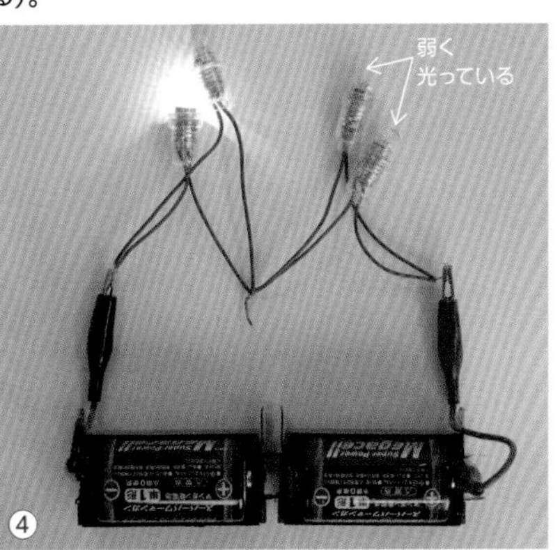

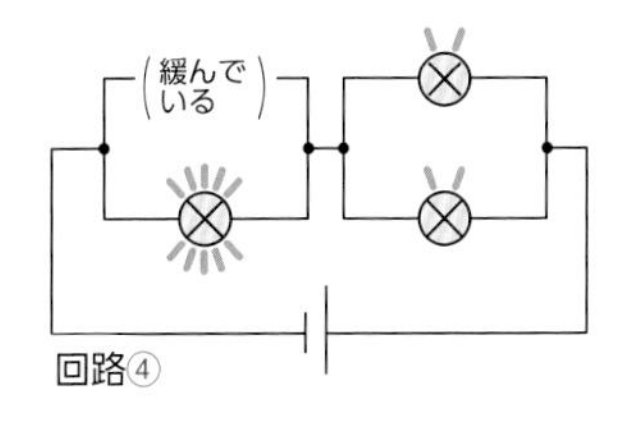

③：すべてに電流が流れている場合。明るさを調べると、②とほぼ同じであることがわかる。　④：①と同じ回路になるように緩めた場合。よくみると右側の 2 個は、わずかに点灯していることがわかる。

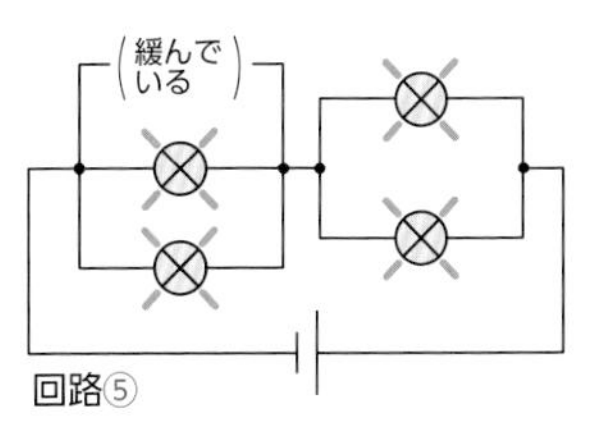

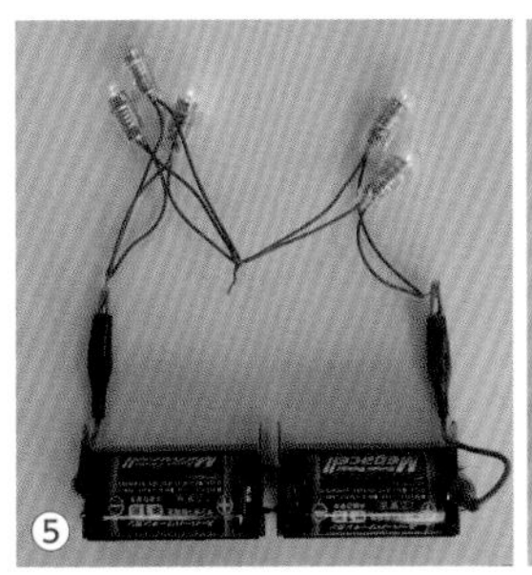

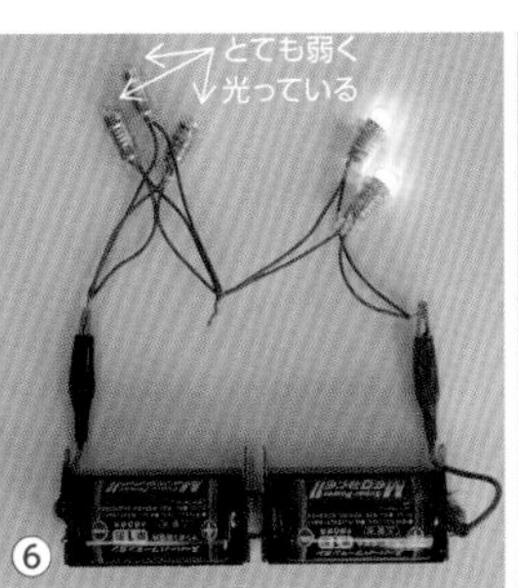

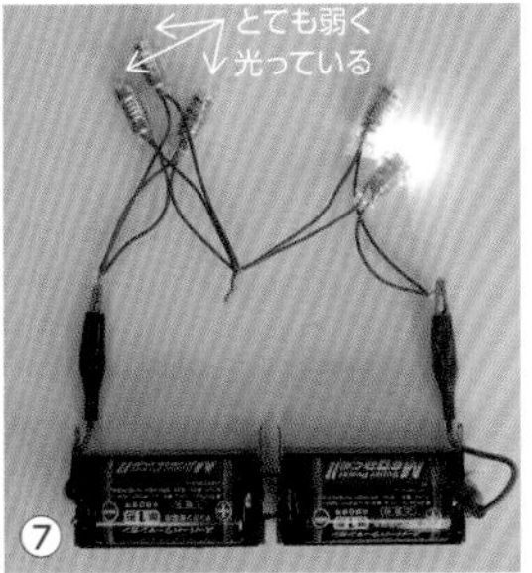

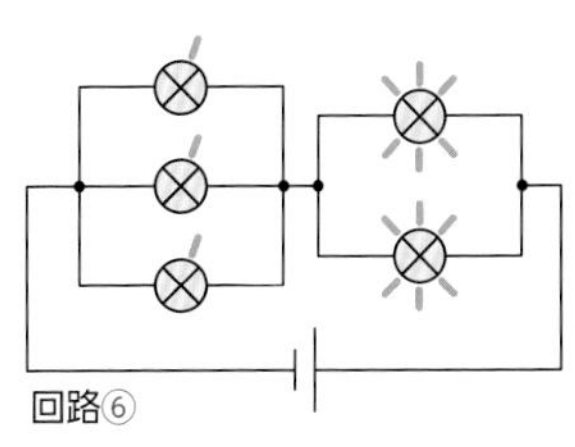

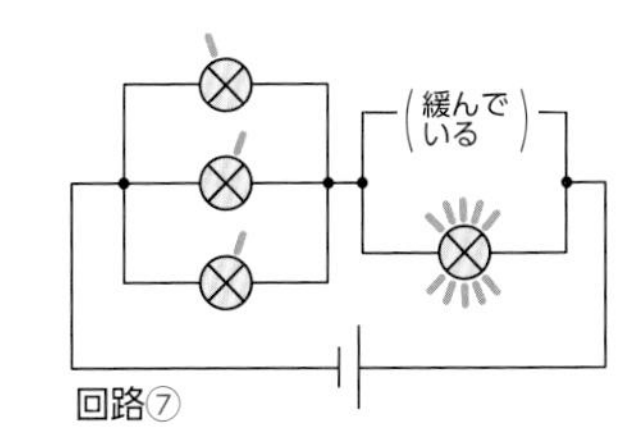

⑤：③と同じ回路になるように緩めた場合。　⑥：豆電球 5 つすべてに電流が流れている場合。　⑦：右側 2 つのうち、1 つだけを緩めた場合。

※欄外の模式図を隠し、写真①～⑦の模式図を書く練習をしよう！

10 キルヒホッフの法則

ドイツの物理学者キルヒホッフは、電気回路に関する法則を２つ見つけました。１つは電流、もう１つは電圧についてです。本文は模式図で、欄外は回路図と式で紹介します。電子㊀の数（電流）は回路のどの点でも同じです（第１法則）。電子㊀の勢い（電圧）は分配（ぶんぱい）されますが、その合計は電源の電圧になります（第２法則）。

キルヒホッフの法則

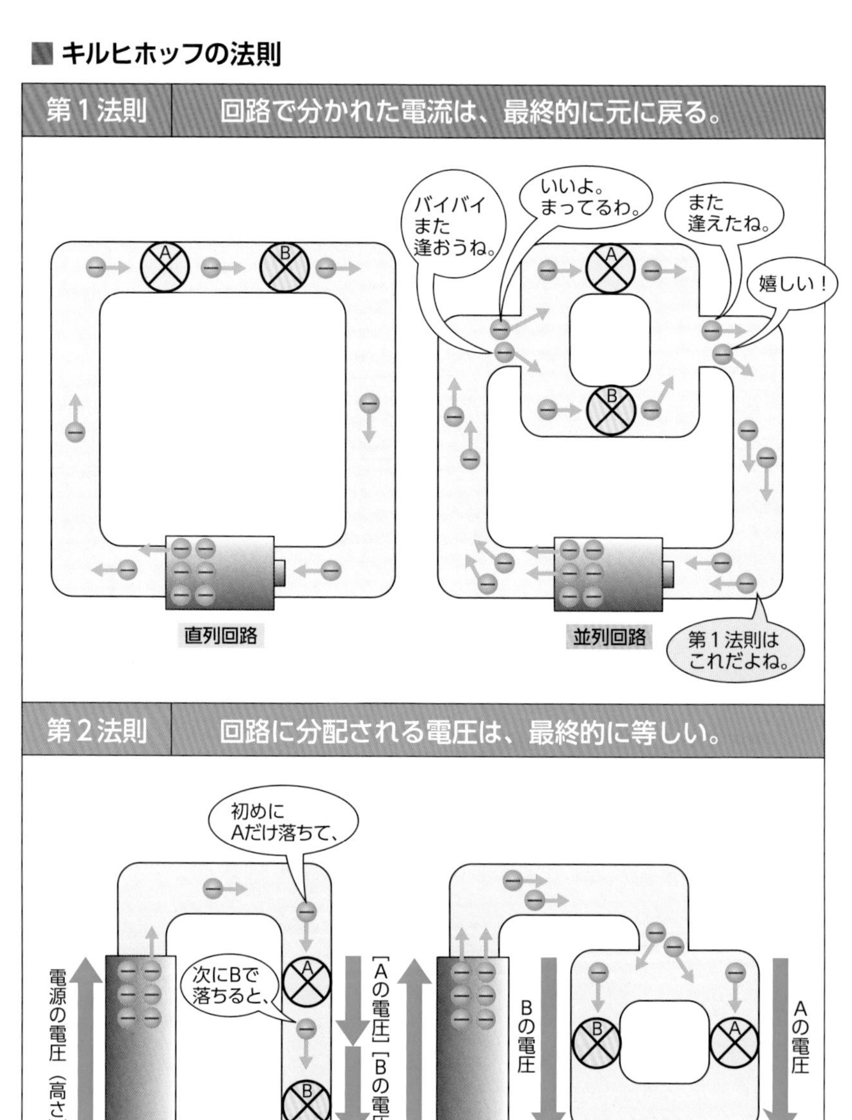

電流と電圧の区別

電 流		電 圧
A（アンペア）	単位	V（ボルト）
I Intensity of an electric curent	記号	V Voltage
ある１点	測定	２点の間
Ia、Ib I_1、I_2 $I_{あ}$、$I_{い}$	表現	V ab（V a-b） V_{12} $V_{あい}$

※単位と記号を区別すること。
※ボルトの記号は、E（Electric volt）とする場合もある。

電流と電圧の計算方法（回路図）

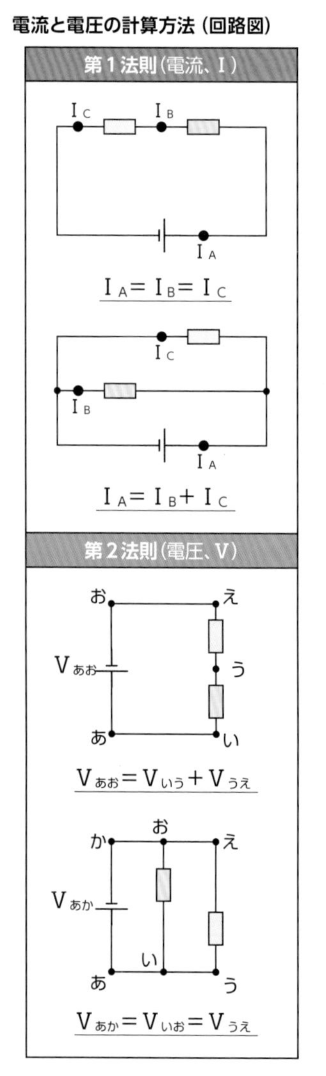

豆電球6個で、電流のイメージトレーニング

回路を流れる電流のイメージトレーニングをしましょう。下図のように、豆電球6個をつなぎます。そして、豆電球を順に緩めます。明るさは、電圧と電流をかけた「電力（p.147）」によりますが、ここでは電子⊖の数「電流」をイメージしてみましょう。

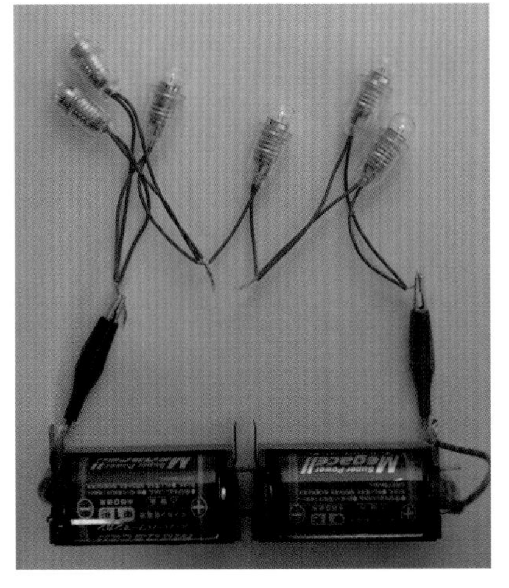

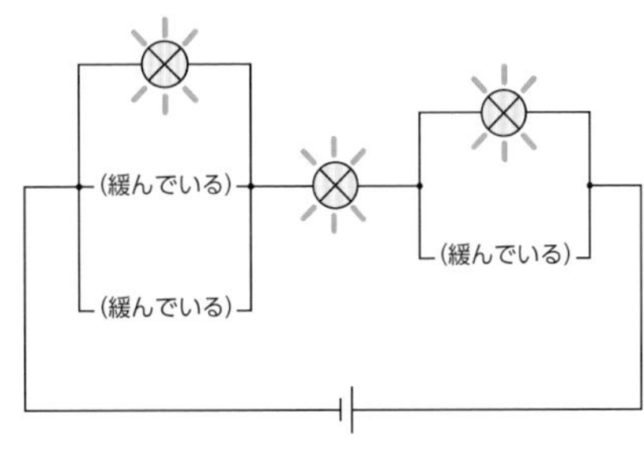

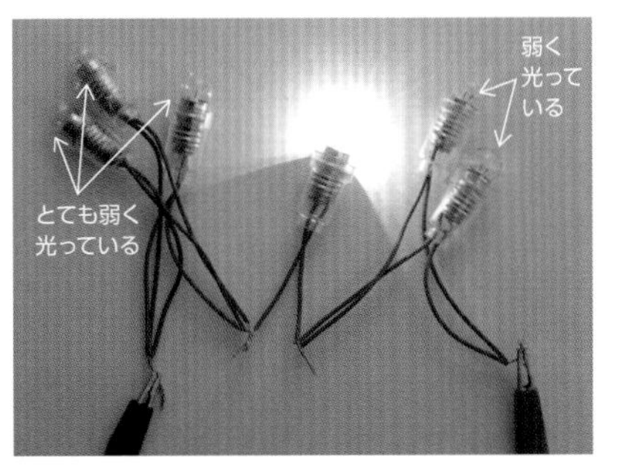

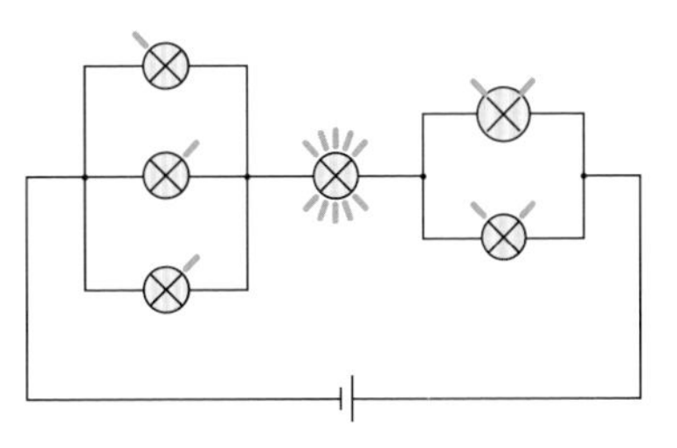

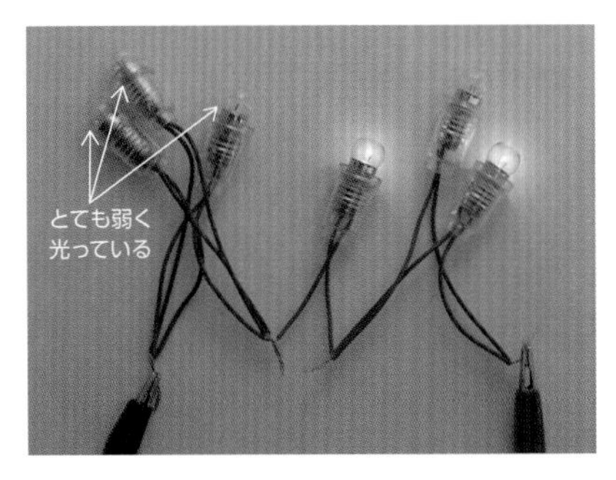

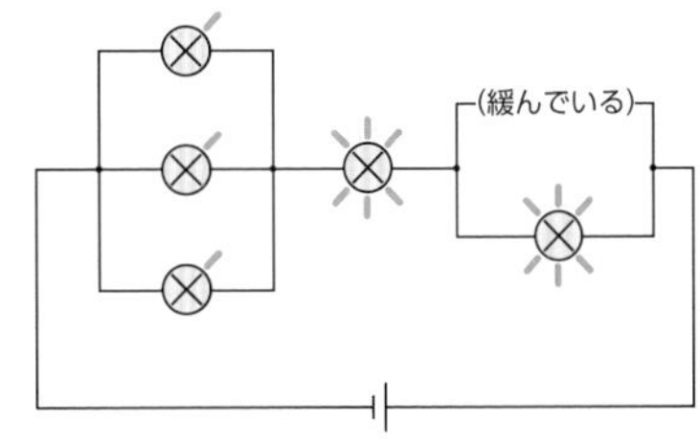

生徒による回路に関するまとめ

- 乾電池の電圧は、つねに変わらない。
- 1つ1つの豆電球にかかる電圧を足すと、回路全体にかかる電圧になる。
- 豆電球の数を直列つなぎで増やすと、電流は小さくなる。
- 豆電球の数を並列つなぎで増やすと、電流は大きくなる。

枝分かれした水は戻る
自然の川は、山からの水で増えるが、途中で分かれた水は合流して、元の水量に戻る。

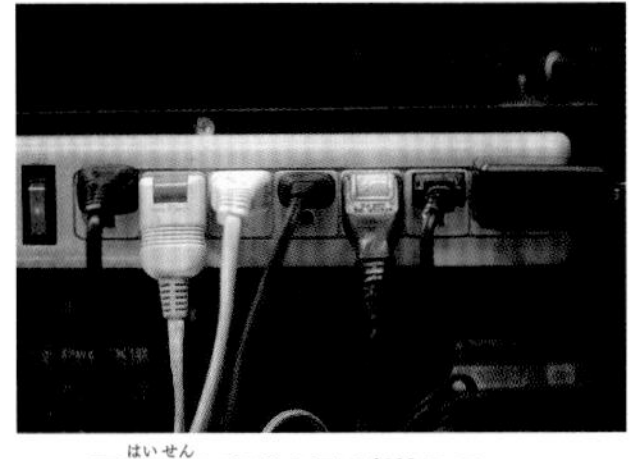

タコ足配線は電流量が増える
1つのコンセントに複数の器具をつけると、それぞれの器具が電流（A）を使い、電流量が合計される。大量の電子が流れると、発熱から火災へつながる。なお、それぞれの器具にかかる電圧100 Vは一定。

誤差を少なくする工夫
正確な数値を測定するなら、豆電球ではなくセメント抵抗（写真上）や抵抗器（p.120）を使う。豆電球は、その明るさから電流や電圧の大きさを視覚的に感じられるが、実験中に発熱し、抵抗値が変わる。

11 オームの法則（抵抗）

授業で「電流と電圧はどんな関係？」と質問すると、Aさんは「友達」と答えました。……ちょっと正解です。Aさんと友達の気持ちは、同じように高まるので、数学の比例に似ています。

準　備

- 抵抗器
- 電圧計、電流計
- 電源装置（または乾電池5個）
- リード線

この実験で使う単位

- V　（電圧）
- mA　（電流）
- Ω　（抵抗）

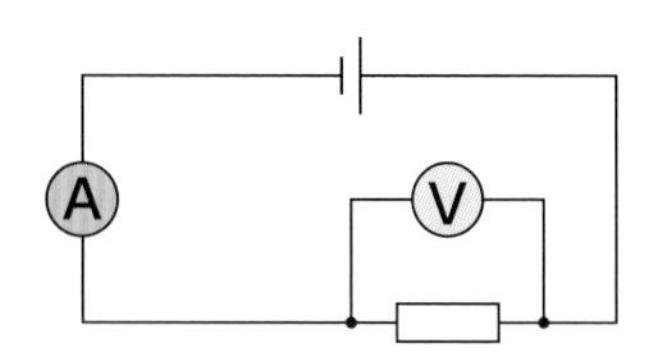

この実験の回路図

電圧計、電流計のつなぎ方

電圧計	• 並列につなぐ • 測定するものをはさむ
電流計	• 直列につなぐ • 回路を切断する

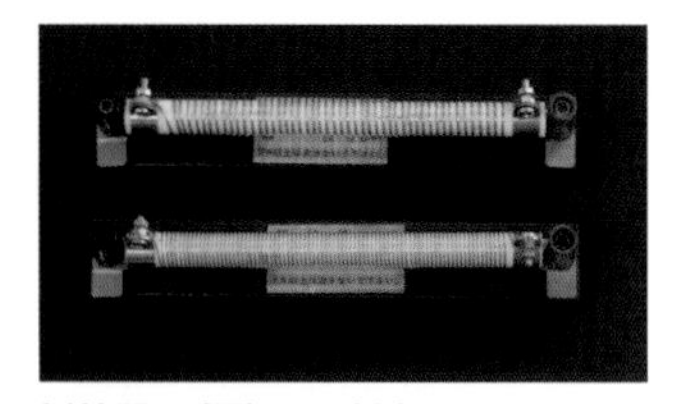

抵抗器A（下）、B（上）
A、Bは右の結果&グラフに対応する。
線の太さや長さに注目！

生徒の感想

- 簡単な実験だったけれど、単位に自分の名前オームがついたということは、電気にとって抵抗は大きな発見なのだろう。
- 同じ素材の電熱線なら、細く長い方が抵抗が大きくなる。

電圧による電流の変化を調べる実験

いろいろな物質に電圧をかけ、電流の流れやすさ・流れ難さを調べてみましょう。正確な実験なら、電流は電圧に比例し、p.121のような正比例のグラフができます。その傾きは物質によって決まっており、電流の流れ難さ（抵抗、単位Ω）を表します。

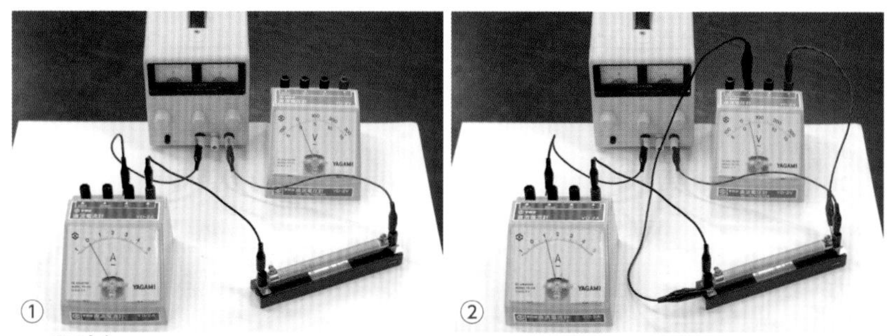

①：抵抗器を流れる電流を測るため、直列に電流計をつなぐ（1つの輪をつくる）。
②：抵抗器にかかる電圧を測るため、並列に電圧計をつなぐ（抵抗器をはさむ）。

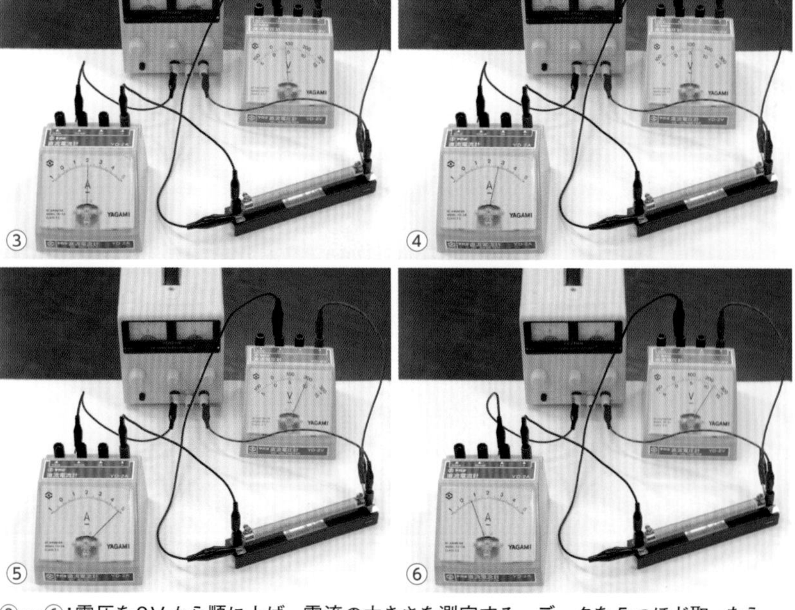

③～⑥：電圧を0Vから順に上げ、電流の大きさを測定する。データを5つほど取ったら、電圧と電流の関係をグラフにする。また、抵抗器の種類を変えて測定する。
※電源装置がない場合は、乾電池を直列つなぎにして、1個、2個……と増やせば、電圧を1.5 V、3.0 V……のように上げていくことができる。

実験結果の表とグラフ

電 圧（V）		2	4	6	8	10	12
電 流（mA）	抵抗器A	100 写真②	200 写真③	270 写真④	390	490 写真⑤	600 写真⑥
	抵抗器B	200	390	600	790	980	1200

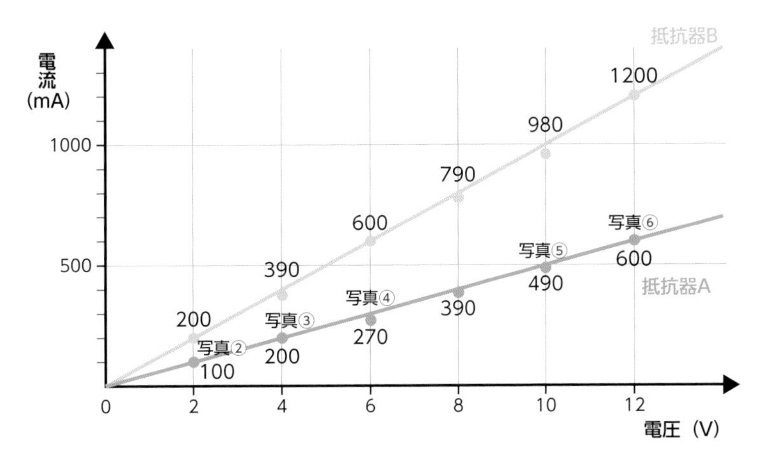

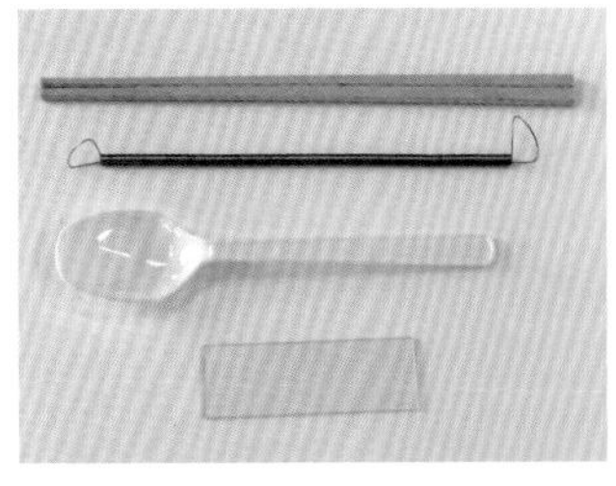

身近な物質の抵抗

割りばし、電熱線、プラスチック、ガラス。すべての物質は、固有の抵抗値をもつ。ただし、プラスチックのように、ほとんど電気を通さないものは抵抗は無限大に大きくなり、絶縁体という。

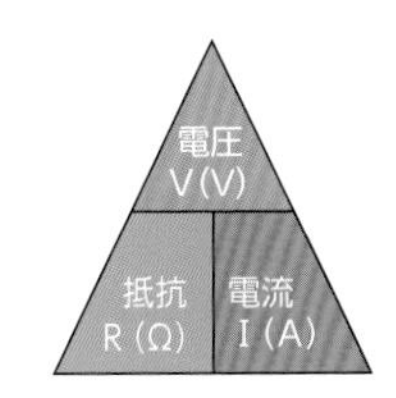

電圧・電流・抵抗の関係

電圧＝抵抗×電流（V＝R I）
電流＝電圧÷抵抗（I＝V÷R）
抵抗＝電圧÷電流（R＝V÷I）

電圧	V Voltage	V（ボルト）
電流	I Intensity of an electric curent	A（アンペア）
抵抗	R electric Resistans	Ω（オーム）

考察：抵抗（電流の流れ難さ）の公式

上のグラフは、電流は電圧に比例する（オームの法則）、および、抵抗器AはBより電流が流れにくいことを示しています。このグラフの傾きを抵抗（単位：Ω、オーム）といい、その公式は次の通りです。数学的には、グラフの傾き(比例定数)の逆数になります。

$$\text{抵　抗（Ω）} = \frac{\text{電　圧（V）}}{\text{電　流（A）}}$$

公式を使って2つの抵抗器のΩを求めましょう。グラフ上のどの点で計算しても同じですが、今回は2V（写真②）の値を使います。

抵抗器Aの抵抗＝2V÷200mA＝2V÷0.2A＝20Ω

抵抗器Bの抵抗＝2V÷100mA＝2V÷0.1A＝10Ω

物質は固有の抵抗値をもつ

電気抵抗は断面積、長さ、熱によって、下図のように変化します。いろいろな物質の抵抗は測定条件をそろえて求めます（欄外）。

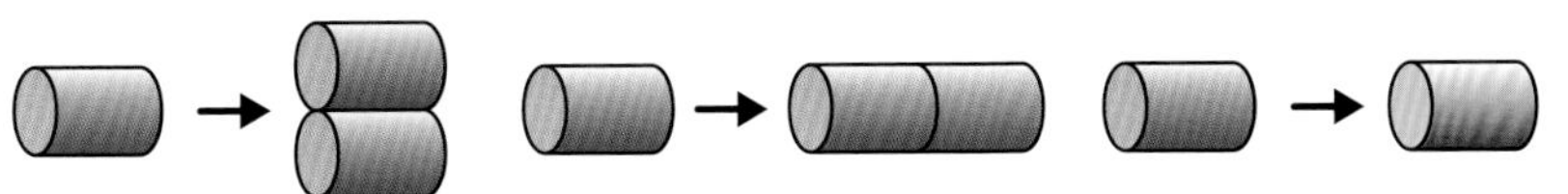

断面積を大きくすると抵抗㊫　　長くすると抵抗㊅　　熱くすると抵抗㊅

いろいろな物質の抵抗（断面積1m²、長さ1m、常温）

物 質		抵 抗（Ω）
導体（金属）	銀	0.016
	銅	0.017
	金	0.022
	アルミニウム	0.027
	タングステン	0.054
	鉄	0.1
	ニクロム(線)	1.1
半導体	ゲルマニウム	4.6×10^5
	シリコン	2.3×10^9
絶縁体	ビニール	$10^{12} \sim 10^{18}$
	ガラス	$10^{15} \sim 10^{17}$
	ゴム	$10^{16} \sim 10^{21}$

※ニクロム線は抵抗が大きく、電熱線として使われる。
※半導体は集積回路、光電池、レーザーなどに使用。
※絶縁体は不導体ともいう。

このページで使う単位

- V　（電圧）
- A　（電流）
- Ω　（抵抗）

電気回路の基板の抵抗器
色の線（カラーコード）によって抵抗の大きさを表す。

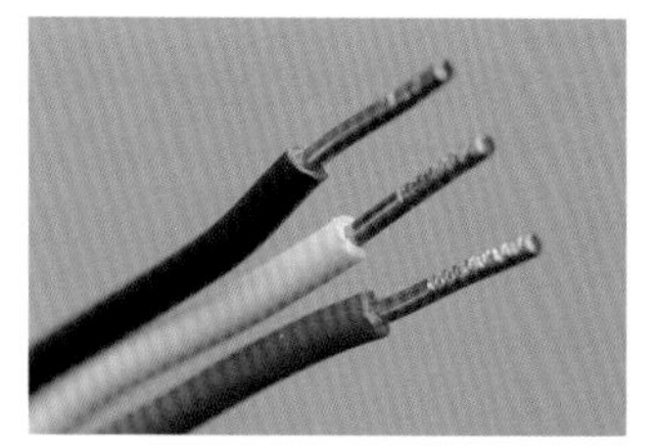

導体と絶縁体
銅線とそれを被覆するプラスチック。

超電導物質
とても低い温度にすると電気抵抗が0になり、大きな電流をロスなく流すことができる物質。リニアモーターカーなどへの利用が始まっている。

数学の答えと自然科学の答え
数学は分数で答えても正解になる。しかし、自然科学はどこまで正確に求めることができたかが重要。例えば、10÷3の場合、答えは3、3.3、3.33、3.333などになるが、それらの正確さは1桁ずつ違う。
本文の問題の場合、理科として6/5はダメで、計算して1.2として答える。1.20にすると1桁正確な答えになる。

12 電子の気持ちで考える合成抵抗

すべての物質は抵抗（電流の流れにくくする性質。おじゃま虫の性格）を持っていました。ここでは、回路に複数の抵抗があるとき、もし、それらが1つだと考えたときの抵抗を計算で求めてみましょう。簡単にするため、2つの抵抗（2Ωと3Ω）で考えてみます。

問題：直列回路と並列回路のうち、5Ωになるのはどちらか？

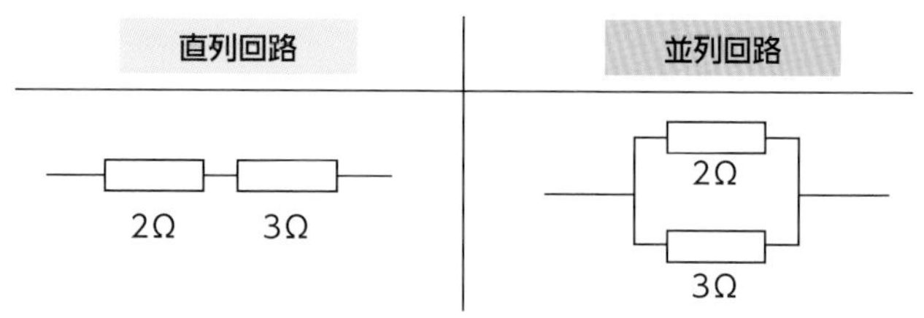

答え：直列回路

回路を流れる電子の気持ちになると、すぐにわかります。計算式は、いずれも2Ωと3Ωを足しますが、並列回路は逆数にして2Ωと3Ωを足します。

合成抵抗の考え方と計算方法

複数の抵抗を1つとして考えたものを合成抵抗といいます。次に、抵抗値が違う2つの豆電球を使った実験と計算方法を紹介します。

直列回路	並列回路
2Ω君を通過したと思ったら、すぐ次に3Ω君がいる。あーあ、2回もじゃまされてしまう。 →　電子があまり流れない（暗い）	おじゃま虫は2人いるけれど、道は2つあるから、じゃまされる機会が少なくなる。電子のみんなは一斉に通過しよう！ →　電子がたくさん流れる（明るい）
流れにくい	流れやすい
抵抗を求める計算式 $2\Omega + 3\Omega = 5\Omega$ 答：5Ω ※足すだけ、です。	抵抗を求める計算式 $\frac{1}{2} + \frac{1}{3} = \frac{5}{6}$ したがって $\frac{6}{5} = 1.2$　答：1.2Ω ※逆数にして足す。答えは、その逆数。

電子の気持ちで考える直列回路と並列回路

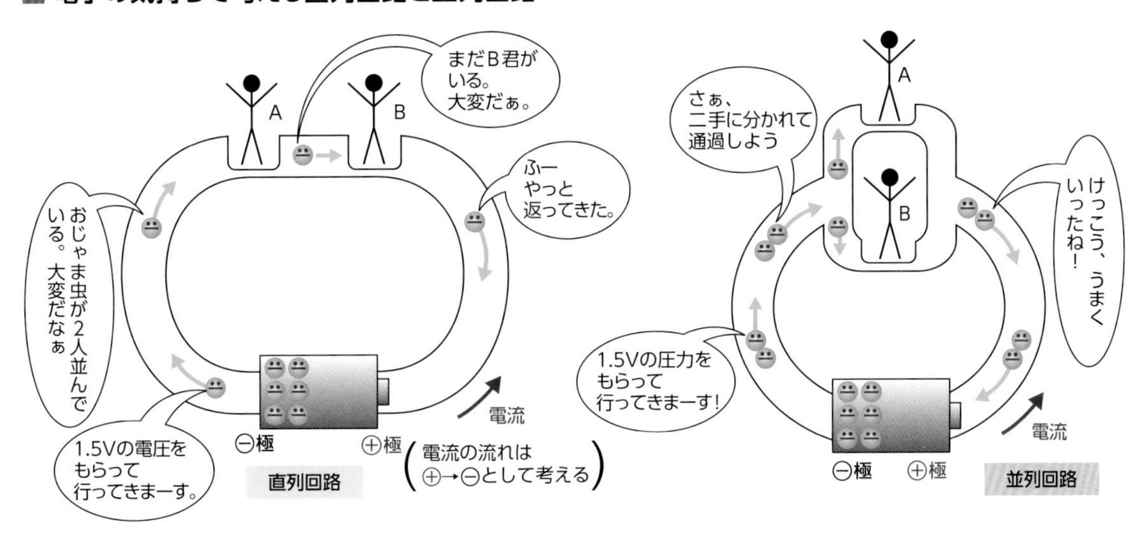

3つの抵抗の組み合わせ

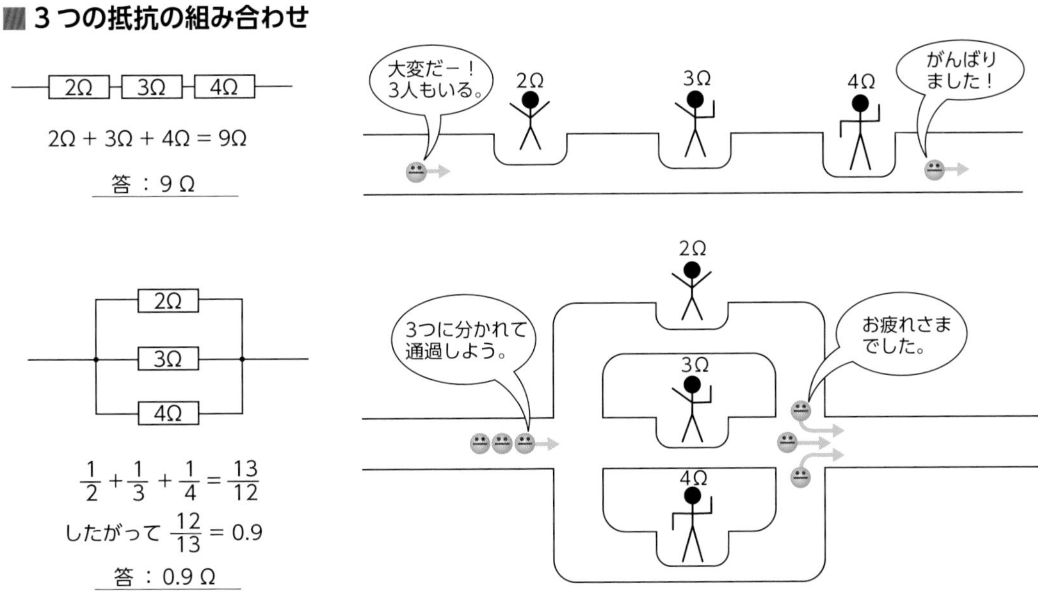

$2\Omega + 3\Omega + 4\Omega = 9\Omega$

答：9Ω

$\frac{1}{2}+\frac{1}{3}+\frac{1}{4}=\frac{13}{12}$

したがって $\frac{12}{13}=0.9$

答：0.9Ω

直列と並列の混合回路は、初めに並列を1つにまとめます。

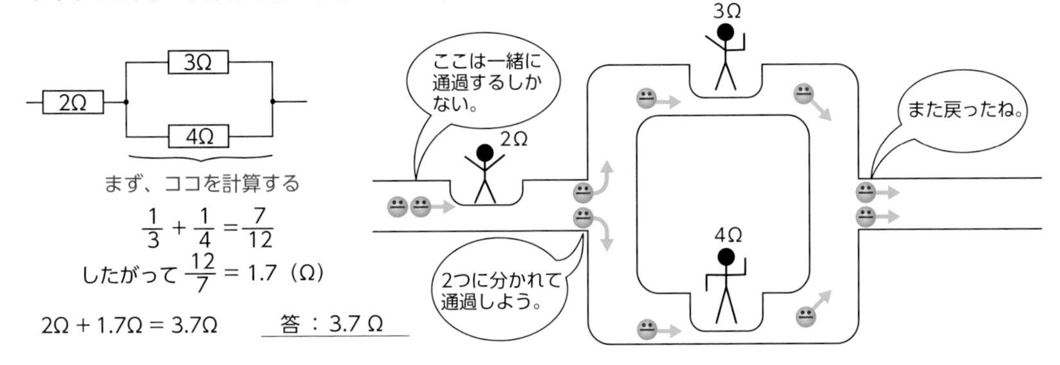

$\frac{1}{3}+\frac{1}{4}=\frac{7}{12}$

したがって $\frac{12}{7}=1.7$（Ω）

$2\Omega + 1.7\Omega = 3.7\Omega$　答：3.7Ω

第7章　電界と磁界

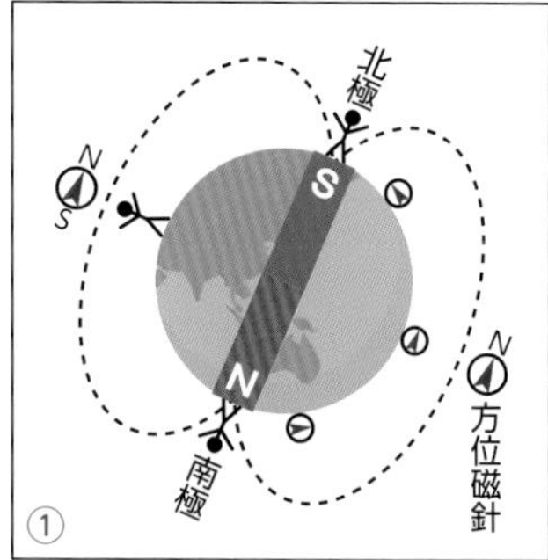

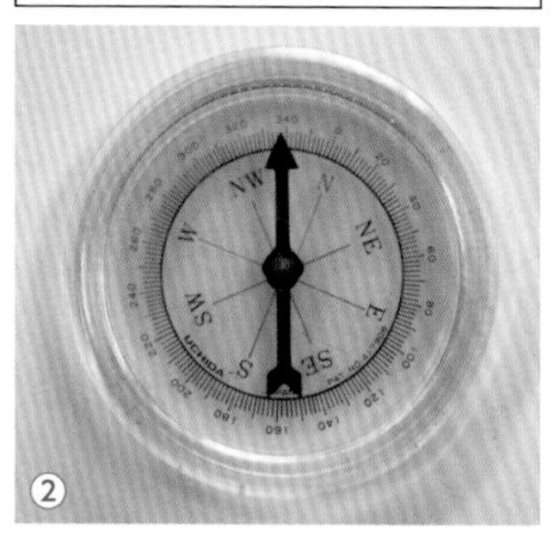

地球という磁石
地球の北極はS極、南極はN極になっているので（①）、方位磁針の針のN極は北極を指す（②）。

電気の力・磁石の力の特徴
(1) 物体どうしが触れ合っていなくても作用する（真空中も伝わる）
(2) 空間全体に作用する
(3) 引力と斥力がある
(4) 互いに切り離すことができない
(5) エネルギーをもつ
(6) 真空中を秒速30万km（光速）で移動する

生徒の感想
・水がグイーンと曲がって面白かった。

電気と磁石は、それぞれ単独で引力と斥力（反発する力）という２種類の力を発生させます。これは日常でよく見かける現象ですが、離れてはたらく力という点で相当に不思議です。さらに詳しく調べると、電界と磁界は、必ず同時に存在し、切り離して考えることができません。電流は磁界をつくり、磁界の変化は電流をつくります。これらの現象は、洗濯機のモーターや自転車の発電機として、毎日の生活に応用されています。

1　離れた力がはたらく電気の世界

静電気という言葉を聞いたことがありますか。冬の乾燥した季節になると発生する、「ぱちぱち」という電気です。第６章は電子の流れ（電流）でしたが、第７章は電気がつくる空間を調べます。その手始めとして、ストローを髪で擦り、流水に近づけてみましょう。

静電気の力で水を引き寄せる方法

水がストローに引き寄せられるのは、水分子H_2Oが極性（電気的な偏り）をもっているからです。また、ストローは水に触れると、電子⊖（p.106）が瞬間移動し、静電気を失います。

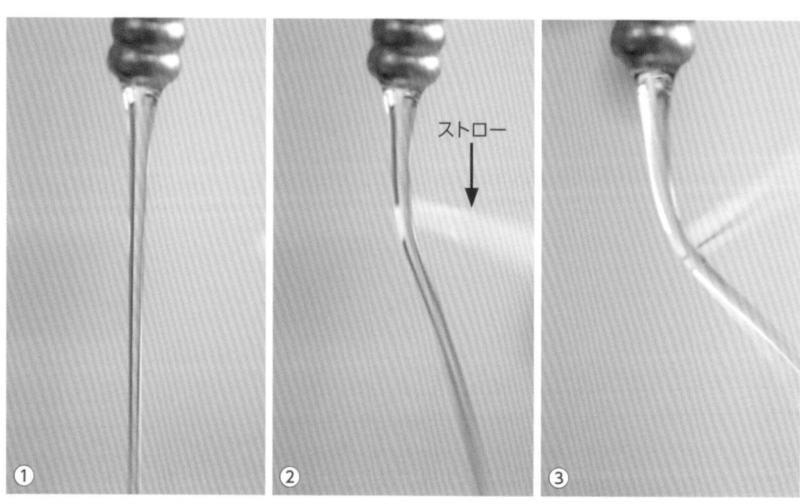

①～③：水を少しだけ出して、よく擦ったストローを近づける。すると、水の流れがストローに引き寄せられる。

2 静電気による引力と斥力

小学校で、ビニールひもを使った「電気クラゲ」の実験をしましたか。反発しあう静電気の力によってふわふわ浮かばせる面白実験です。中学校では１歩進んで、その理由を考えてみましょう。

準　備
・ビニールひも
・下敷き

ビニールひもを使った実験

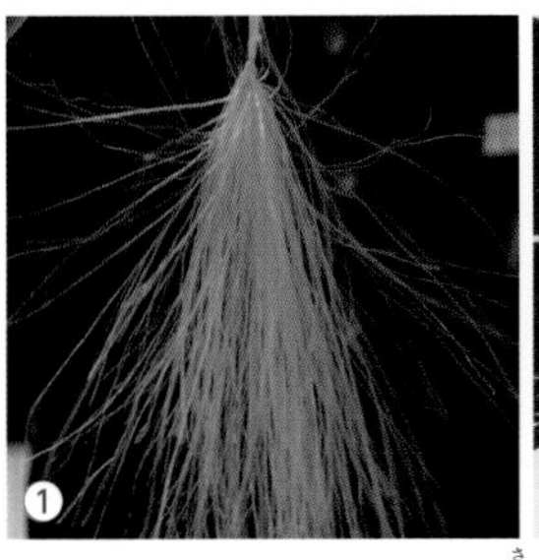

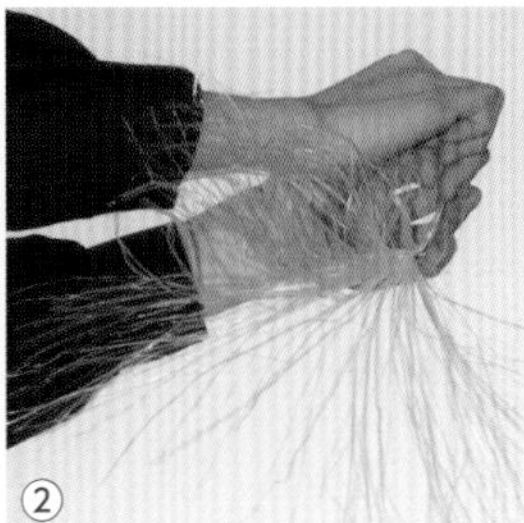

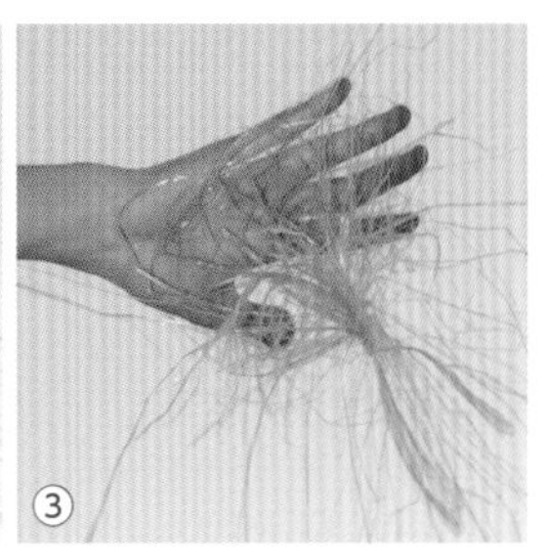

①〜③：ビニールひもを引き裂き、ほうきのようにする。作る途中、静電気で手についてもがんばる。また、定規や洋服などいろいろな物質との反応を試す。

指にくっつくビニールひも
あなたの指にビニールひもがくっつくのは、指が電気を帯びているから。この写真は直接触れているが、指を近づけるだけでも、ひもは動く。電気的な力は、空気中を伝導している。

結果のまとめ「引力と斥力」

テープと手は引き合い、テープどうしは反発しあいます。

引　力	斥　力
・互いに引き合う力 ・電気、磁気、万有引力に対して使う	・斥け、反発しあう力 ・万有引力に対して使わない

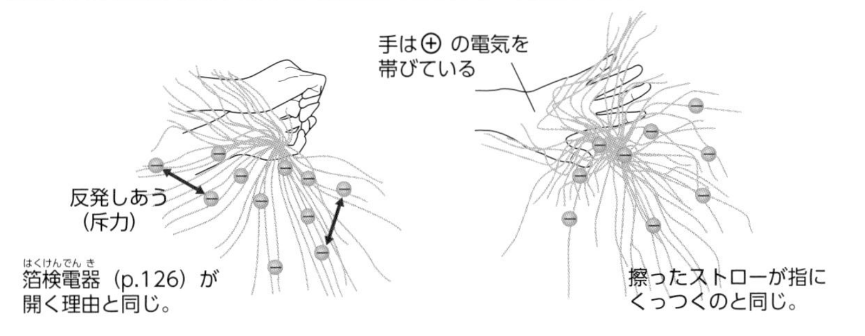

下敷きで髪の毛を引き寄せる
２種類の物質を擦り合わせれば、必ずといってよいほど電気の偏りができ、電気的な力（静電気の力）で互いに引き合う。

下敷きで髪の毛を擦る実験

下敷きで髪を擦ると、髪にある電子⊖が下敷きへ移動します。移動する規則については、p.126で調べます。

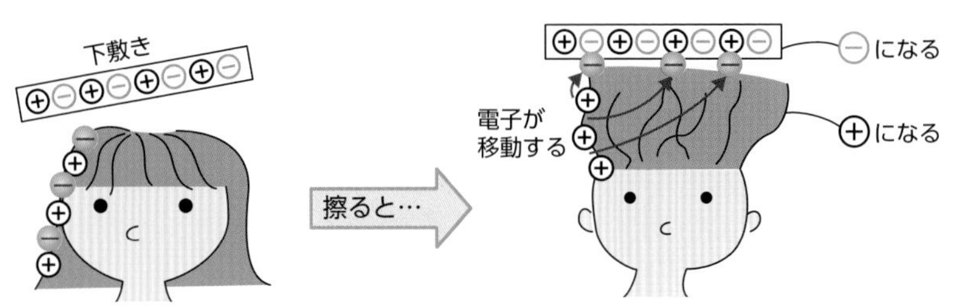

生徒の感想
・私とＡ君はどんなに遠くに離れても永遠に引き合っています（永久磁石）♡

第７章

3 電気の帯びやすさ「帯電列」

準 備

- 箔検電器
- ストロー、ガラス棒
- 虫ピン
- 下敷
- 毛皮、セーター

2種類の物質を擦り合わせると、一方の電子⊖が移動し、両方とも静電気を帯びます。電子を受け取った物質は−、失った物質は+になります。ただし、どちらが−でどちらが+になるかは、物質の組み合わせで決まります（p.127の帯電列）。

静電気の正体は「電子」

すべての物質は原子からできている（p.106）。原子は、原子核とその周りを飛ぶ「電子」からできている。違う物質を擦り合わせると電子が飛び出し、電気を帯びる。

箔検電器を使った実験

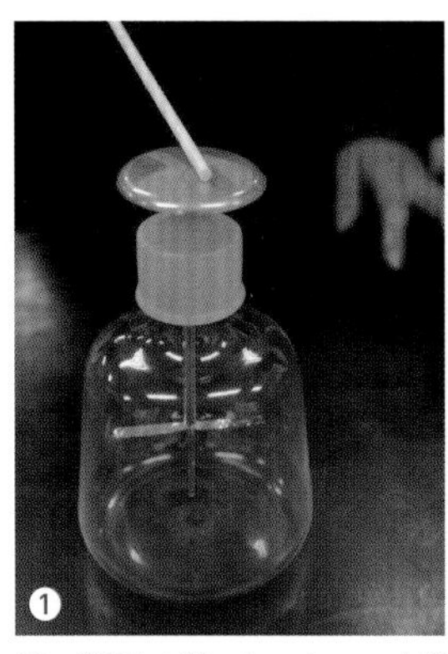
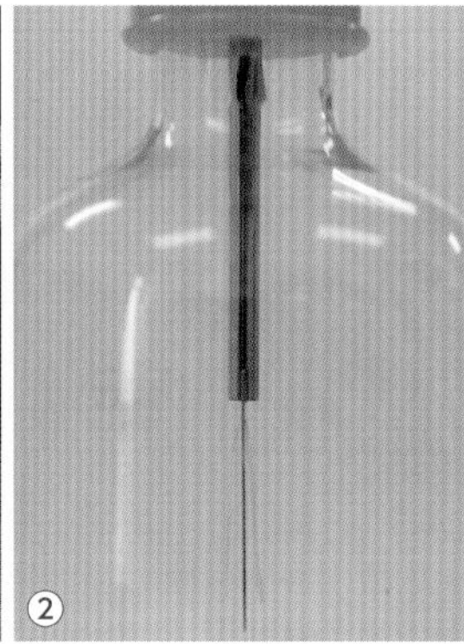
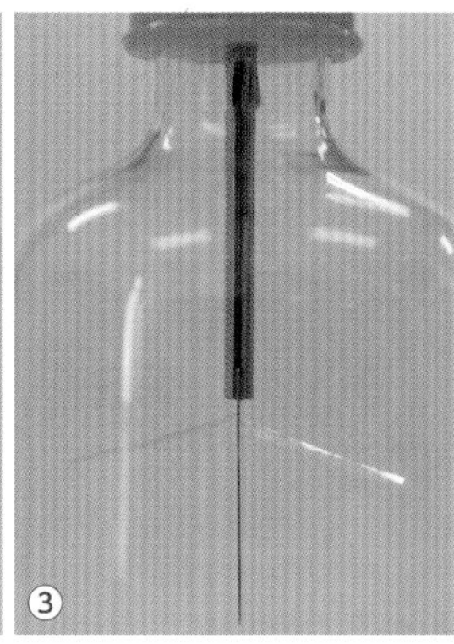

①：洋服で擦ったストローを箔検電器に近づける。　②、③：容器内の箔を観察すると、ストローが近づくにしたがって、開いていくことがわかる。

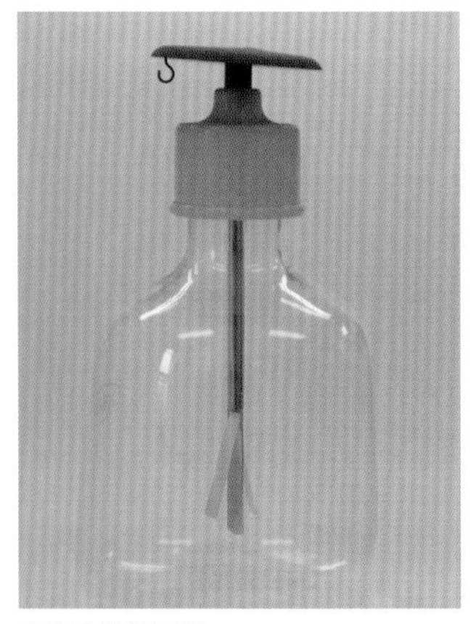

市販の箔検電器

中にある箔は、少し触れるだけで粉々になるほど薄い。器用な人なら、アルミ箔で自作可能。

この現象を電子に着目すると、次のような斥力に気づきます。

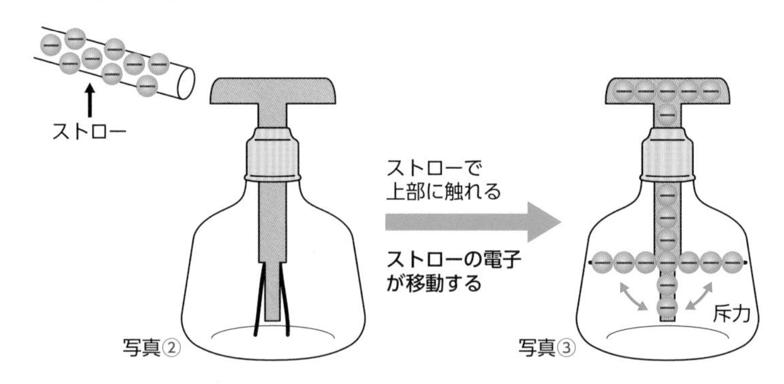

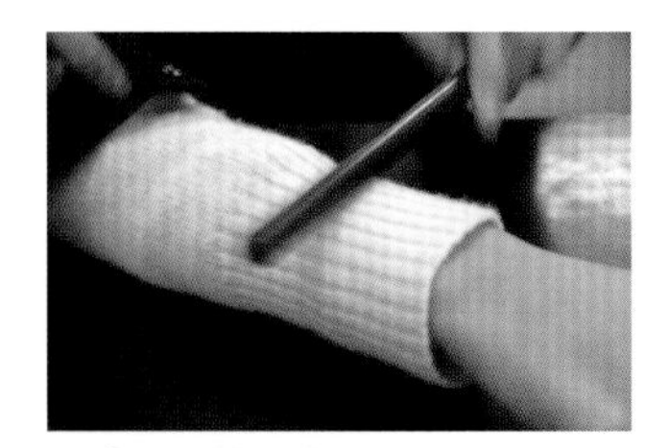

エボナイト棒で試す様子

セーターとこすり合わせるとエボナイト棒はマイナスの電気を帯びる。

④、⑤：ガラス棒や毛皮を近づけたり、自分の指で触れたりする。

ストローを使った実験

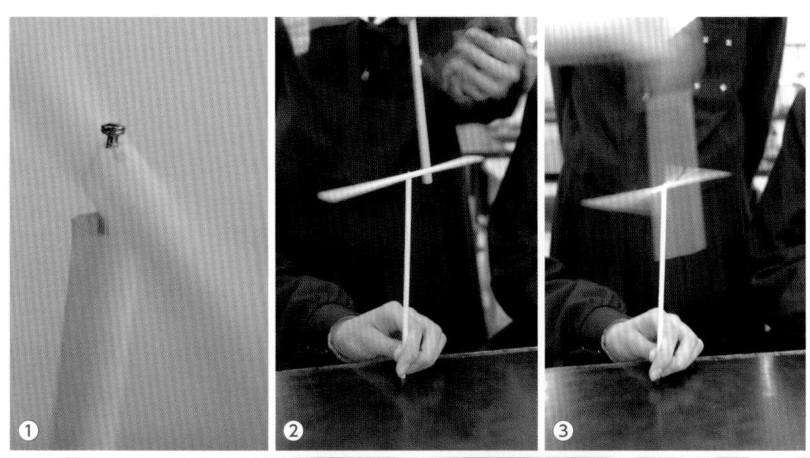

①：ストローの中央に虫ピンを刺し、ストローが回転するようにする。　②：擦ったストローを近づける（ほとんど反応しない）。　③：虫ピンを刺したストローも同じように擦ると、非常によく反発する。また、ストローを手で擦ると、自分の指にストローが引きつけられる。　④：いろいろなものでストローを擦ったり、また、擦ったものも近づけてみる。

①：大きな定規は反応がよい。②：手に引き寄せられるストロー。

静電気の力

(1) 電気による力の大きさは、距離と関係する（2倍の距離で1/2、3倍で1/9、4倍で1/16……）
(2) 磁力は重力よりはるかに強い

生徒の感想

- 髪の毛で擦ってもたくさん電気が発生した。
- 指でも動くからハンドパワーだ！

帯電列（＋－の電気の帯びやすさを示したもの）

例えば、ヒトの皮膚は、毛皮と擦り合わせれば－に、塩化ビニールと擦り合わせれば＋に帯電します。

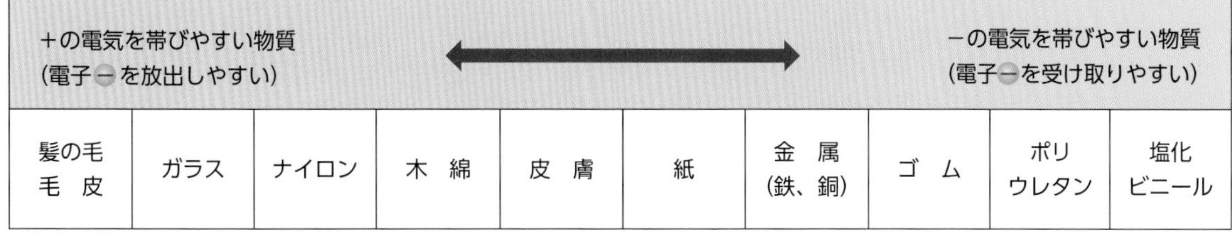

＋の電気を帯びやすい物質（電子⊖を放出しやすい）				⟷					－の電気を帯びやすい物質（電子⊖を受け取りやすい）
髪の毛 毛　皮	ガラス	ナイロン	木　綿	皮　膚	紙	金　属 （鉄、銅）	ゴ　ム	ポリ ウレタン	塩化 ビニール

※距離が離れているほど、電気をたくさん帯びる。また、皮膚や紙など中央にあるものは帯電しにくい。
※エボナイトという物質はゴムの１種であるが、帯電性はゴムよりも小さい。

4 磁石がつくる空間「磁界」

準　備

- 棒磁石
- 紙
- 鉄粉
- 方位磁針

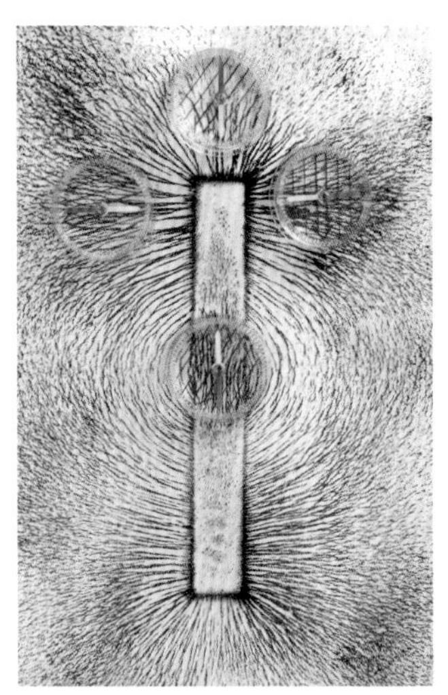

方位磁針で方向を調べる
方位磁針の置き方を工夫すると、新しい発見がある（上がN極）。

鉄粉のまき方
上からまいた方が、奇麗に散らばる。また、鉄粉は少ない方がわかりやすい。

磁力線の約束

> (1) 方向はN極→S極
> (2) 途中で切れたり枝分かれしない
> ※磁力線の密度は、磁石の強弱を表すが、実際の実験では強すぎると鉄粉が磁石に付着して磁力線ができない。

静電気と同じように、磁石の周りにも目に見えない世界があります。その世界（磁界）を鉄粉を使って観察しましょう。複数の磁石を使うときは、近すぎると鉄粉の模様がうまくできないので、ちょうどよい距離を探すようにしてください。

引力（異極の間にはたらく力）の観察

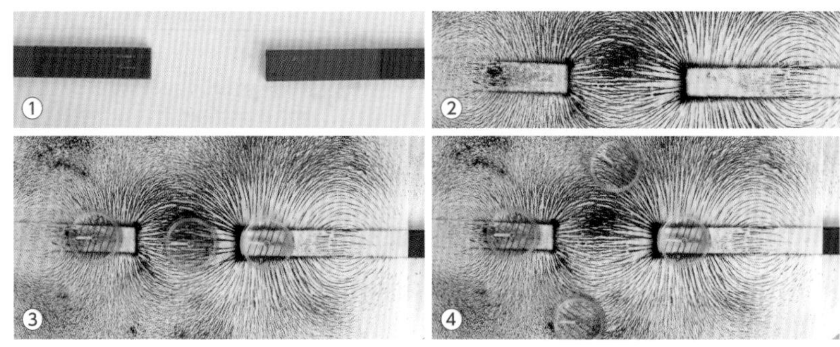

①：N極とS極を向かい合わせて置く。　②：紙を置き、その上から鉄粉をまく。机を軽く叩き、磁力線がよく見えるようにする。　③、④：方位磁針で磁力線の方向を確かめ、スケッチする。

斥力（同極の間にはたらく力）の観察

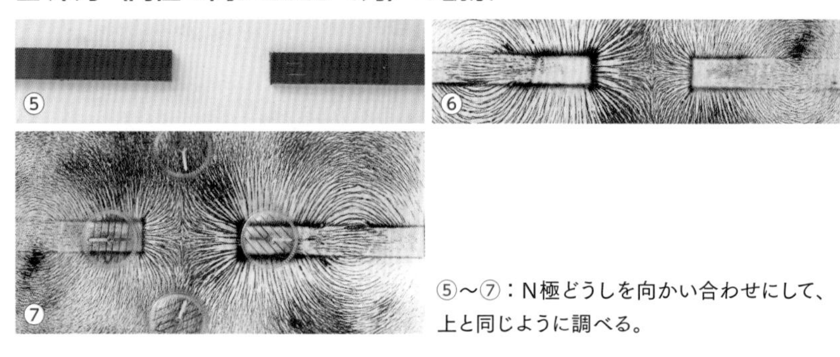

⑤〜⑦：N極どうしを向かい合わせにして、上と同じように調べる。

磁力線のスケッチ

磁力線は、最小限の数で表すように考えながら書きます。

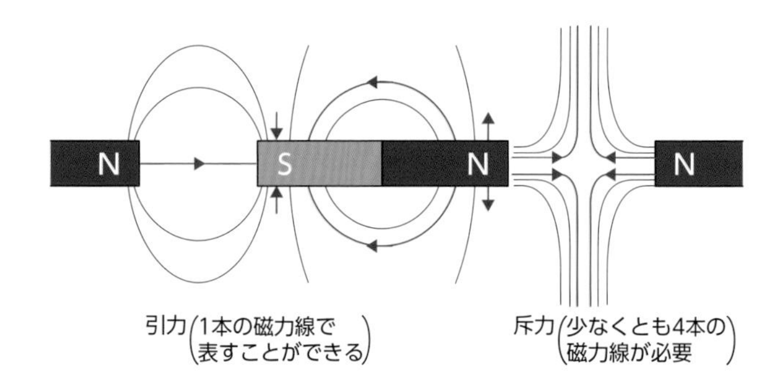

三次元空間に広がる磁界

磁界は、電界と同じように立体的に広がっています。

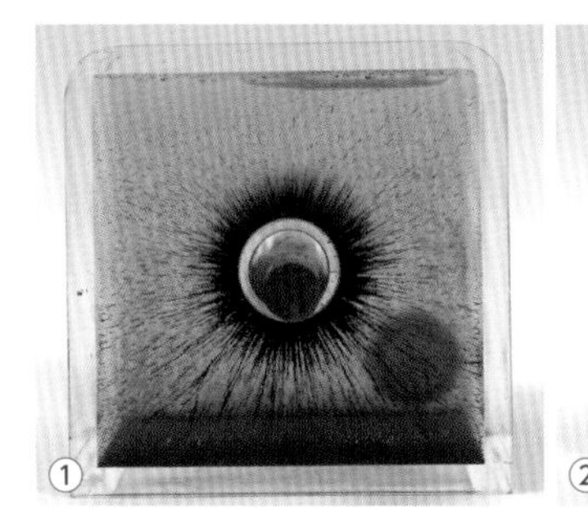

①、②：磁界観察装置に棒磁石を入れ、立体的に広がる鉄粉を観察する。

磁性（磁気）
ある物質が、磁界に反応する性質。引力と斥力がある。鉄（磁鉄鉱）、コバルト、ニッケルなどは磁性が強く、銅、アルミニウム、プラスチック、窒素（気体）などはほとんどない。実験に使う棒磁石は鉄の合金。

複数の磁石によるＮ極、Ｓ極当てゲーム

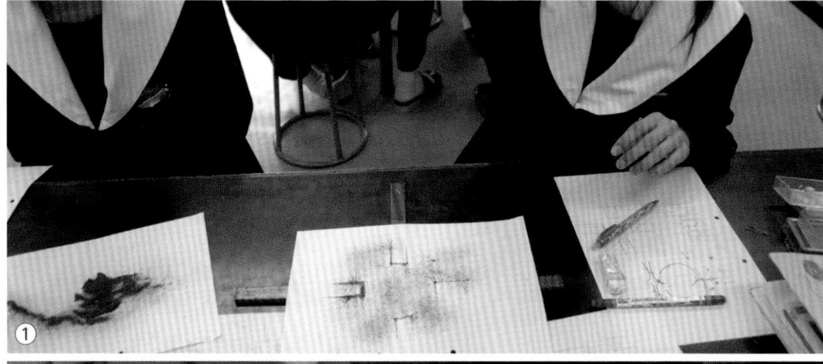

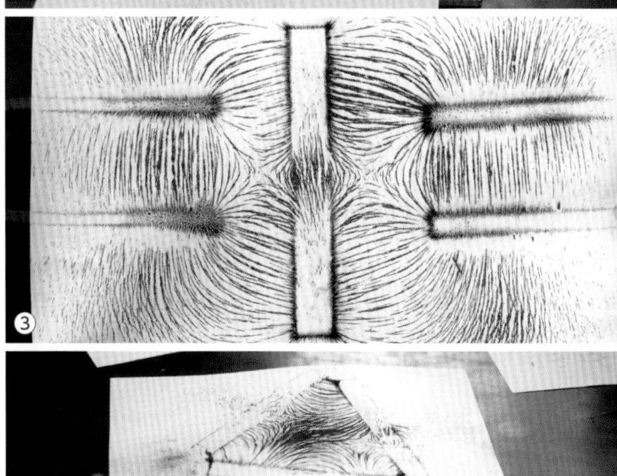

①～④：友達に後ろを向いてもらっている間に、複数の磁石を置き、その上に紙をのせる。友達にこちらを向いてもらい、鉄粉で磁力線をつくり、磁石の配置を推測する。

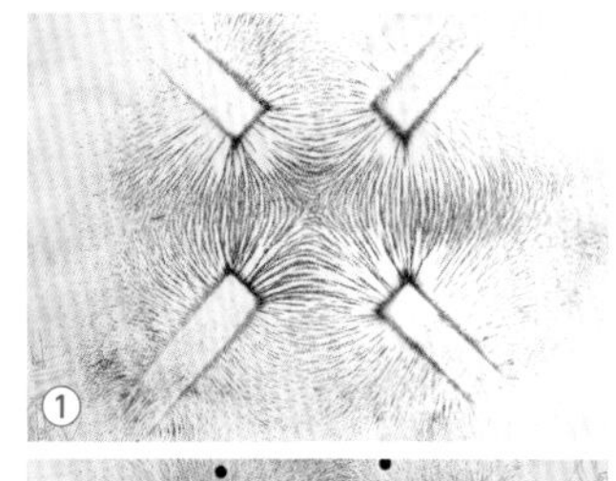

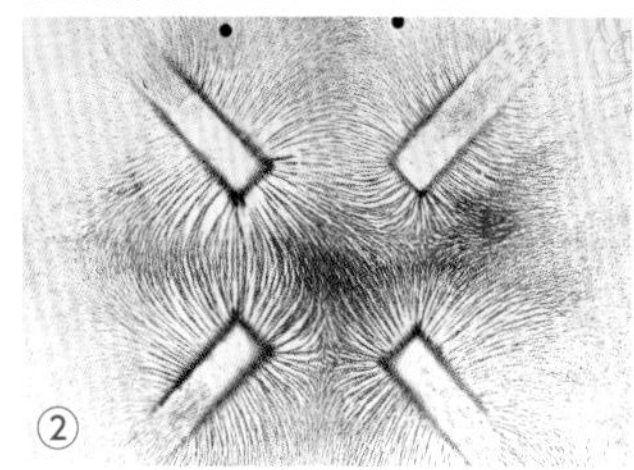

①：Ｎ極とＳ極を交互に配置
②：１本だけ異極（左上）

生徒の感想

- たくさんの磁力線ができていた。
- 磁石の距離が近すぎると、砂鉄がくっついて観察できない。
- 同じ極どうしは、両極から出た磁力線がつながっていた。
- 磁石の上の鉄粉は、うぶ毛が生えているみたい。

5 電磁石を作ろう

準　備

- エナメル線　1m（直径0.5mm程度）
- セロハンテープ
- 長さ5cmの釘（鉄しん）
- 乾電池
- 方位磁針
- 鉄粉
- 紙

⚠注意　ショート、火傷

- 電磁石はショートしている。
- 長時間電流を流すと過熱する。
- 電源を切ってから観察する。

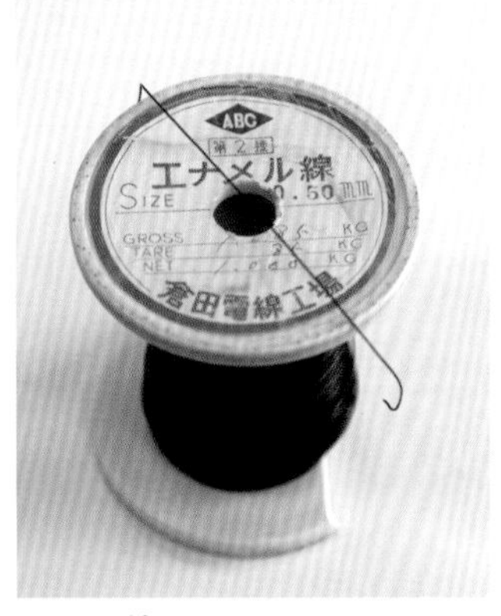

エナメル線
絶縁性があるエナメル樹脂を銅線に付着させた導線。

コイル
電子がぐるぐる回るようにした回路をコイルという。上の写真のエナメル線も、そのままの状態でコイルになっている。

小学校で電磁石を作ったことはありますか。鉄しんにエナメル線を巻いたものです。中学では、エナメル線を巻く方向と電流の方向、そして、発生する磁界の方向の関係を調べます。電磁石作りのポイントは、電子をぐるぐる回転させる「コイル」です。

電磁石の作り方

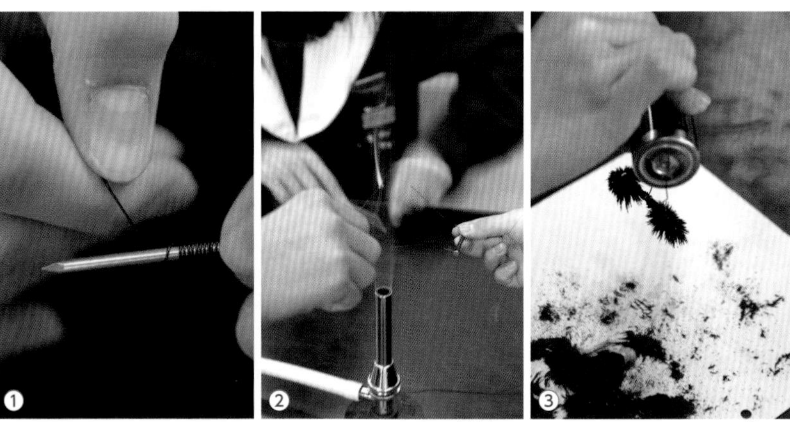

①：鉄しんにエナメル線を巻く。　②：エナメル線の先端部分のエナメルをカッターで剥がす（あるいは、炎の熱で焼き取る）。　③：乾電池を使って電流を流し、磁石になっていることを確認する。

磁界を鉄粉で調べる方法

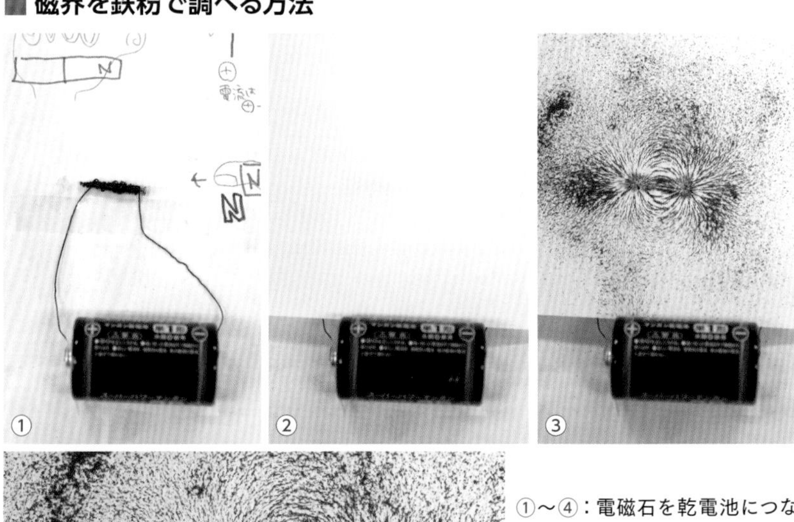

①～④：電磁石を乾電池につなぎ、紙を載せる。鉄粉をまき、磁力線を観察する（④は拡大写真）。なお、電磁石を学習プリントに貼りつけておけば、次の時間も繰り返し実験できる（お勧め！）。

棒磁石で磁界の方向を調べる実験

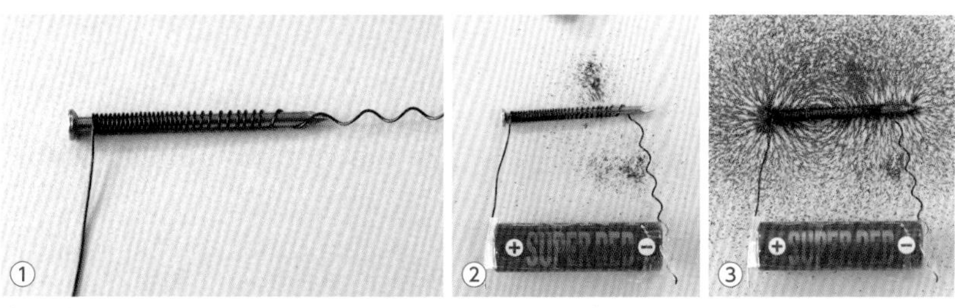

①：鉄釘の頭を左にし、エナメル線を手前から 50 回巻く（反対にすると NS 極が逆になる）。
②～③：鉄粉で磁力線を作る。

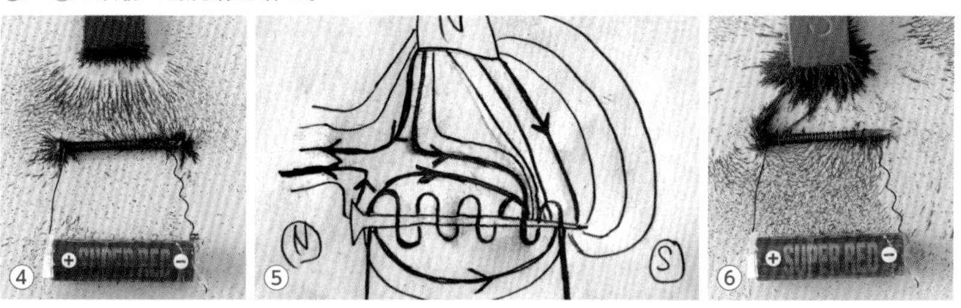

④：N 極を近づけ、電磁石の極を調べる。　⑤：生徒による④のスケッチ。電磁石の左が N 極（N 極と反発）、右が S 極（N 極と引き合う）になっている。ただし、残念ながらスケッチのコイルの巻き方は逆になっている。　⑥：S 極を近づけると、電磁石の左に引力が見られる（電磁石の左が N 極であることの再確認）。

方位磁針を使った実験

コイルの巻き方が本文の実験とは逆なので、コイルによって生じる磁界の向きは逆になる。

電磁石のまとめ

(1) 巻く方向を変えると、磁界の向きが逆になる。
(2) ±を変えると、磁界の向きが逆になる。
(3) 巻き数を増やすと、磁界が強くなる。
(4) 釘を抜くと、磁力が弱くなる。

コイルを流れる電子がつくる磁界（上の実験のモデル図）

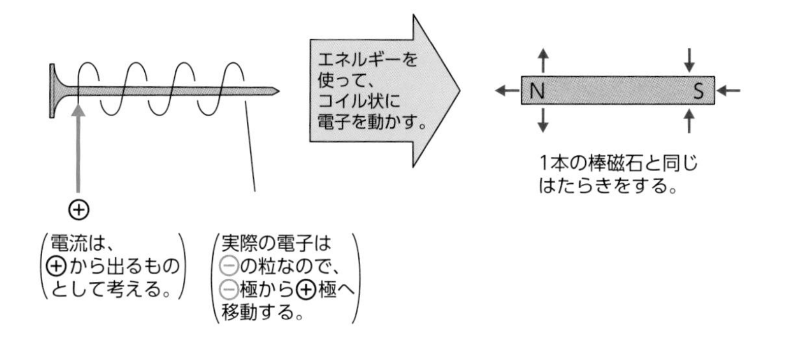

生徒の感想

・電磁石、最高 !!
・±まで決まっているのは面白い。

右手の法則（電流と磁界の方向の関係）

下図のように、右手の親指を立てて握（にぎ）ります。握った４本の指を電流の向きに合わせると、親指が磁界の向きになります。

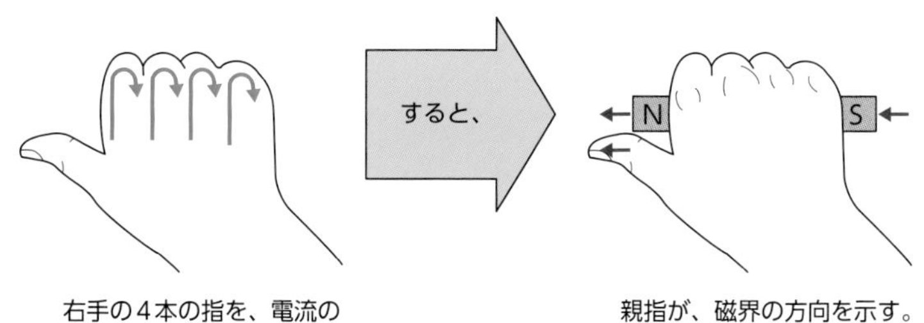

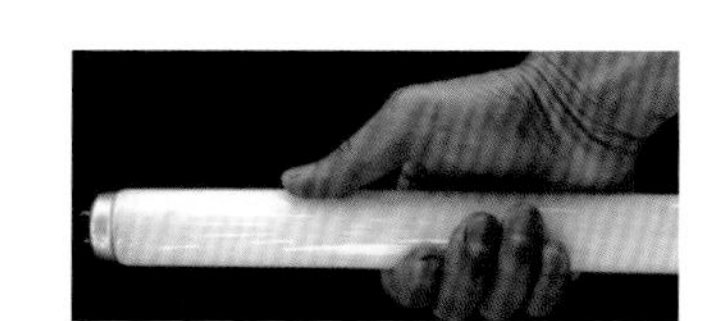

コイル状に流れる電流の考え方

上の写真は上方から４本の指を合わせた、と考えれば左図と同じ。

6 電流がつくる磁界

準　備

- 手回し発電機
- 方位磁針
- 市販の磁界観察装置
- 鉄粉

⚠ 注意 ショート、器具の破損

- 手回し発電機を無理に回すと歯車が壊れる。

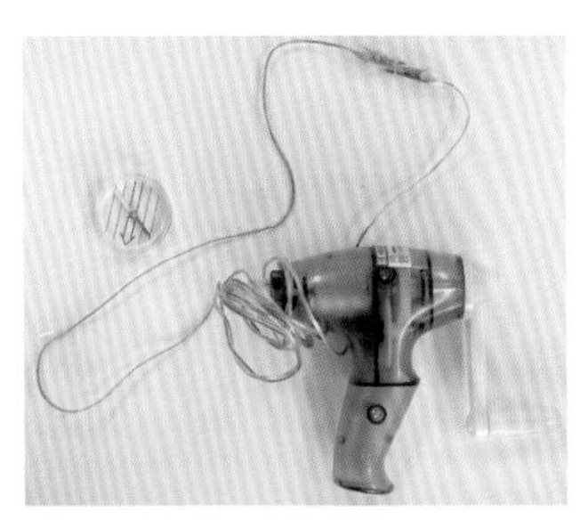

手回し発電機と方位磁針

この実験は、手回し発電機のコードを直結（ちょっけつ）（ショート）させて行う。発電機に負担がかかっているので、全力で回すと装置が壊（こわ）れる。注意すること。

磁界の特徴

(1) 同心円状の磁界
(2) 電流の向きを逆にすると逆
(3) 電流が大きいほど、導線に近いほど大きい

p.130では電流をぐるぐる回転させましたが、今回は一直線に流します。その結果できる磁界は「ぐるぐる」なので、まるで電流と磁界が正反対の関係のように見えます。

一直線に流れる電子（上下の流れ）がつくる磁界

電源は、手回し発電機にします。ハンドルを回転させると方位磁針が動くので、電子⊖が動いて磁界をつくることが実感できます。

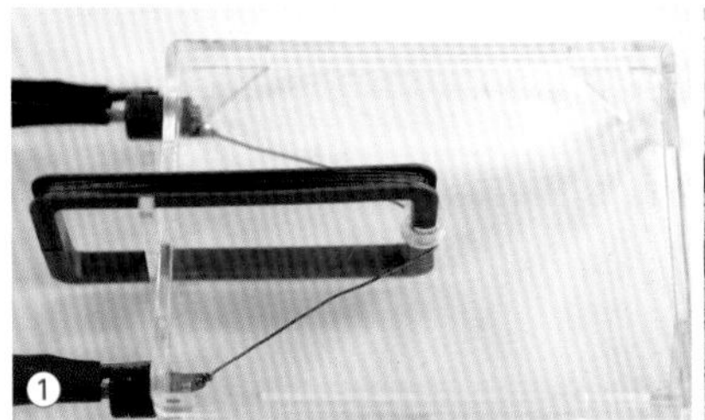

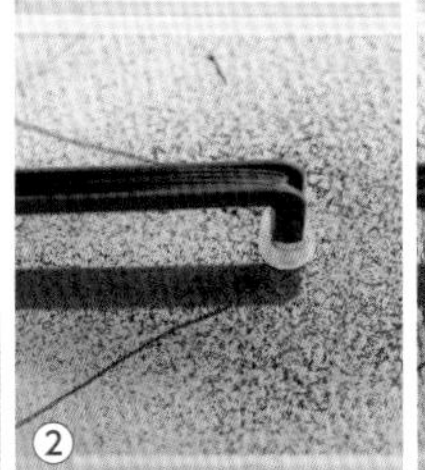

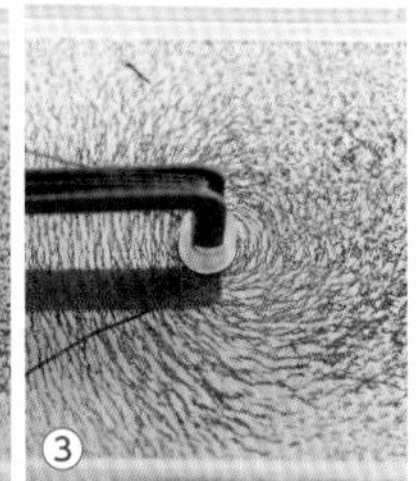

①、②：装置をセットし、鉄粉をまく。　③：電流を流す。

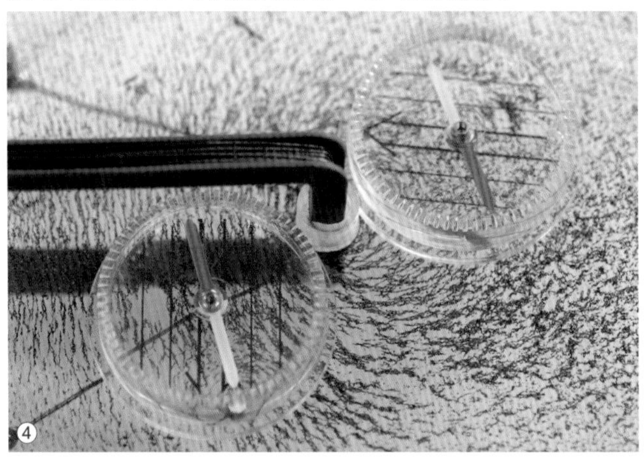

④：方位磁針を置いて、つくられた磁界の方向を調べる。

上下の電子の流れを「右手の法則」でまとめる

下図のように、右手の親指を電流の向きに合わせると、4本の指が磁界の向きになります。磁界はぐるぐる回ります。

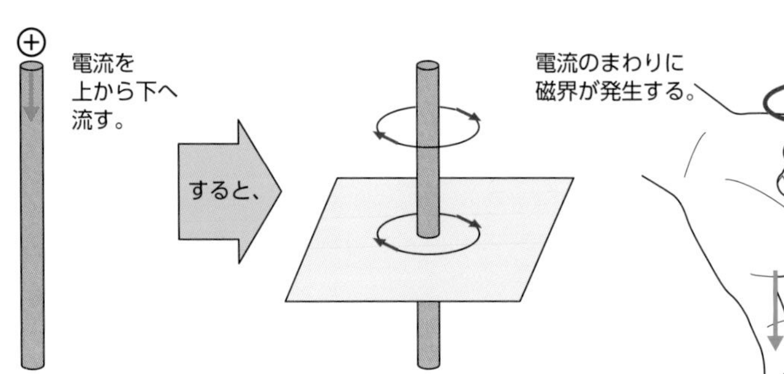

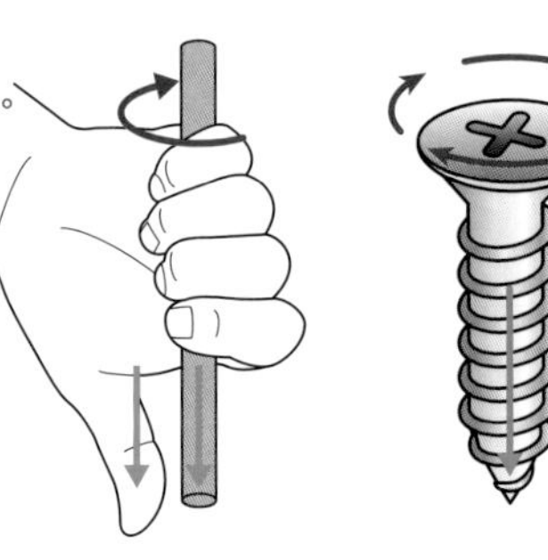

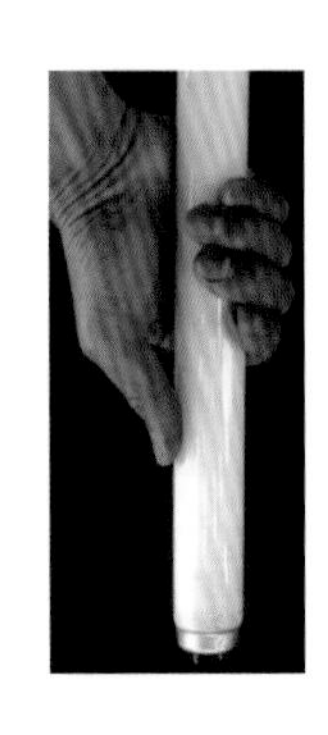

一直線に流れる電子（左右の流れ）がつくる磁界

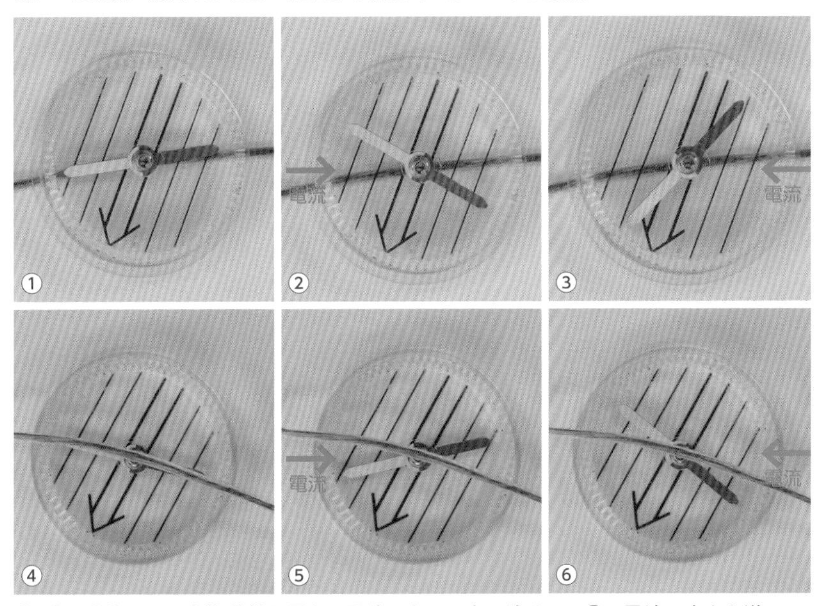

①、②：**導線の上に方位磁針を置き**、電流を左から右へ流す。　③：電流の向きを逆にして、方位磁針の向きが逆になることを確認する。　④～⑥：**導線の下に方位磁針を置き**、②、③と同じ手順で電流を流す。

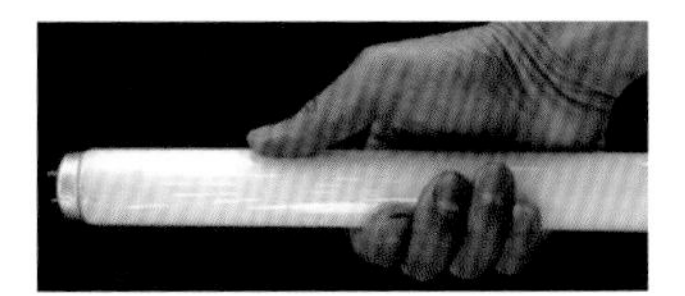

一直線に流れる電流の考え方
蛍光灯を導線として考え、右手でにぎる。親指の方向を電流とすると、にぎった4本の指が磁界の向きになる。上写真は左の写真③、⑥に対応する。

生徒の感想

- 電流と磁界の向きには右手の法則がある。
- （右手で）いぇーい！の法則

左右の電子の流れを「右手の法則」でまとめる

p.132は上下でしたが、今回は左右です。親指を左右に向けてください。4本の指が、ぐるぐる回る磁界を示します。右ねじの法則ともいいます。

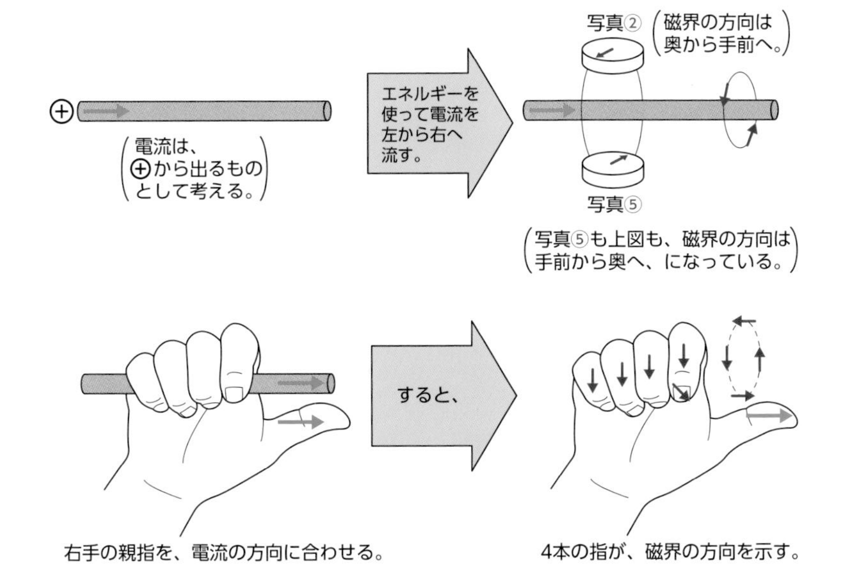

※p.131では、親指を磁界としたが、ここでは親指が電流になる。なぜ逆になるのか追究するのではなく、不思議な自然現象をうまく説明する方法（法則）を探すことが自然科学の基本的な姿勢。p.134では不思議な右手の法則をまとめる。

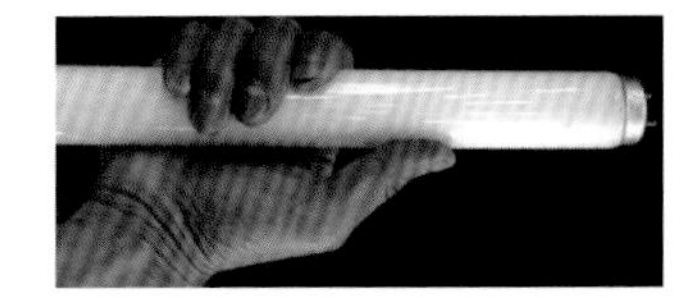

上写真は、上左の写真②、⑤に対応する。

7 右手の法則をまとめよう！

右手の法則は、親指と４本の指を入れかえても成立します。一方がコイル状になると、他方は一直線状。電流と磁界は入れかわります。下表は p.130 のコイル状、p.132 の一直線状の電流のまとめです。

電　流	コイル状（p.130）	一直線（p.132）
発生する磁界	直線状（棒磁石） 電磁石	コイル状

⬇　右手の法則を使って考えると…

右　手	親　指	磁界の方向	電　流
	他の４本	電　流	磁界の方向

準　備

- 磁界観察装置
- 鉄粉
- 電源装置

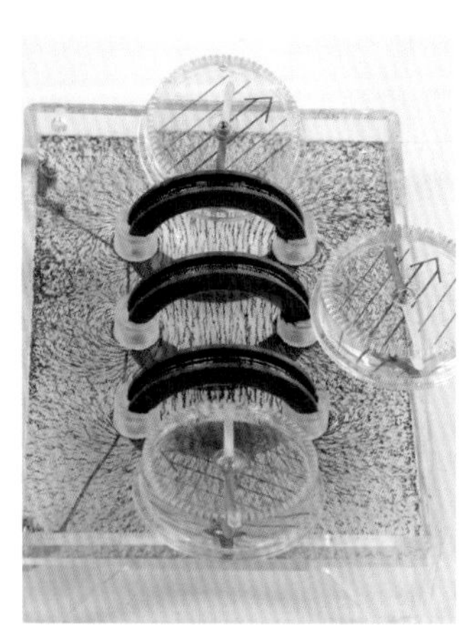

方位磁針を置いて調べる
コイル全体は１本の棒磁石として考えることができる（手前がN極）。しかし、短い直線の連続として考えることもできる（写真③、④）。

コイル状と直線状を同時に調べる装置

下の実験装置を使うと、電流の流れ方が見方によって変わります。全体で見るとコイル状、部分で見ると直線状になります。

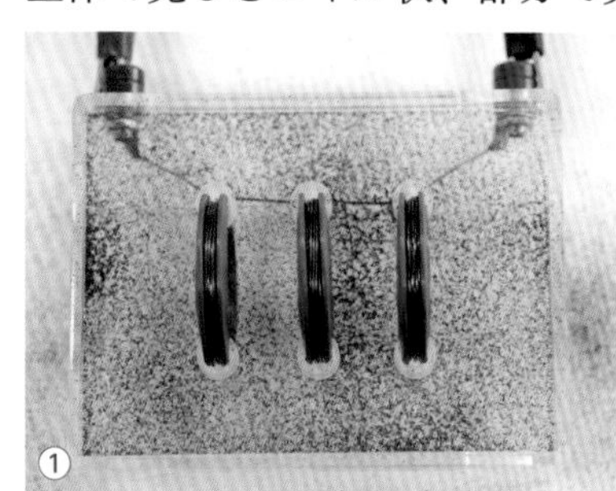

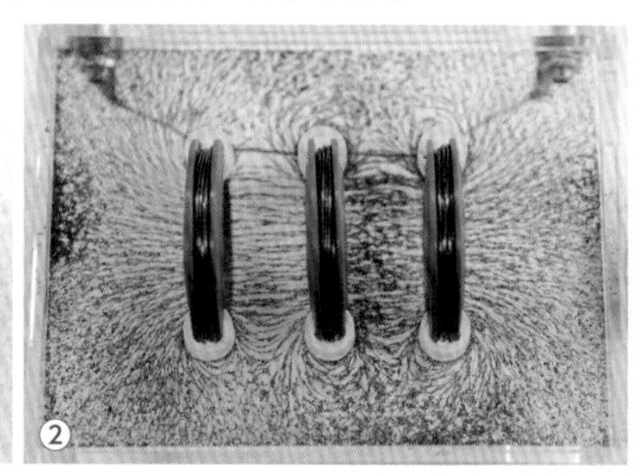

①：磁界観察装置に鉄粉をまく。　②：電流を流す。

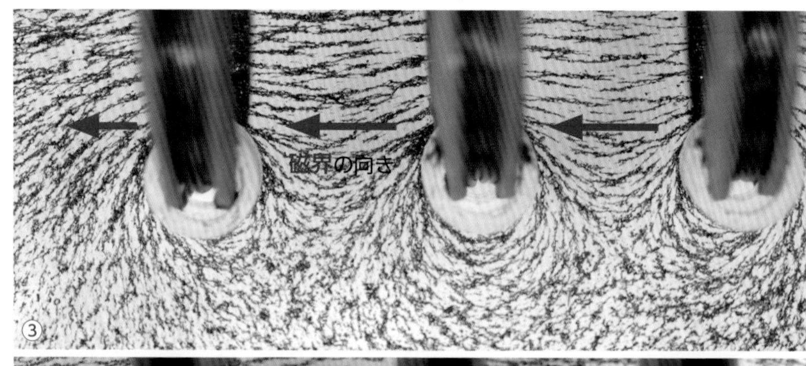

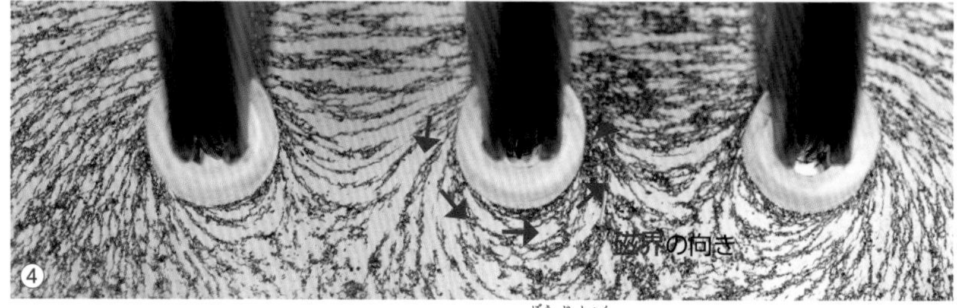

③、④：全体をコイルとして見る場合、磁力線は「棒磁石（ぼうじしゃく）のようにつながっている」。しかし、上下に（一直線上に）流れる電流として見た場合、磁力線は「コイルのように渦（うず）をまいている」。つまり、全体として見るか、部分として見るかで変わる。

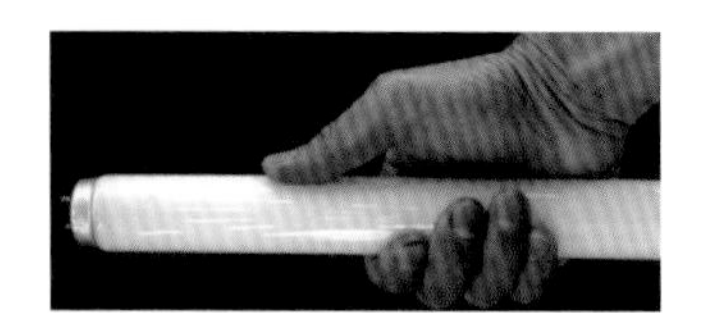

写真③の考え方
実験装置をコイルとして考え、４本の指を電流の向きに合わせる。すると、親指が磁界の向きを示す。

写真④の考え方
実験装置を導線（短い直線）として考え、親指を電流の向きに合わせる。すると、４本の指が磁界の向きを示す。

8 フレミングの左手の法則

これまでの実験で、電流と磁界は区別できないこと、また、それらは互いに90度の関係にあることがわかってきました。次に、磁石を使って、磁界は電子の流れに力を加えられることを調べてみましょう。この実験結果は、左手を使って説明することができます。

磁界によって、電流を曲げる実験

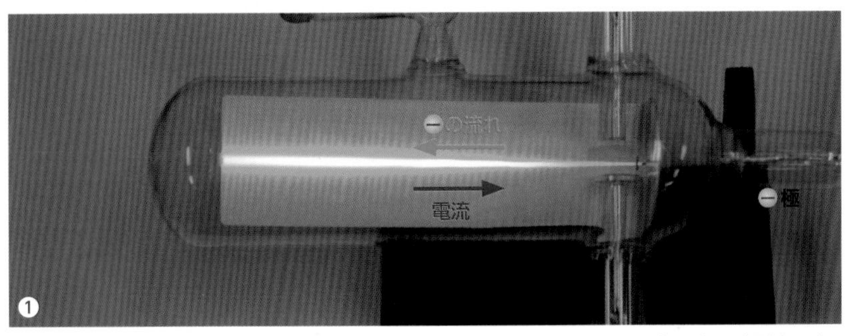

①：p.109 同様にクルックス管をセットし、写真の右側を－極にして電流を流す（電流の向きは、左（＋極）から右（－極）へ）。

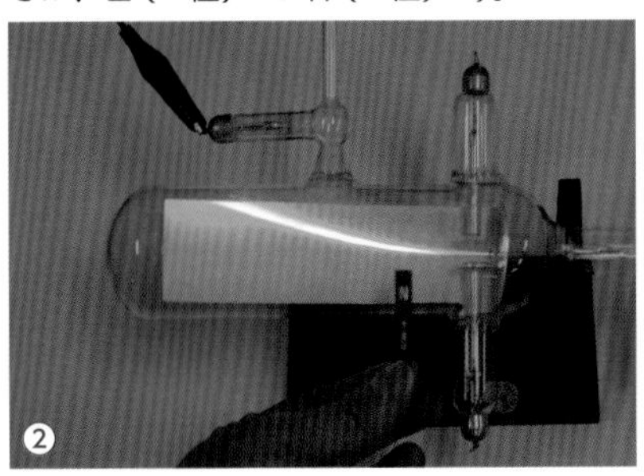

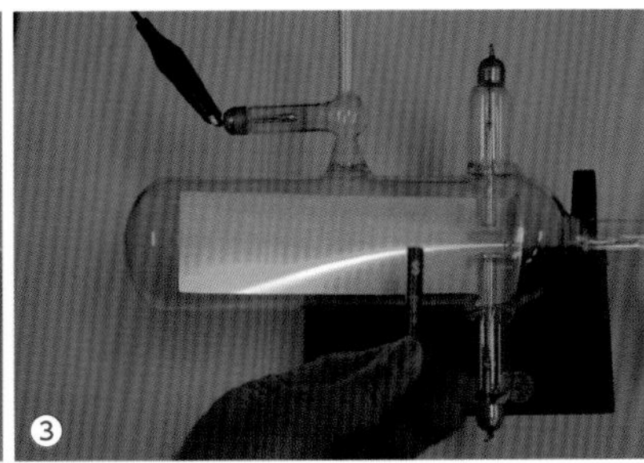

②：クルックス管の手前から磁石のＮ極を近づけると、電流が上へ曲がる。　③：磁石のS極を近づけると、電流が下へ曲がる。

電子が流れる方向と電流の方向は逆 !!

電子はマイナスの電気を帯びた小さな粒であるが、電流は、プラスからマイナスへ流れるものと決められている。

電子の復習

(1) 電子は、すべての物質をつくる小さな粒の1つ
(2) 電子は－の電気をもつ
(3) 電子は質量（エネルギー）をもつ
(4) 電子は蛍光灯やクルックス管の中で、蛍光物質に作用して光を発生させる

フレミングが発見した左手の法則

上の実験結果は、次のように左手を使うことで説明したり、実験結果を予測することができます。中指から順に、「でん・じ・りょく（電・磁・力）」と覚えるとよいでしょう。

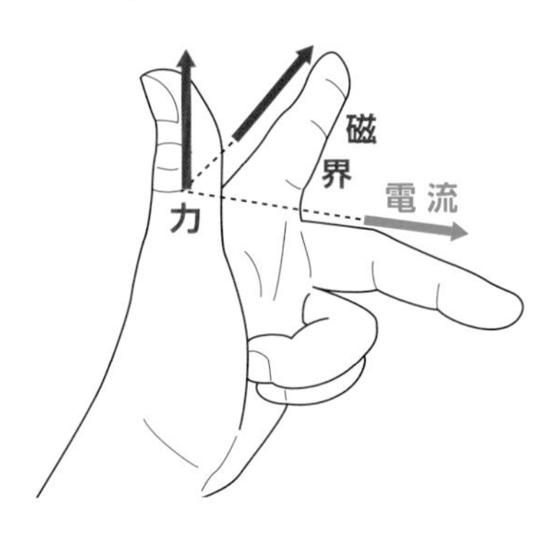

電流（中指）
＋極から－極へ

磁界（人さし指）
N極からS極へ

力（親指）
そのまま

左手の作り方のアドバイス

- 右手で作ろうとしていませんか！
- 親指と人さし指で「ピストル」を作ってから、中指を立てる（この順序は、人さし指と中指が逆になりにくい）。
- 指先に、「電流」「磁界」「力」と書く。

生徒の感想

- 磁石を近づけると、電気がぐにゃっ、と曲がった。磁石の力はすごい。
- スマホに磁石を近づけないようにしよう。
- ３本の指は互いに90°の角度をつけるのでたいへんだった。

9 電気ブランコの実験

準　備

- 電気ブランコ
- 電源装置
- リード線（2本）
- 左手

実験装置「電気ブランコ」
電気ブランコには、いろいろなタイプがある。これはエナメル線を数回巻いたものを、上からぶら下げるもの。

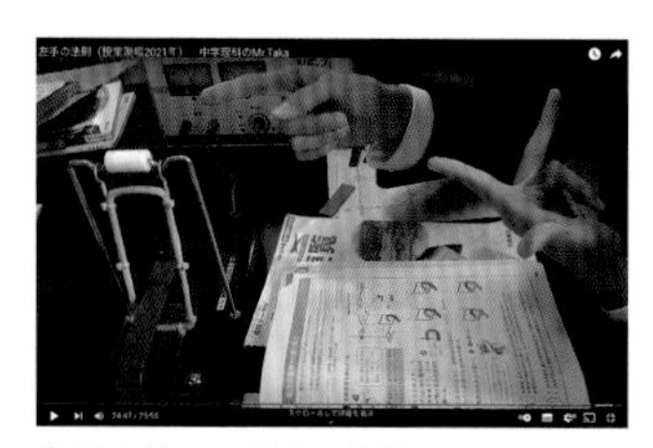

左手を使って考える生徒
YouTube『左手の法則』（授業現場2021年、中学理科のMr.Taka）より

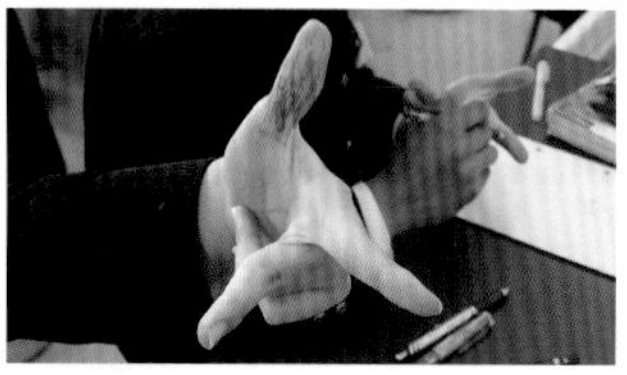

指に色を塗る
指が荒れないように注意すること。

生徒の感想

- フレミングの左手をつくると、指がつりそう！

電気ブランコは単純な実験装置ですが、3つの現象（電流・磁界・力）の関係を調べるのに最適です。まず、本ページで左手の法則（p.135）を確認後、右ページで空間思考力を高めます。右ページ下の模式図は、右手の法則（p.134）から力を導き出す方法ですが、ここで使う右手は「一直線に流れる電子（電流）p.132」のものです。

電気ブランコで左手の法則を確かめる方法

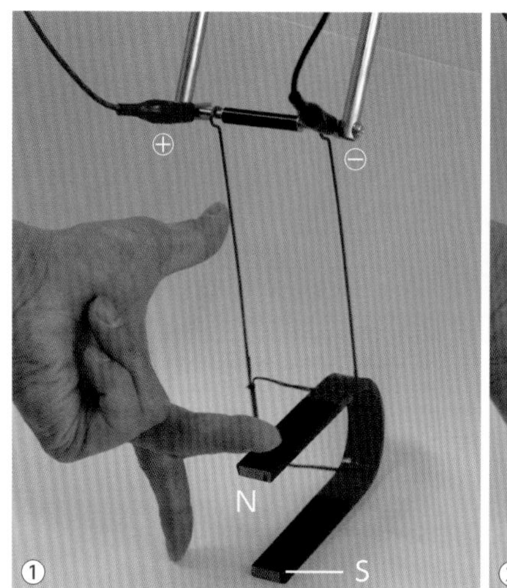

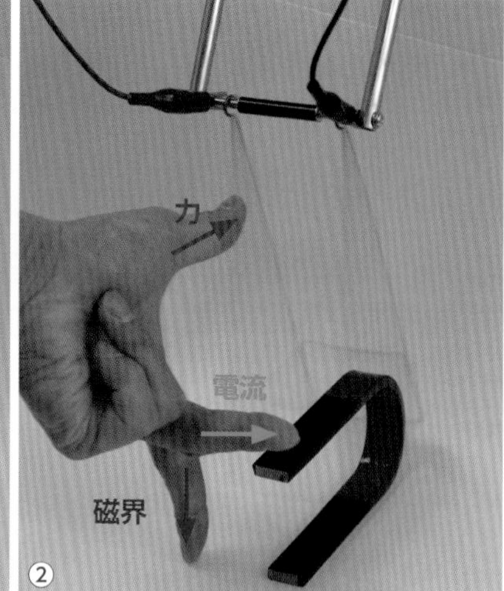

①：電気ブランコ装置をセットする。　②：電流を流し、動く方向を調べる（写真のブランコは奥へ動いている）。電流や磁界の向きを変え、それらの関係を調べる。

考え方のポイント（電・磁・力の中心となる1点）

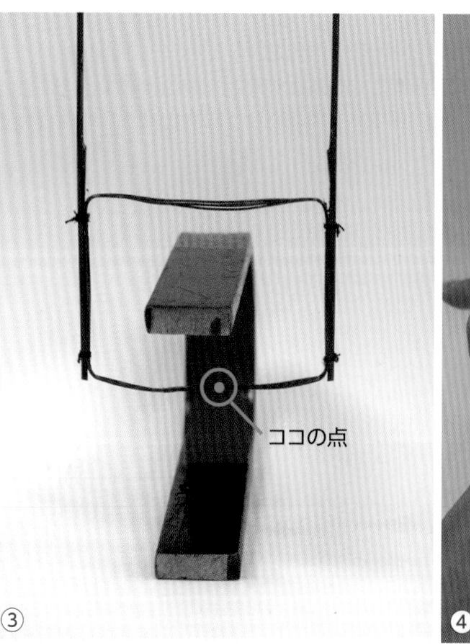

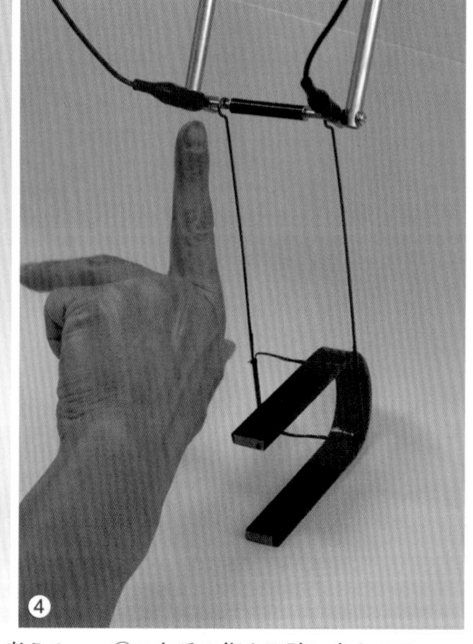

③：磁石の間にある導線の中央の1点だけを考える。　④：左手の指を正確に合わせる。

パイプを使った装置で左手の法則を確かめる実験

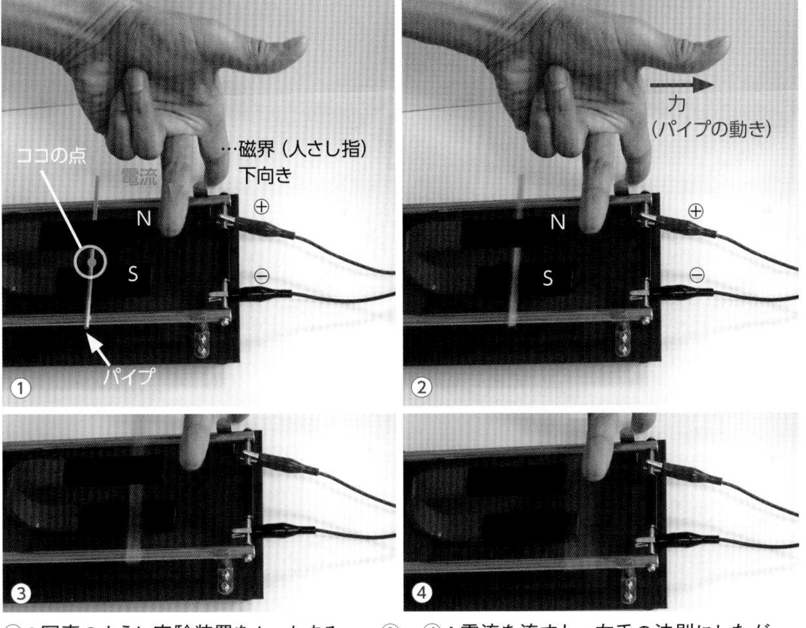

①：写真のように実験装置をセットする。　②〜④：電流を流すと、左手の法則にしたがってパイプが動く。

ブランコの動きの考え方

(1) 電流の向き、磁界の向き、力の向きは、その方向を指差すようにする。指先や爪が何極になるか、＋−どちらになるかを考えてはいけない。

(2) 方向だけで十分なことは、力について考えればすぐに理解できる。力の方向は方向で考えるしかない。電流と磁界も同じ。

視点を変え、右手の法則で力を導き出す方法

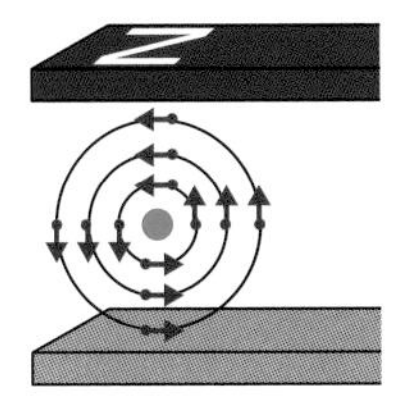

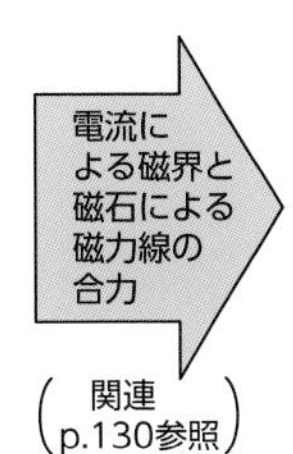

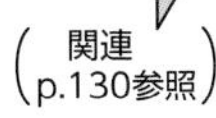

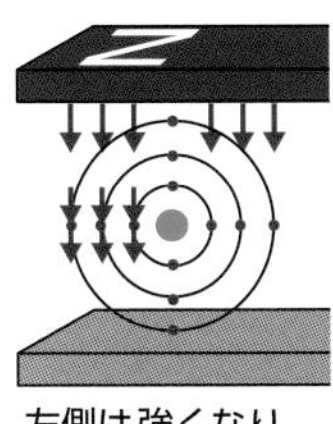

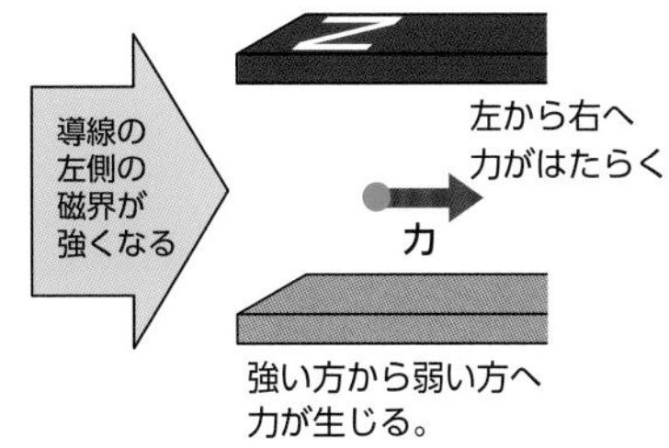

導線の中を一直線に流れる電流がつくる磁界を、短い赤色の矢印で書く（右手の法則）。

左側は強くなり、右側は弱くなる。

強い方から弱い方へ力が生じる。

10 モーターを作ろう

エナメル線でコイルを作り、小さな磁石と組み合わせてモーターを作りましょう。手先が器用な人なら、材料を揃えてから5分で完成です。授業では、乾電池1個(1.5V)で10秒以上回り続けたら合格です。

また、モーターが回転する方向は、フレミングの左手の法則を使って予想することができます(p.139上)。

ステップ1:コイルを作る方法

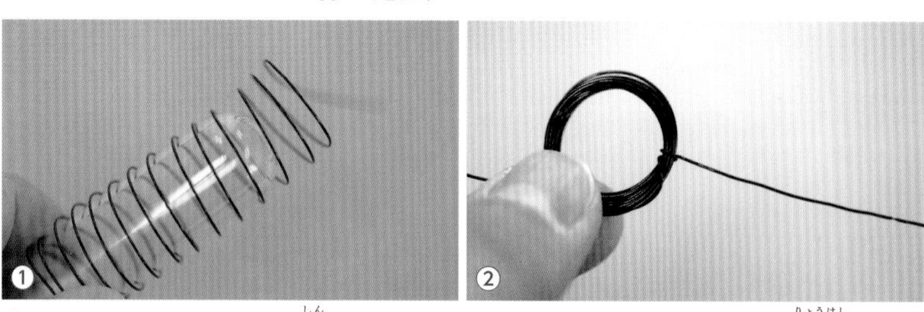

①:試験管など適当な円柱を芯にして、エナメル線を10～12回巻く。 ②:両端を2、3回くるくるっと巻いてとめる。

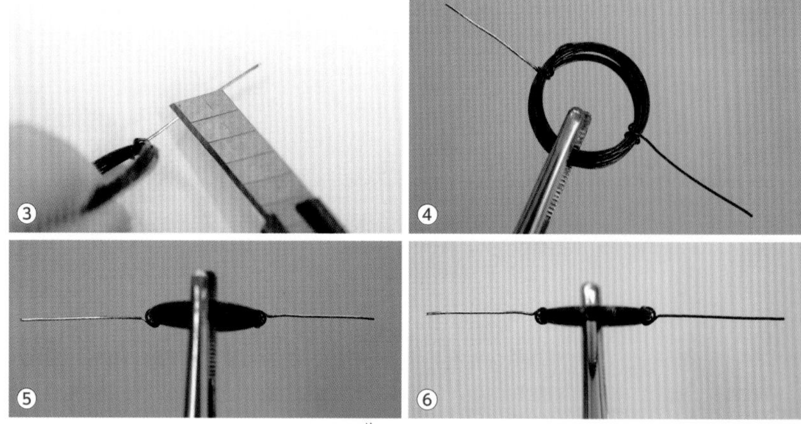

③:カッターナイフを使って、エナメルを剥がす。 ④、⑤:もう一方は、下半分(または上半分)だけを剥がす。 ⑥:どこから見ても中央になるように調節する。

ステップ2:受け台を作る方法

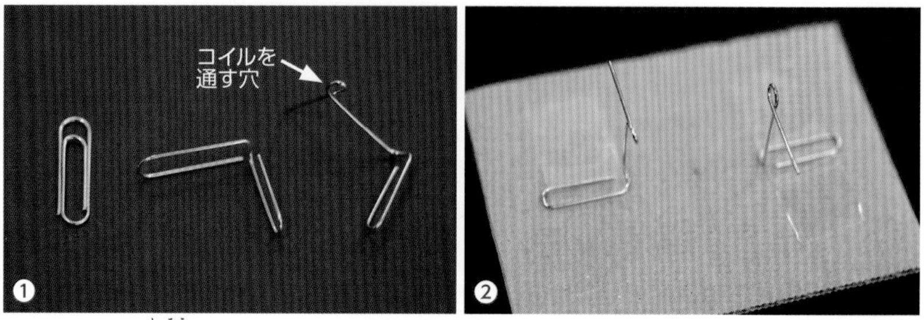

①:クリップ(塗装されているものは電流を流さない)を写真のように折り曲げる。 ②:セロハンテープで、段ボールに固定する。その幅は、狭いほどコイルが安定する(欄外)。

準　備

- エナメル線
  (直径0.4mm) 70cm
- 乾電池
- 段ボールの切れ端
- クリップ
- 磁石(どんな形でもよい)
- セロハンテープ
- リード線

⚠注意 ショート、火傷

- 3Vまでの低い電圧で回るように工夫する。

コイルづくりのポイント

- エナメル線は何回巻いても良いが、たくさん巻くと重さでバランスを崩す(バランスのよいコイルを作れば100%成功すると考えて良い)。

いろいろなコイルの形

- ハート型
- メガネ型
- 四角形

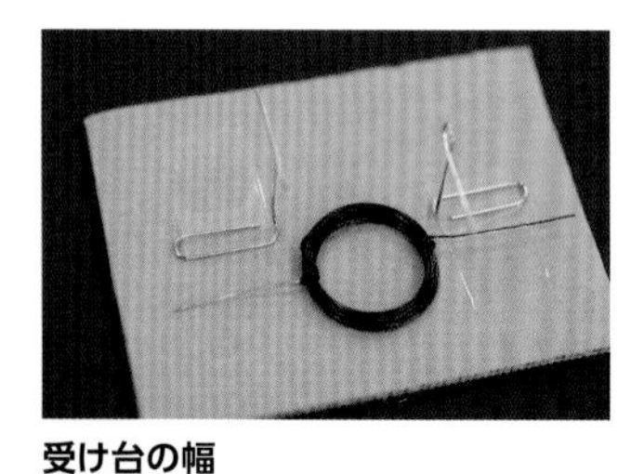

受け台の幅

受け台の幅は、コイルとほぼ同じにすると、バランスがよくなる。

モーターの回転方向の調べ方（左手の法則）

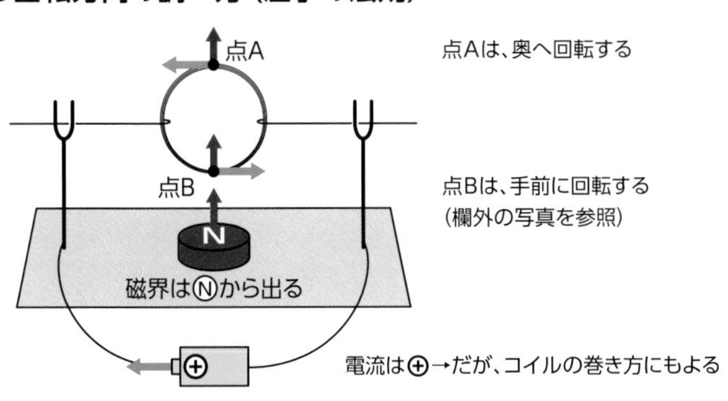

回転方向を説明する生徒

この場合、親指が手前なので、コイルの下側が手前に回転する（p.139 本文上図の点B）。

モーターを回転させる工夫

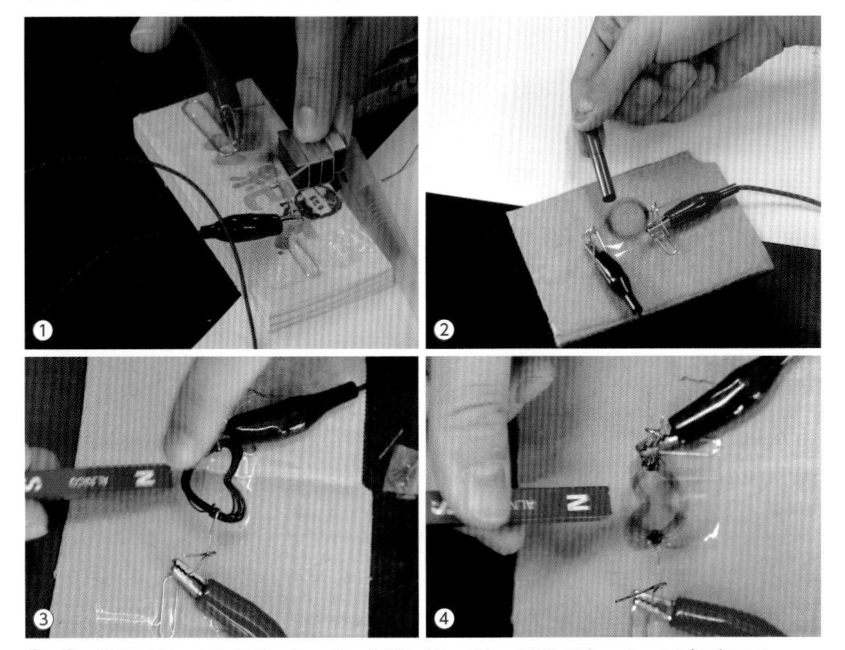

①、②：磁石はどのような形でも、どの位置に置いても、原理が合っていれば回転する。
③、④：手で少し回転させると、それをきっかけにして回り続けることが多い。また、コイルの形は、各自の考えで変形させてみると面白い。さらに、磁石の極を変えたり、電流の向きを変えると、モーターが回転する方向が逆になる（左手の法則）。

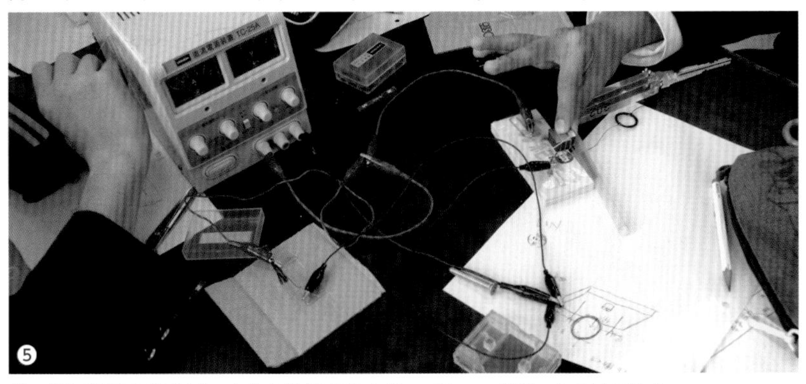

⑤：電源装置を使えば、大きな電圧が出るが、バランスが悪いものは回らない。

いろいろな生徒の工夫

- 磁石の位置を高くしたら回った。つまり、磁石がコイルに近いほど回りやすい。
- 受け台のクリップで作った穴を小さくしたら安定して回るようになった。
- 磁石を４つ取りつけたら、高性能モーターになった。磁石を立体的に配置して、磁力をあげることに成功した。
- コイルの巻き数を増やして磁力アップ。
- エナメル線のエナメルはコイルの根元から剥がす。

生徒の感想

- ２時間かけても回らなかったのに先生がちょこっと触れただけでぐるぐる回った。ほんのわずかなバランスが大切だった。

11 磁界を動かして電流を作る

準　備

- コイル、棒磁石
- 検流計（マイクロ電流計）

今回の実験に使ったコイル
巻き数250回と500回を選べる。

自転車の発電機（ダイナモ）
運動エネルギーを電気エネルギーに変換する装置。整流子を使わない（タービンと同じ）構造なので、半回転ごとに±が入れ替わる交流電流ができる。6V程度。

電磁誘導を利用したもの

- スピーカー、マイク
- 電磁調理器（IH調理器）
- ICカード（接触型、非接触型）

生徒の感想

- コイルの中に磁石を入れたままにすると電流が発生しない。
- 動かす瞬間に、1番大きな電流が発生する。

これまでは電子を動かしましたが、ここでは磁石を動かします。磁石を動かすという仕事をすると、電流が発生します。この実験は、わずかな電流を検出できる検流計を使います。

■ 誘導電流を作る実験

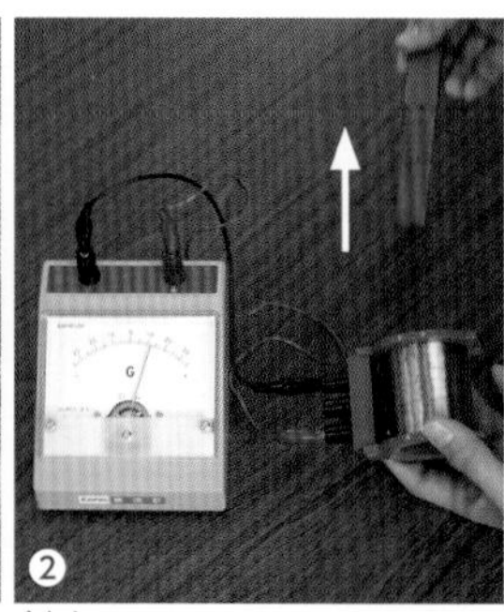

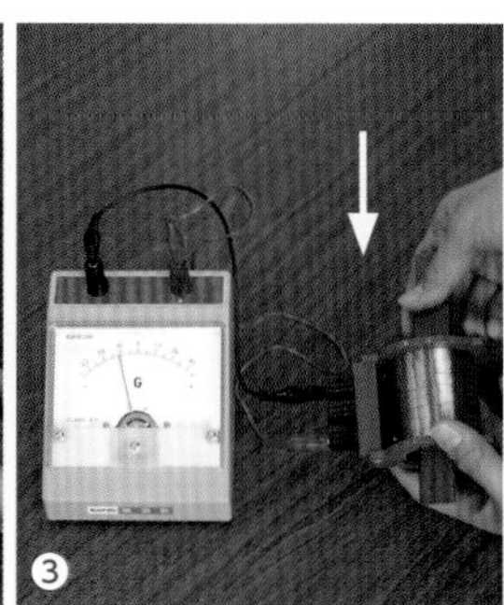

①：検流計にコイルをつなぐ（端子は2つしかない）。磁石のN極をコイルの中に入れる。
②：磁石を抜くと、針が+に振れる。　③：磁石を入れると−に振れる。

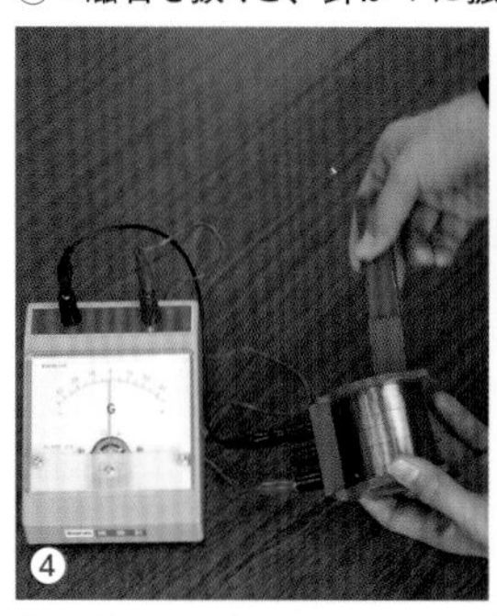

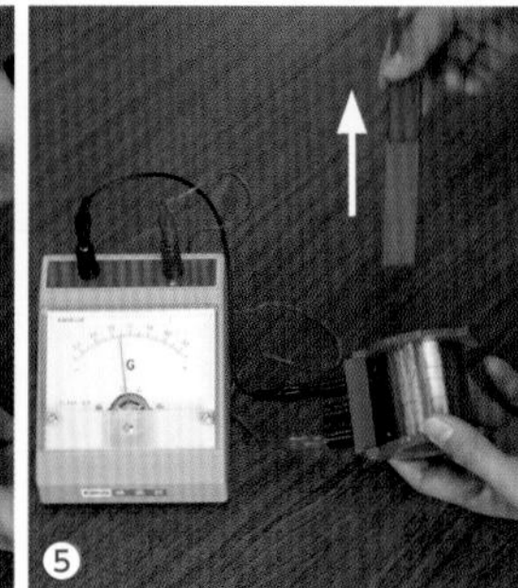

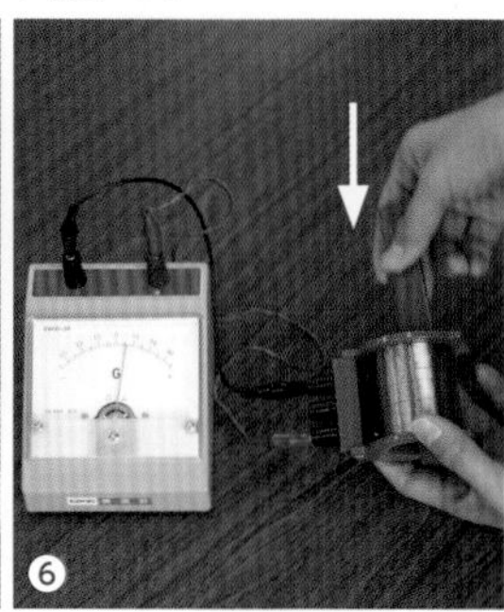

④：磁石をS極に変える。　⑤：磁石を抜くと、−に振れる（②の逆）。　⑥：磁石を入れると+に振れる（③の逆）。また、巻き数も変えて試してみる。

■ 結果のまとめ（誘導電流、電磁誘導）

コイル近くの磁界を変化させ、コイルに電流を作ることを「電磁誘導」、できた電流を「誘導電流」といいます。誘導電流は磁石をコイル外側で動かしても、また、コイルを動かすことでも発生します。以下は、大きな電流を作る方法です。

(1) コイルの巻き数をふやす。
(2) 磁石を強くする。　(3) 磁石の動きを速くする。

この現象を初めて発見した人はファラデーで、世界初の発電機を作りました。現在では、水や風の力で連続回転する装置（タービン）によって磁界を変化させ、電流を作ります。タービンを使う原子力、火力、風力発電は同じしくみです。

誘導電流の向き　レンツの法則

この実験結果は、レンツの法則で考えることができます。コイルに磁石を近づけると、コイルはそれに抵抗(ていこう)するような磁界（電流）を発生します。コイルの気持ちになって考えましょう。

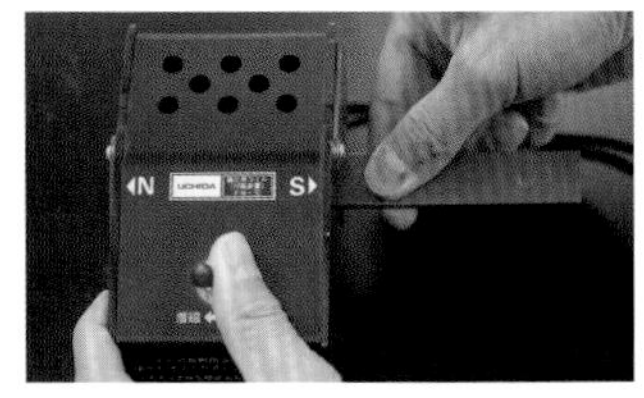

磁化用コイル
電源を入れて棒磁石(ぼうじしゃく)を引き抜くと着(ちゃく)磁、消磁(じしょうじ)できる装置。

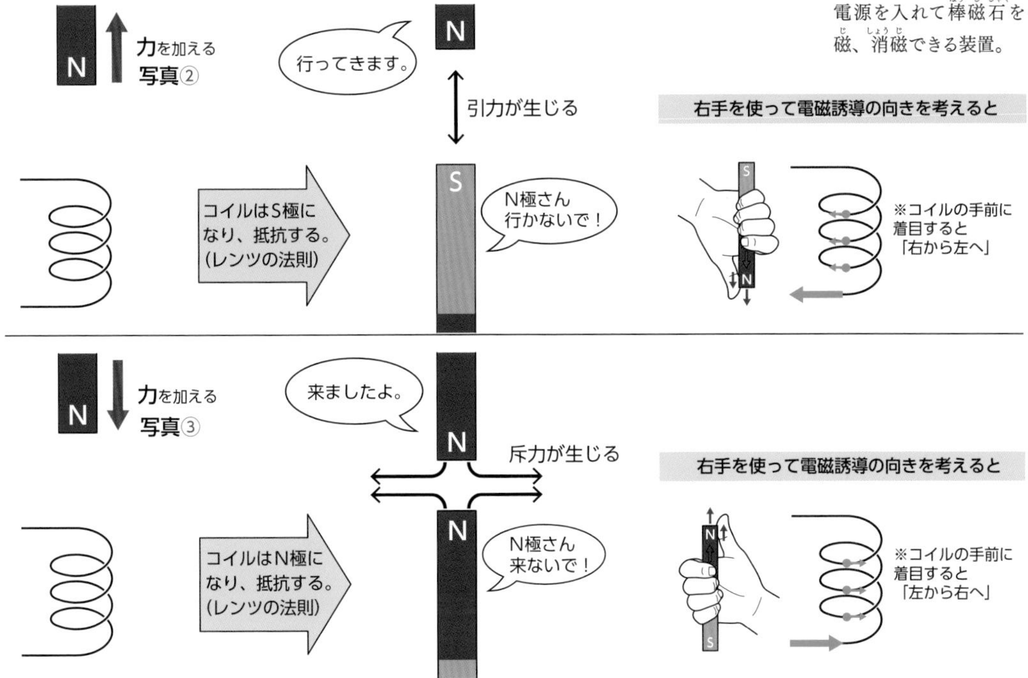

直流電流と交流電流

一般的な発電機を使うと、＋と－が交互に変わる「交流」になります。家庭用電気のコンセントには±がありませんが、それは交流電流だからです。これとは逆に、電流の向きが一定方向の電流を直流といいます。さて、次の実験では発光ダイオード（LED）を交流電流につなぎます。LEDは極性を持つので、素早く動かすと周期的に点滅していることがわかります。

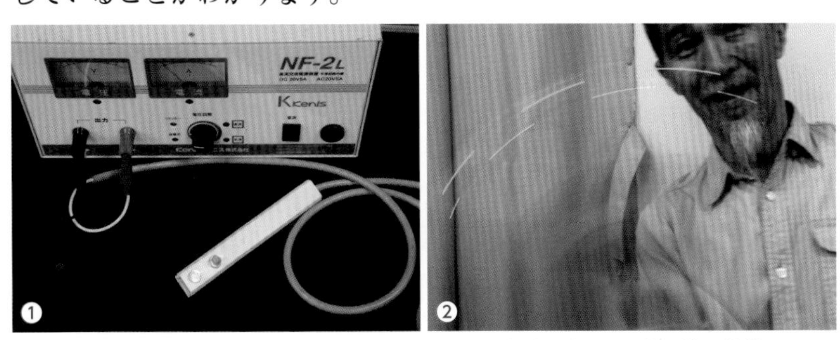

①：±を逆にした赤と緑のLEDを電源装置につなぎ、交流を流す。　②：静止状態では両方点灯しているように見えるが（①）、振ると交互にしか点灯していないことがわかる。

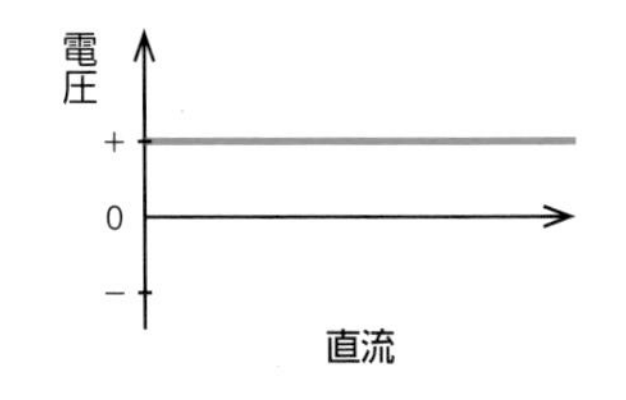

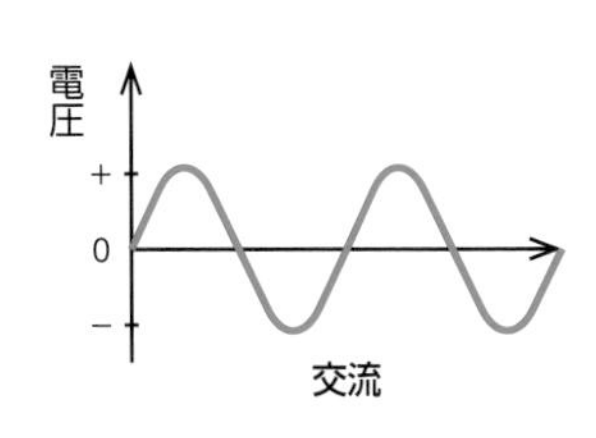

オシロスコープで見た直流・交流電流
音の波形と同様、横軸は時間（p.68）。

第8章 エネルギーと人類

エネルギーは直接見ることはできませんが、いろいろな現象として調べることができます。第３章では力学的エネルギー(位置エネルギーと運動エネルギーの和)、第４章では音の振動エネルギー、第５章では光エネルギー(電磁波エネルギー)、第６章では電子がもつエネルギー、第７章では電界と磁界がつくる力（フレミングの左手）として調べました。

この第８章は、身近な熱エネルギーから調べます。そして、エネルギーと人類の未来について考察します。

太陽エネルギーで活動する地球

太陽は全エネルギーの源ともいえる。太陽がなければ、地球は大気現象も生命もほとんど見られない、冷たい天体の1つになるだろう。。

■栄養成分表示（1袋70g当たり）

エネルギー	たんぱく質	脂質	炭水化物	ナトリウム
364kcal	5.0g	20.3g	40.3g	315mg

●開封後はお早めにお召しあがりください。

ポテトチップスの成分表示

1袋のポテトチップスは364kcal。水10kgの温度を36.4℃上昇させる熱量。

1　ガスバーナーで水を加熱する

エネルギーの中で最初に注目すべきものは、私たちの肌で直接感じることができる熱エネルギーです。人類が他の生物よりも発展できたのは、炎がもつ熱エネルギーをコントロールできたからでしょう。さて、熱量の単位はJとcalの2つですが、食料品の表示にも使われるカロリーは、生きるためのエネルギーの単位ともいえます。

1calは、水1gを1℃上げるために必要な熱量です。電力とはちがう感覚的な熱をイメージしながら実験しましょう。加熱時間と上昇温度、水の量と上昇温度はそれぞれ比例することがわかります。

準　備

- ガスバーナー
- 三脚、金網
- ビーカー、温度計
- 水

この実験で使う単位

- ℃　（温度）
- 秒、分　（時間）
- cal　（熱量）

実験のヒント

(1) 水50gなら加熱時間3～4分。
(2) やや強火がよい。
(3)（火力を同じにしたいので）炎は実験終了まで消さない。

■ 炎で水を温める実験

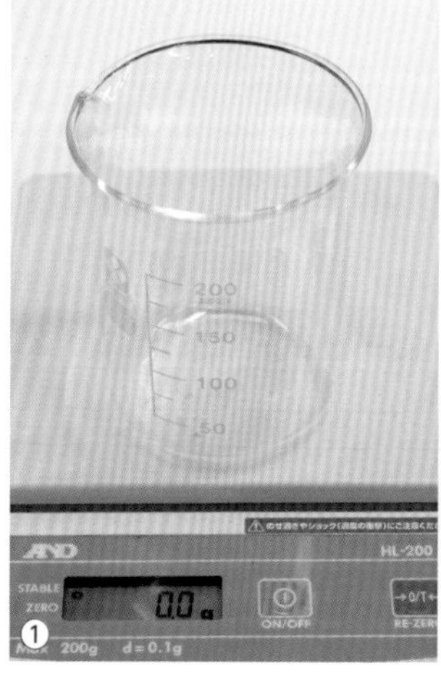

①：ビーカーの質量をゼロリセットしてから、水100gを量りとる。　②：しばらく加熱し、安定して温度が上昇するまで待つ（写真②は水が冷たく結露している）。

測定結果とグラフ（表は水100gの場合）

時間（分.秒）	0.00	0.30	1.00	1.30	2.00	2.30	3.00	3.30
水温（℃）	31.0	37.6	42.8	49.0	54.2	59.8	64.5	69.0
上昇温度（℃）	0	6.6	11.8	18.0	23.2	28.8	33.5	38.0

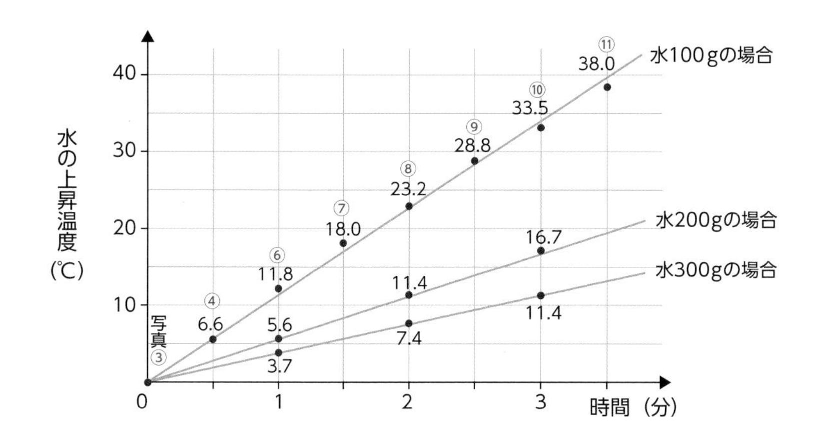

砂糖を加熱する実験
砂糖（ブドウ糖）を加熱すると1gにつき約4000calの熱エネルギーを発生する。栄養分の熱量については本書のシリーズ書籍『中学理科の生物学』で調べる。

熱量「cal（カロリー）」の定義

1カロリーは次のように定義され、栄養学でよく使われます。カロリーは感覚的に理解することができる熱量の単位です。

> **熱（cal）＝ 水1g × 上昇温度1℃**
> ※1cal ＝ 水1g × 1℃

実は、物理学ではカロリーではなく、J（ジュール）という単位を使います。Jは国際単位系（p.10）の1つで、全エネルギー（熱、電力、仕事など）を同じ量として統一できる便利な単位です（p.147）。

cal（カロリー）計算例
- 水2g × 8℃ = 16cal
- 水45g × 36℃ = 1620cal
- 45kgの人 × 体温36℃ = 1620kcal

生徒の感想
- カロリーが熱エネルギーの単位だなんて、知らなかった。
- お菓子エネルギーでがんばろう！
- 人が1日に必要なカロリーと体重×体温がほぼ等しいのは偶然？

③〜⑪：30秒ごとに水温の測定をする。このとき、写真⑤のように、ガラス棒でゆっくり攪拌（かくはん）する。次に、水200g、水300gで同様の実験を行う。

2 熱エネルギーの移動

温度が異なる2つの水を別々の容器に入れ、一方の容器をもう一方に入れます。そして、それぞれの温度変化をグラフにします。誤差の原因がたくさんあるのにもかかわらず、理論値と近い数字が出ます。温度（℃）と熱（cal）の違いも理解しましょう。

準　備

- 三角フラスコ、ビーカー
- 70℃の湯、氷
- 温度計
- 発泡スチロールの板

この実験で使う単位

- g　（質量）
- ℃　（温度）
- 分　（時間）
- cal　（熱量）

温水と冷水を準備する生徒
氷はすべて融かし、温度が安定してから測定を始める。

実験データをよくするヒント

(1) 水は、よくかき混ぜて測定する。
(2) 水は多いほど誤差が少ない。
(3) 水量や温度を変えたり、3つ以上の水を混ぜても面白い。

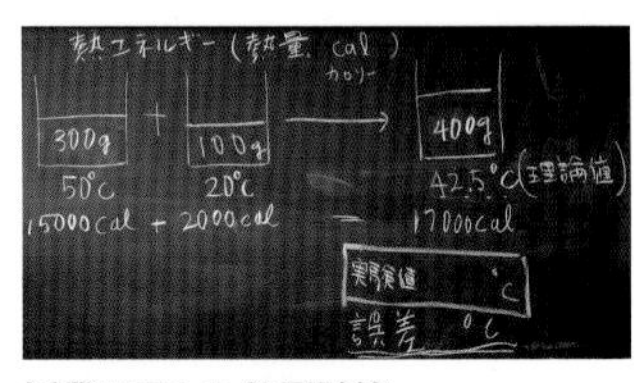

授業で示した熱量計算

生徒の感想

・質量と熱量は足し算できるけれど、温度は足し算できない。大発見！　だけど、温度って何？

13℃の水700gと70℃の水300gを混ぜる実験

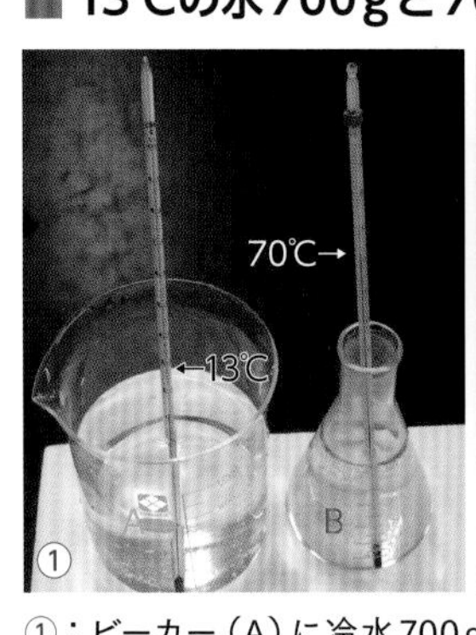

①：ビーカー（A）に冷水700g、三角フラスコ（B）に温水300gを入れ、それぞれの水温を測定する。　②：AにBを入れ、それぞれの水温を1分ごとに測る。　③：理論値を計算で求め、実験値と合わせて先生に報告する。

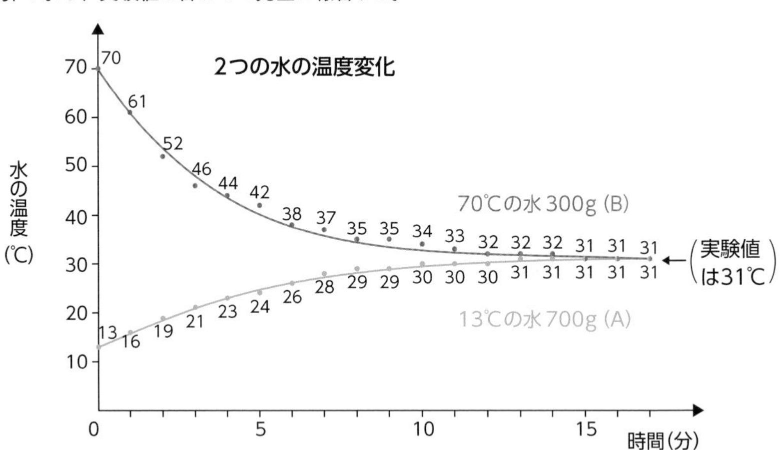

理論値の計算

熱量（cal）は足し算できます。それを合計した質量（g）で割れば、理論値「温度（℃）」が求められます。

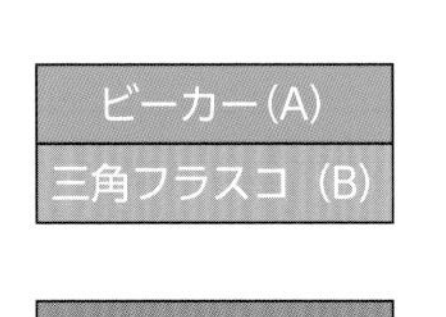

	質量	熱量（質量×温度）		
ビーカー（A）	700g	700×13＝9 100cal		
三角フラスコ（B）	300g	300×70＝21 000cal		
	↓	↓		
A＋B	1000g	30 100cal	→	30.1℃（理論値）

理論値30.1℃、実験値31℃。ほぼ一致しています！

熱の伝わり方

熱エネルギーの伝わり方は、次の3つに分類できます。p.144の熱移動は、対流ではなく伝導です。

伝導	熱エネルギーの移動	• 固体（スプーン）
対流	熱い物質の移動	• 液体や気体（鍋で湯を沸かす、空気）
放射	赤外線による	• 空間を隔てて伝わる（焚き火、太陽熱）

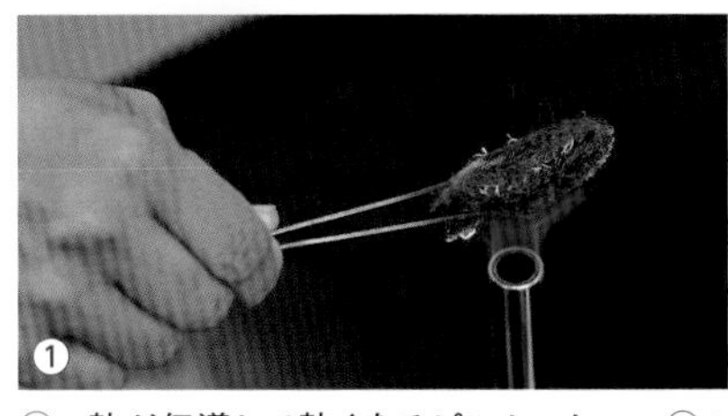

①：熱が伝導して熱くなるピンセット。　②：赤外線（あるいは熱線）を放射する電気ストーブ。ストーブは電子が流れようとするエネルギーを熱に変換する。

クラウジウス（ポーランド生まれ）
絶対温度、エントロピーを取り入れ、熱力学第1（エネルギー保存の法則）、第2法則（エントロピー増大の法則）を発見。

冷水（青）と温水（赤）を衝突させる実験

対流によって、熱を移動させてみましょう。空気でもできますが、温度の違う水を着色したもので観察します。

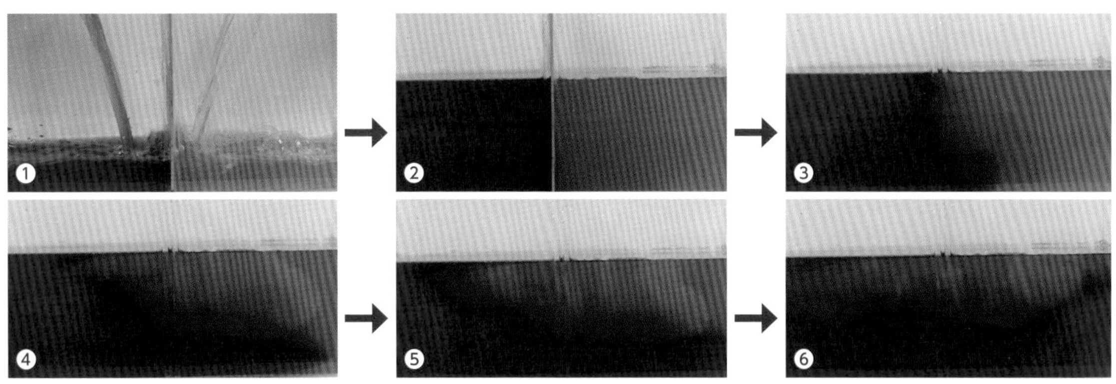

①、②：1つの水槽の中央にしきりを入れ、左右から冷水と温水を入れる。　③〜⑥：しきりをゆっくりと外し、温度が違う2つの水が混ざり合う様子を観察する。写真⑥の後、24時間程度ですべて均一な温度（色）になる（外部に逃げる熱もある）。

エントロピー増大の法則（熱力学の第2法則）

熱に関する実験は、「温度が異なる2つの水を放置しておくと、必ず同じ温度になる」ことを示しています。これは、2つの状態がごちゃまぜになったこと（エントロピーが増えた、という）を示します。

また、この実験結果は、もう1つ大きな自然現象の仕組みを示しています。つまり、過去から未来に向かって進む「時間の矢」があること、その時間は後戻りしないことです。水が2つに分かれたり、ある部分が氷になったり、ある部分が沸騰したりすることは永遠にあり得ないのです。エントロピーは増大するしかないのです。

エントロピー
エントロピーとは、ある系の内部の複雑さ、無秩序さを表す。この実験では、2つの温度が混ざり合い、複雑さを増した（エントロピーが増大した）と考えることができる。
単位：$m^2 \cdot kg/s^2/K$
計算式：
長さ × 長さ × 質量 ÷ 時間 ÷ 時間 ÷ 温度

第8章

3 電気で湯を沸（わ）かす

準　備

- 熱量測定器セット
- 水
- 電源装置
- 電圧計と電流計

この実験で使う単位

- V　（電圧）
- A　（電流）
- W　（電力）
- ℃　（温度）
- 分、s（秒）　（時間）
- J、cal　（熱量）

今回の実験装置

容器内部には断熱材「発泡スチロール」、金属は熱伝導性が高い「銅」が使われている。

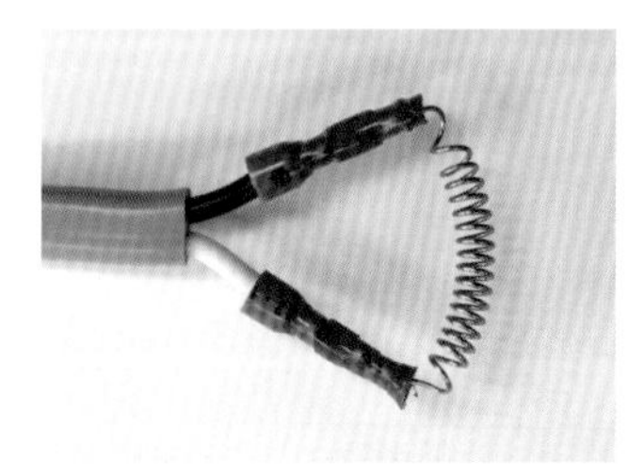

電熱線の拡大

今回の実験に使用したものではないが、電熱線は、およそこのような形をしている。

とても簡単な実験ですが、大真面目にとりくみ、偉大な科学者たちの発見を確かめてみましょう。ここでは厳（いか）めしい実験装置を使いますが、基本構造はみなさんの家にある電気ポットと同じです。電気ポットは電流が流れにくい物体（電熱線）に、むりやり電流を流すことで熱を発生させる装置です。

発熱実験の手順

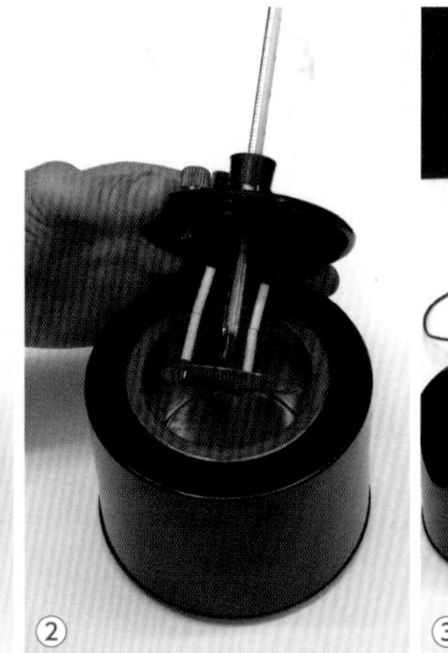

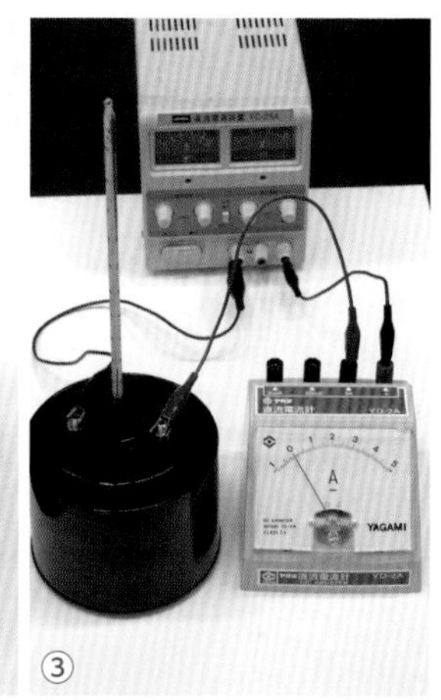

①～③：水100gを入れてセットし、電熱線に電圧3.5Vをかける（電流の大きさは電熱線の種類によって変わるので、記録しておく）。

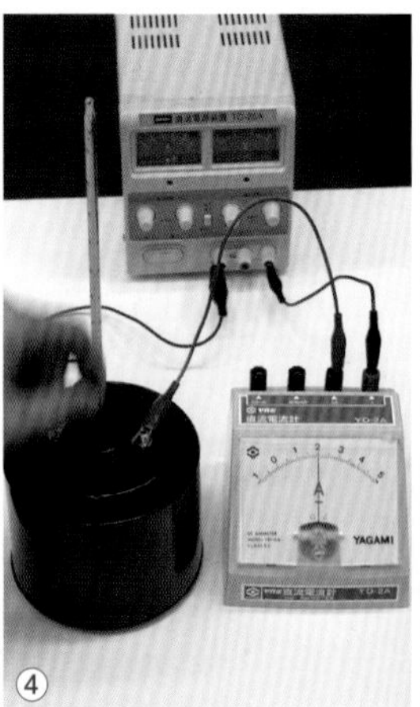

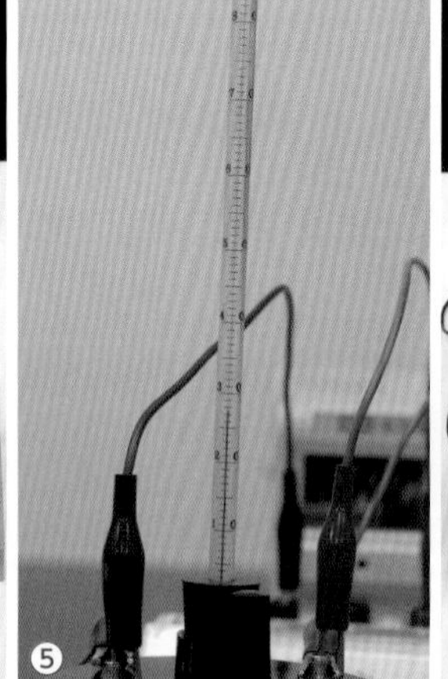

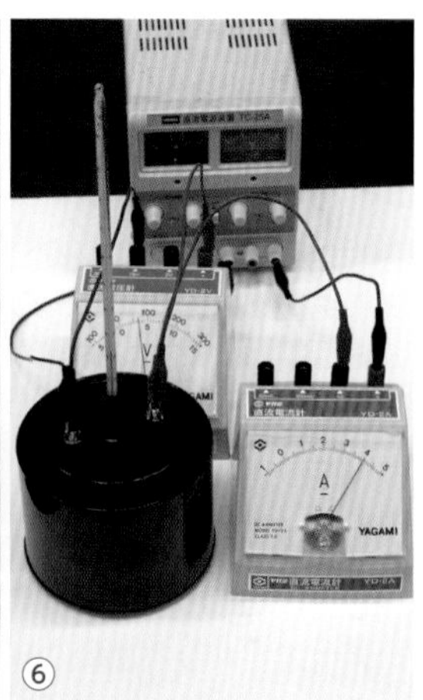

④～⑥：水を攪拌（かくはん）しながら、30秒ごとに水温を測定し、グラフにする。測定が終わったら、電熱線の種類を変えて、同じように測定する。

測定結果のグラフと考察

p.147のグラフの横軸は時間、縦軸は上昇した水の温度ですが、温度は熱エネルギーそのものです。2本のグラフは電熱線の種類（W（ワット）数）を変えて測定した結果です。

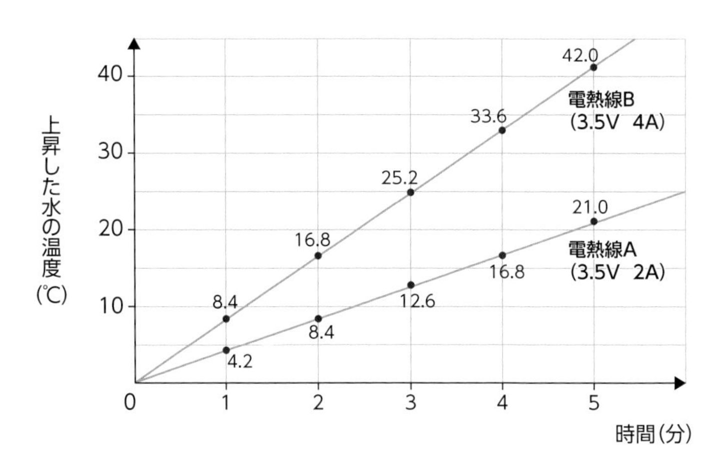

上のグラフは、温度上昇（熱エネルギー）は電熱線の種類（W）と時間に比例することを示します。これを発見した科学者ジュールにちなみ、1V、1A、1秒で生じる熱量を1ジュールといいます。

熱量（J）の公式、電力（W）

熱（J）＝ 電圧（V）× 電流（A）× 時間（s）
↓
電力（W）……詳細は p.148

＝電力　（W）　× 時間（s）
＝電力量（Ws）
※ 1J　＝　1Ws

2つの単位「J」と「cal」の関係

ここでp.142で調べた炎による熱エネルギー（カロリー）を思い出しましょう。炎と電気は、本質的に違います。しかし、2つとも水を温めることができるという点、熱エネルギーという視点で統一できるはずです。

正確な実験を行うと、電力量1Ws（1J）で水1gを0.24℃上昇させることがわかります。この0.24は実験値、自然の定数で、実際は0.239……という半端な数値です。この定数は上のグラフの傾きとして求められますが、みなさんの実験はどうでしたか！

1J　＝0.24℃＝0.24cal
1Ws
1V × 1A × 1s
※　1J　＝0.24cal

ジュールの法則

1840年、イギリスの科学者ジュールは、「電流による発熱の量は電流の強さの2乗に比例し、電気抵抗に比例する」というジュールの法則を発見し、エネルギー保存の法則の確立に寄与した。

電力＝電圧×電流

1W＝1V×1A
本文の電熱線Aは7W（3.5V×2A）、電熱線Bは14W（3.5V×4A）。

熱量の単位（J-cal）換算表

J	cal
0	0
1	0.24
2	0.48
3	0.72
4	0.96
4.2	1
8.4	2
12.6	3
42	10

※非SI単位「cal」は、日本の計量法によって 1cal＝4.184J と定義されている（表は1cal＝4.2J）。

Jとcalと換算方法

ジュールをカロリーにするなら、ジュールを0.24倍する。1Jは0.24cal、2Jは0.48cal（上表の通り）。逆に、カロリーをジュールにするなら、カロリーを4.2倍する。1calは4.2J、2calは8.4J（上表の通り）。

4 家電製品の電力（W、仕事率）

この実習に使う単位

- V　（電圧）
- A　（電流）
- W　（電力、仕事率）
- s（秒）　（時間）
- Ws、Wh、kWh（電力量）
- J　（仕事、熱）
- Nm　（仕事の力学的）

家電製品には、電気ポットやヘアードライヤーのように短時間でたくさんの電気を使うもの、省エネ設計であまり使わないものがあります。部屋の家電製品のラベルを調べ、その消費電力（単位：W）、能力を書き出してみましょう。まず､学校にある電気製品を紹介します。

1200Wのドライヤー

電気製品のラベルにある主な表示

①：教室の黒板ふきクリーナー（100V、320W、50～60Hz）　②：プロジェクター（200W）　③：②とは違うプロジェクター（120W）。同じはたらきをするならワット数が少ない方が、性能が良い（省エネ設計）。

電流の計算式（本文）

電流（A）＝電力（W）÷電圧（V）

蛍光灯　＝　40÷100＝0.4A

テレビ　＝　50÷100＝0.5A

ポット　＝　800÷100＝　8A

クーラー　＝1200÷100＝　12A

機器名	主な表示内容			計算で求めた電流（A）
	周波数（Hz）	電力（W）	電圧（V）	
天井の蛍光灯	50-60	40	100	0.4
テレビ（29型）	50-60	50	100	0.5
電気ポット	50-60	800	100	8
クーラー	50-60	1200	100	12
ヘアードライヤー	50-60	1200	100	12

日本の家電製品は100Vで統一されていますが、**電力（W）**は製品によって違います。また、電流（A）の表示はありませんが、欄外のように計算できます（計算結果は上表右端）。

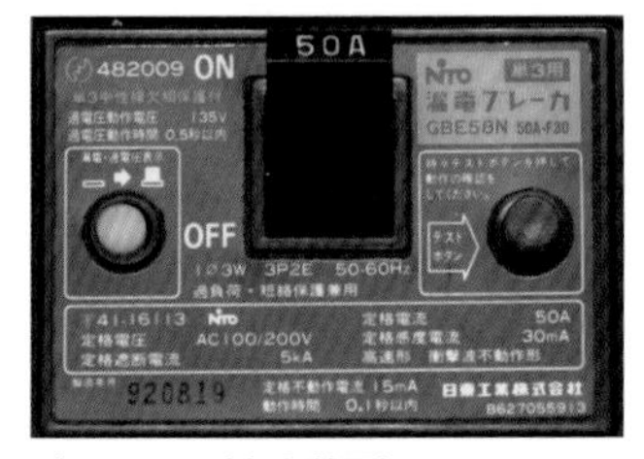

ブレーカー（安全装置）

このブレーカーは50A以上の電流で回路が切れる（100V製品なら50A＝5000W）。

電力（W）の公式

電力は仕事率と同じです。いずれも時間と関係するもので、時間が短いほど大きくなります。仕事量を時間で割った能力を表します。

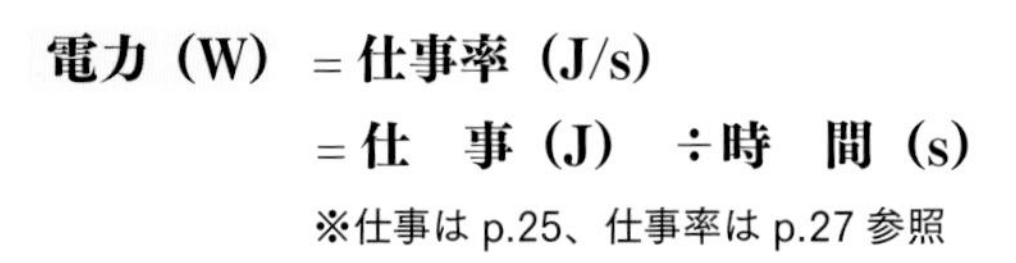

電力（W）＝仕事率（J/s）

＝仕　事（J）÷時　間（s）

※仕事は p.25、仕事率は p.27 参照

なお、高い電力（仕事率）のものは要注意です。複数使う場合は、それらの電力を足し算して、安全装置「ブレーカー」の容量を超えていないか確かめてください。家庭の電力は足し算できます。

5 電力量（J（ジュール）、熱量、仕事、エネルギー）

混乱しやすいのは、「電力と電力量は違う」という点です。電力は仕事率ですが、電力量は「電子⊖の量」、エネルギー量です。電力量の単位はJ（ジュール）で、次の計算式で求められます。

電力量（J）の公式

> **電力量（J）＝ 電力（W）× 時間（s（秒））**
> ※　1J ＝ 1Ws

※電力量（エネルギー量）は時間と無関係。

また、電力量、熱量、仕事、エネルギーの4つは同じ単位を使い、同じ物理量として計算できます（p.10、p.25）。

> 1J（熱、エネルギー）＝1Ws（電力量）＝1Nm（仕事）

A君が考えたエネルギーの関係図
VとΩとAの図はよくある（p.121）。VとAとWの図も見かけるが、電力（W）を斜めに、時間（s）を追加して頂上をエネルギー（J）とする発想が凄い！

モデル	バッテリー容量(Wh)	バッテリー容量(mAh)	電圧(V)
iPhone13 mini	8.90Wh	2406mAh	3.7V
iPhone13	11.93Wh	3227mAh	
iPhone13 Pro	11.45Wh	3095mAh	
iPhone13 Pro Max	16.10Wh	4352mAh	

左：iPhoneのバッテリー容量（エネルギー量）単位はWh（電力量）。hは1時間なので、16Whは16Wの電力を1時間使うだけの仕事（電力量）ができることを示す。大きいほど、たくさん仕事ができる。

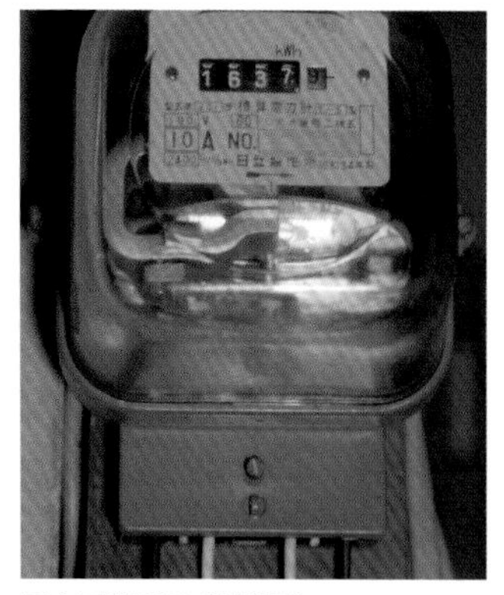

電力量積算計（誘導形）
家庭で使う電力量を表示する計器。単位はkWh。

電力量と電気料金（円）

電気料金は使うほど高くなります。それを求めてみましょう。まず、電力に時間をかけて、電力量（電気量）を出します。

電力量（Ws）＝電力（W）　　　　　　× 時間（s）
電力量（Ws）＝電圧（V）× 電流（A）× 時間（s）

料金は1時間単位で計算します。Ws（秒）をWh（時）に換算、3600倍します。最後に、あなたの電力会社の単価（たんか）を調べ、それをかけ算します。

> **電気料金（円）＝料金単価（円 /Wh）× 電力量（Wh）**

2, 522. 40 ）	（ 21. 02円／kWh）×ご使用量（ 120kWh）
4, 582. 80 ）	（ 25. 46円／kWh）×ご使用量（ 180kWh）
5, 364. 00 ）	（ 26. 82円／kWh）×ご使用量（ 200kWh）
886. 38 ）	（ 26. 86円／kWh）×ご使用量（ 33kWh）

※上の最上段は、2522円40銭＝21.02円 /kWh（時）× 120kWh（時）（120kWhまでの料金）を示す。2段目は、次の180 kWhまでの料金。使うほど、単価が高くなる制度。
※この他、基本料金や最低料金が設定されている電力会社もある。

生徒の感想
- 最新のスマホ買ってください。勉強します！
- 電気は使わないほうがいい。
- 電力は電力率、と覚えよう。
- エネルギーで物理が統一されてきた！

6 エネルギー変換と電気

エネルギーは決まった形態をもたずに、次々に移り変わります。単位は仕事と同じ、J（ジュール）です。

電気製品によるエネルギー変換

電気エネルギーは備蓄（びちく）や送電ができる、他のエネルギーに変換しやすいなど、多くの利点があります。家庭では電気製品を使ってさまざまなエネルギーに変換し、利用しています。

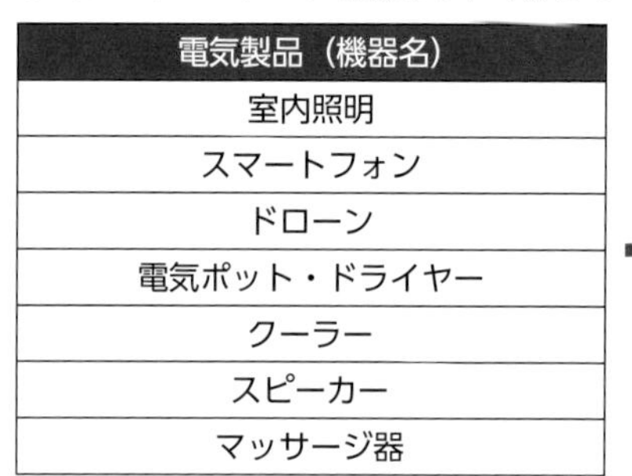
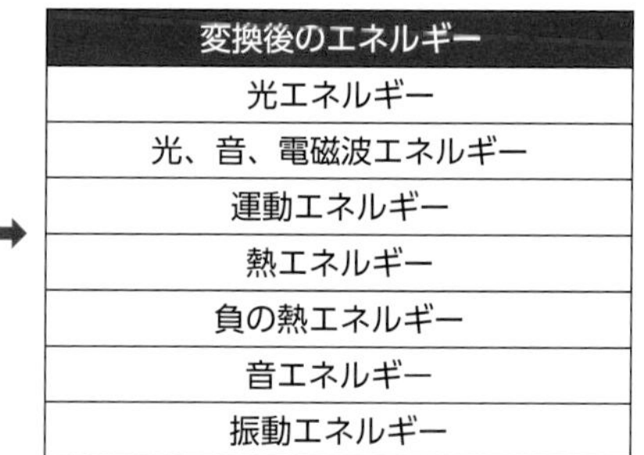

電気製品（機器名）	変換後のエネルギー
室内照明	光エネルギー
スマートフォン	光、音、電磁波エネルギー
ドローン	運動エネルギー
電気ポット・ドライヤー	熱エネルギー
クーラー	負の熱エネルギー
スピーカー	音エネルギー
マッサージ器	振動エネルギー

送電線と変圧器

電気エネルギーは、送電線で発電所から送る。6600Vで送電され、100Vや200Vに変換後、各家庭へ分配される。

クリーンな電気エネルギーを作る実験

クリーンな方法で電気エネルギーを作りましょう。太陽光発電は一般家庭にも広がっています。電磁誘導の原理（p.140）を使った手回し発電機では、発電効率も調べられます。

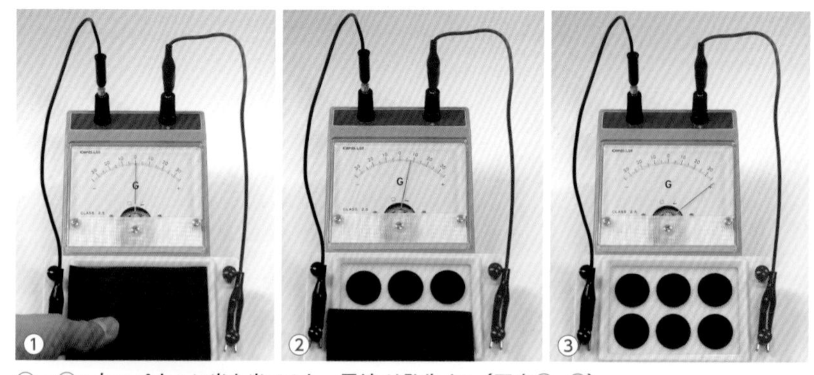

①～③：丸いパネルに光を当てると、電流が発生する（写真②、③）。

筋肉による運動エネルギー → エネルギー変換

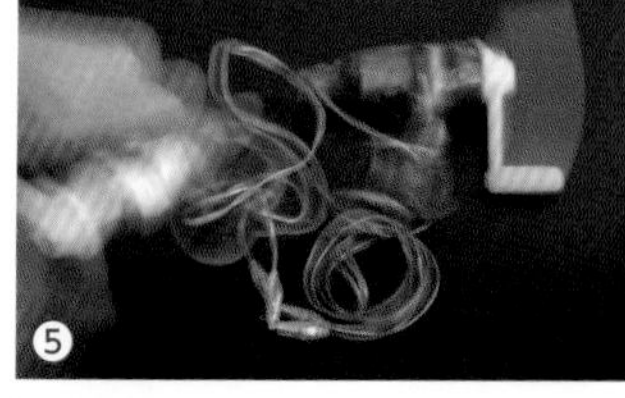

④、⑤：2つを直結させ、一方を回転させると、もう一方が回転する。このときに行われるエネルギー変換は次の通り。回転数の減少量から、変換効率もわかる。

筋肉による運動エネルギー → 電気エネルギー → モーターの運動エネルギー

毎日の生きるエネルギー量

ヒトは食物からエネルギーを得る。1日2000kcalは、8 400 000J（p.149）。1秒あたりは、「840万J ÷ 24 ÷ 60 ÷ 60 = 97J/s = 97 W」。つまり、100 Wの白熱電球を点灯し続ける＝生きている（写真下）、となる。

100 Wの白熱（はくねつ）電球の変換効率（へんかんこうりつ）

照明器具としての白熱電球の変換効率は10％で、残りは無駄な熱エネルギー。効率が高い蛍光灯25％、LED30％などに置き換えると省エネにつながる。

いろいろな発電方法

利用しやすい電気エネルギーは、いろいろな方法で作られています。かつては枯渇性の地下資源に頼っていましたが、現在は消費以上に自然の力を使って再生する「再生可能エネルギー」からの発電に変わりつつあります。

「SDGs（持続可能な開発目標）」
世界を変えるための17の目標、169の達成基準、232の指標から成る。

発電方法	原料		立地条件	方法	廃棄物
火力	化石燃料※1	枯渇性エネルギー	輸送の要所	タービン電磁誘導 p.140	CO_2、廃熱※2
原子力	放射性物質		強固な岩盤		放射性廃棄物
バイオマス	生物由来の物質	再生可能エネルギー	いろいろ		カーボンニュートラル※3
風力	運動エネルギー		強風地域		なし
水力	位置エネルギー		河川ダム		
揚水式水力	位置エネルギー		河川ダム※4		
地熱	熱エネルギー		火山地帯		
海洋温度差	化学エネルギー		深層水※5		
太陽光	光エネルギー		広い土地	新技術	
圧電素子	運動エネルギー		床発電		

※1：石油・石炭・天然ガスなどを化石燃料という。
※2：目的以外に出された熱。
※3：植物（生物）由来のエネルギーは、燃焼させてCO_2を排出しても、植物が光合成でCO_2を吸収したものだから、結果として炭素は０という考え方。家畜の糞尿から（微生物のはたらきで）つくったアルコール、間伐材の燃焼など。
※4：夜間、電気エネルギーで高い位置へ水を移動させる。
※5：温度差によるアンモニアの状態変化（液体⟷気体）でタービンを回す。

風力発電
エネルギー変換率は高い（約80%）。

廃棄物のない持続可能なエネルギー社会

上の廃棄物を調べましょう。廃棄物を出しているのは火力発電と原子力発電の２つで、主な廃棄物はCO_2、廃熱、放射性廃棄物の３つです。CO_2は1997年「京都議定書」から2015年「パリ協定」へと、その削減に向けて国際的な取り組みが進んでいます。廃熱は「コージェネレーションシステム（火力発電の排熱の再利用）」や水産・農業での生物育成での利用が進んでいます。しかし、放射性廃棄物は最終処分場がなく、世界各国が押し付けあっているような状況です。

2015年、国連サミットでSDGsが採択され、経済効率優先のエネルギー政策からの転換が進んでいます。科学技術と税金は、廃棄物が出ない技術開発のために使う時代が始まっています。政治家を含む大人には、未来の子どもたちにゴミ処理を任せない、持続の可能性があるエネルギー社会を作る責任があります。

SDGsの目標7
「エネルギーをみんなに、そしてクリーンに」

石炭　LNG（液化天然ガス）　石油　原子力　自然エネルギー（水力含む）
2010　28%　29%　9%　25%　10%
2011年３月東日本大震災
2014　34%　43%　11%　13%
2019　32%　37%　7%　6%　18%
（年度）

日本のエネルギー資源別発電量
2014年、原子力による発電量がゼロでも電力不足にならなかった科学的事実を指摘することが大切（資源エネルギー庁「エネルギー白書」より作成）。

7 人類とエネルギー

世界人口は、エネルギーの備蓄量や消費量とともに増加してきました。大きな出来事は、(1)農耕による食物（エネルギー）の備蓄、(2)化石燃料の大量消費（産業革命）です。とくに、化石燃料は動植物が数億年かけて蓄積した太陽エネルギーです。すでに枯渇するほど使ったのですから、近年の人口爆発は自然な現象といえるでしょう。

蒸気機関車の運転席に座る筆者

蒸気機関車は、熱エネルギーを運動エネルギーに変換することで進む。物質輸送、化石燃料の普及、18世紀の産業革命に貢献した。

世界のエネルギー消費量と人口の推移

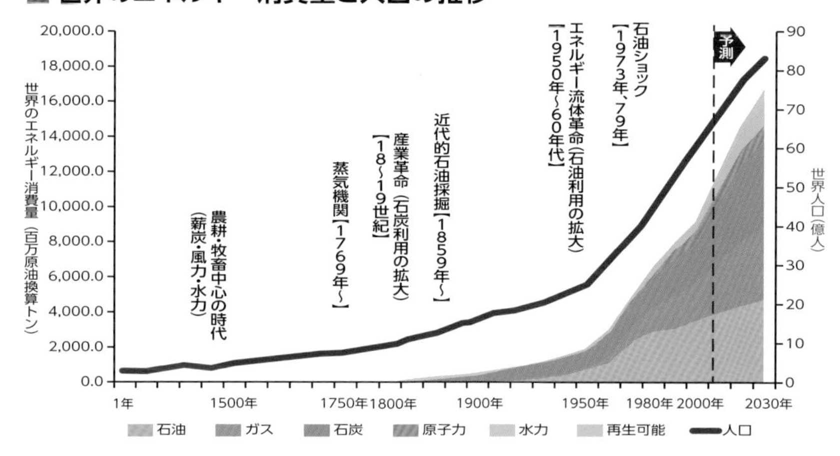

出典：資源エネルギー庁エネルギー白書 2013

ノーベルとノーベル賞

ダイナマイトで巨万の富を築いたノーベルは、自らの研究や科学技術が招いた戦争を反省し、「財産の利子によって、ノーベル賞を与える」との遺書を残した。

高エネルギー技術による人災

高エネルギーは大きな富や権力をもたらします。過去の出来事として、(1) ダイナマイト（鉄砲、大砲）、(2) 核爆弾（1945年アメリカが使用）があります。また、2022年の某国軍事行動により、核戦争に怯える人が増えています。現在、人類が備蓄している高エネルギー破壊兵器は、地球を何回壊滅できるのでしょうか。

核兵器禁止条約

2021年発効。日本は唯一の核兵器被爆国でありながら、それを批准していない。その事実をあなたはどう考えるか。意見は発表するためにある。いじめ問題と同じように、自分の考えを相手に正しく伝えること。それは重要な学習目標の1つ。

①、②：チョルノービリ国立博物館（ウクライナ）の展示物（①は福島の原発事故に関する日本の記事、②は広島新聞 1945 年 8 月 7 日の記事）。

人類の悲しい歴史は、技術開発者と利用者の関係、および、責任の不明瞭さを示しています。人災を防ぐことができるのは、人です。

産業と技術革新の基盤を作ろう

過去と現在を見れば、未来が見えます。それが、科学的考察です。過去と現在は実験結果であり、改ざんは許されません。

①：人力で運ぶ。　②：乗り物や道具を利用し、人力エネルギーの効率を高める。
③：人力は使わず、風力を運動エネルギーに変換して利用する（オランダの風車）。
④：化石燃料を燃やして電気エネルギーを変換して利用する（ブルネイの海上油田）。

しかし、非科学的、利己主義な人が権力を持つと、過去や現実が歪められることがあります。その証拠は、高エネルギー兵器による戦争の歴史です。殺戮の正当化や情報操作を許さない、科学を政治から守る、それは産業と技術革新の「基盤」といえるでしょう。

SDGsの目標9
「産業と技術革新の基礎をつくろう」

科学の基盤は事実や歴史（結果）
科学は誰もが認める客観的事実や歴史から成り立つ。1979年のスマイリー島原発事故、1986年チョルノービリ原発事故は、いずれも処理完了計画がない。日本では2011年、政府主導の原発安全神話が崩れた。過去50年間で、処理不能の事故を3回起こした事実を、人類の歴史として反省すること。

世界の新技術・問題点
人工知能（ＡＩ）、量子コンピューター、身につけるロボット、介護ロボット、自動運転技術、ＶＲ（仮想現実）での訓練、ヒトの舌・鼻にかわる「粒子センサー」、生体認証、ＩＣＴ（情報通信技術、information and communications technology）、ナノテクノロジー、半導体、３Ｄプリンター、レイトレーシング、プロジェクションマッピング、リニアモーターカー
人口爆発、少子高齢化、森林伐採、地球温暖化、漁獲量の調整、乱獲、インターネットトラブル

情報社会における、科学技術の利用

2019年、文部科学省は「1人1台の端末環境の整備」を打ち上げました。学校教育は大きく変わり、生徒１人１人が世界情報に直接アクセスできるようになりました。学習上の注意点は２つです。

> **（1）正しい情報を見分けること**
> **（2）その情報は本当に必要か、自分に問いかけること**

インターネットの世界には、間違った情報や悪意ある情報が含まれています。刺激が強く、良識や時間や金銭を失うことがあります。

さて、技術革新の速度はとても速いので、欄外に「世界の新技術・問題点」を紹介します。興味あるものを調べ、自由研究のきっかけにしてください。

生徒の感想

- エネルギー問題は人口増加にある。100年後、１万年後も人類生存可能な人口を考えるべきだ。
- 石油王になって遊んで暮らしたいんだけど……。
- 政府だからといって無条件に信用してはいけない。
- 人類発展の基盤づくりのため、僕は勉強しています！
- 私は自由研究で量子コンピューターを調べます。

8 熱力学の３つの法則

熱についての研究は、19世紀頃に大きく発展し、現在は下表の3つの法則が提案されています。とくに、第2法則はいくつかの名前があり、全く違う法則のように見えますが、本質的に同じ自然現象を異なる視点から見たものです。

アインシュタインのE=mc²

アインシュタインが提案した最も重要な式の1つに、E=mc²（エネルギー＝質量×光速×光速）がある。これは、エネルギーと質量は比例すること、物質そのものがエネルギーをもつことを示す。簡単にいうと、体重の大きな人は、体重の小さな人よりも絶対量としてのエネルギーが大きい。また、この式は、エネルギーと質量を区別できないことも示している。

熱力学の３つの法則

第１法則	・**力学的エネルギー保存の法則**（p.62） ・**エネルギー保存の法則**（熱E、電気E、光E、力学的E、化学的Eなど、いろいろなエネルギーを合計すると、ある変化の前後で変わらない。エネルギーの合計は、時間によって変化しない）
第２法則	・**クラウジウスの原理**（熱は、高温から低温へ移動するが、その逆は起こらない） ・**トムソンの原理**（仕事が熱に変わるとき、その熱を再び仕事に戻すことはできない。つまり、永久に動き続ける機械は作れない） ・**エントロピー増大の原理**（自然の乱雑さは、増える方向にしか進まない。p.145）
第３法則	・**ネルンスト－プランクの定理**（絶対零度にはならない）

※熱が移動するためには時間が必要であるが、これらの３つの法則では論じられていないので、将来さらに大きな視点の法則が提案されるであろう。

熱気球は、熱エネルギーで上昇する

熱気球は、大きなガスバーナーで空気を温めることで上昇します。熱によって空気の体積（＝浮力）が大きくなるからです（アルキメデスの原理 p.38)。しかし、バーナーで加熱し続けなければ、周囲の空気と温度が同じになり（第2法則)、熱気球は落下します。

生徒の感想

・僕の部屋がすぐに汚れるのは、熱エネルギーの第２法則にしたがっているからだ !!

9 科学と実験は目的をもたない

私は、科学と科学的（科学のような、科学に関する）を区別して使います。最近の科学的研究の多くは、生活の豊かさや利潤追求を目標にしていますが、自然は目的をもたずに存在しています。したがって、自然を対象とする科学（理科）は目的をもたずに行われるべきです。自然に関する実験と結果と考察は、自然そのものであるはずです。偉大な科学者たちの心は純粋で知的な好奇心に満ちており、この本はあなたの自然に対する好奇心をくすぐり満たし、かき立てるために書かれています。

法則と原理
ある自然現象を正しく説明する内容を「法則」という。また、複数の現象を説明できる法則は「基本法則」、他の法則から説明できない少数の基本的法則は「原理」という。ただし、これらの言葉の使い分けはあいまいで、歴史的な使い方を優先させることが多い。

科学とは何か（筆者）
世界中の人が認めざるを得ない事実、人類の知の結晶。

科学の手順

自然を調べる科学的な手順は、次の通りです。この手順は社会科学や精神科学など、科学といわれるすべての分野に応用されています。

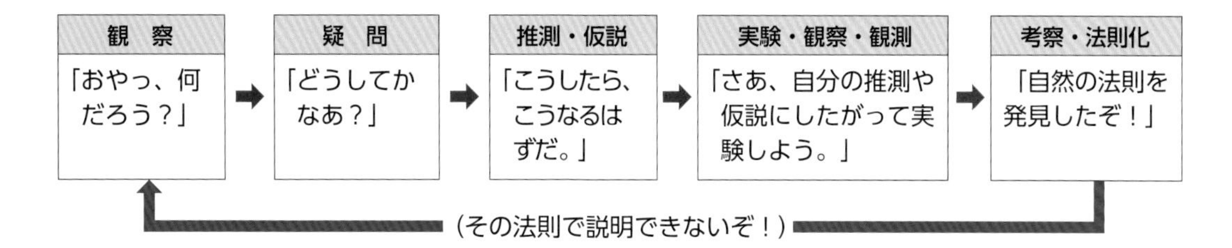

初めに、赤い矢印のように進み、ある法則が発見されます。しかし、誰かが青い矢印を見つけると、振り出しに戻るという循環が永遠に続きます。面白いことに、新しい法則が発見されても、古い法則は変わりません。古い法則が成立する範囲は狭くなりますが、今でも私たちの生活に役立つものが多くあります。古代ギリシャの「仕事の原理」、ニュートンの「運動方程式 F＝ma」、「ジュールの法則」、19 世紀の「熱力学の３つの法則」などです。

21 世紀の物理学のテーマは、小さな視点「素粒子」に移行しました。素粒子（究極の粒子）は、「質量はあるけれど大きさ（体積）がない粒子」です。その存在は、実験から証明されていますが、通常の言葉では記述できません。数式によって示されるものです。この本をよく読んだ人は、「物理学」と「数学」の密接な関係がわかったことでしょう。

これからも自然現象を知りたいという知的な欲求を持ち、物理学を楽しんでください。そして、マクロな物理学とミクロな物理学を統一する新しい自然の見方を発見しましょう！　それは若い君たちの仕事です。

広島の原爆ドーム
負の世界遺産は、人類の強欲と不遜をいましめている。放射線（p.83）の高エネルギーは地球の生物にとって有害であるが、医療や産業で有効利用されている。しかし、チョルノービリ原発事故や福島原発事故で証明されたように、完璧にコントロールする技術は十分ではない。

中学理科の物理学　索引

本書では、読者の探究学習を後押しするために、「法則・原理」「公式」など物理学で重要な項目をまとめた項目別索引を用意した。英字アルファベット順・50音順索引とともに活用を期待する。

項目別索引

1　法則・原理

2　公式（計算方法）、数学

3　単位、換算表

4　数量一覧、データ

5　実験操作・技能

英字

あ行

あ

い

う

え

お

か行

か

き

く

け

こ

さ行

さ

し

す

せ

そ

た行

た

ち

て

と

福地孝宏（ふくちたかひろ）
愛知教育大学卒業。新卒から中学校での理科教育に携わり、38年間で名古屋市立の中学校を9校歴任。1997年より、教育に関する情報、中学校理科の授業記録、若手教師のためのアドバイス、ワンポイントレッスンなどをHPにて一般公開。全国からの教育に関する相談、講演会、授業参観、ボランティアに応じるなど精力的に活動を続けるかたわら、YouTubeチャンネル「中学理科のMr.Taka」を運営。中学校理科に関するさまざまなテーマについて、わかりやすくおもしろい動画配信を行っている。

■編集協力　前迫明子
■カバーデザイン　西垂水敦・市川さつき（krran）
■DTP組版　あおく企画
■校　正　ケイズオフィス
■イラスト　ササキフサコ、スクリプトーM、久保田里佳、そうとめわたる
■写真撮影　福地孝宏

実践ビジュアル教科書
新学習指導要領対応
実験でわかる　中学理科の物理学　第2版

2011年5月28日　第1版　発　行　　NDC420
2023年4月13日　第2版　発　行

著　　者　福地孝宏
発 行 者　小川雄一
発 行 所　株式会社 誠文堂新光社
〒113-0033 東京都文京区本郷3-3-11
電話 03-5800-5780
https://www.seibundo-shinkosha.net/
印刷・製本　図書印刷 株式会社

ISBN978-4-416-62212-4